U0247365

"十四五"国家重点出版物出版规划项目

浙江文化艺术发展基金资助项目
PROJECTS SUPPORTED BY ZHEJIANG CULTURE AND ARTS DEVELOPMENT FUND

国家出版基金项目
NATIONAL PUBLICATION FOUNDATION

海洋强国战略研究

张海文 —— 主编

中国海洋
生态文明建设研究

郑苗壮　杨　妍　编著

浙江教育出版社·杭州

图书在版编目（CIP）数据

中国海洋生态文明建设研究 ／ 郑苗壮，杨妍编著
. -- 杭州：浙江教育出版社，2023.7
（海洋强国战略研究 ／ 张海文主编）
ISBN 978-7-5722-5168-9

Ⅰ．①中… Ⅱ．①杨… ②郑… Ⅲ．①海洋环境－生
态环境建设－研究－中国 Ⅳ．①X145

中国版本图书馆CIP数据核字(2022)第258465号

海洋强国战略研究
中国海洋生态文明建设研究
HAIYANG QIANGGUO ZHANLUE YANJIU
ZHONGGUO HAIYANG SHENGTAI WENMING JIANSHE YANJIU

郑苗壮　杨　妍　编著

项目策划	余理阳
责任编辑	王　华　姜天悦
美术编辑	韩　波
责任校对	余晓克
责任印务	沈久凌
封面设计	观止堂
出版发行	浙江教育出版社
	（杭州市天目山路 40 号　电话：0571-85170300-80928）
图文制作	杭州林智广告有限公司
印刷装订	浙江海虹彩色印务有限公司
开　　本	710 mm×1000 mm　1/16
印　　张	19.75
插　　页	1
字　　数	260 000
版　　次	2023 年 7 月第 1 版
印　　次	2023 年 7 月第 1 次印刷
标准书号	ISBN 978-7-5722-5168-9
定　　价	68.00 元

如发现印、装质量问题，影响阅读，请与承印厂联系调换。
（联系电话：0571-88909719）

主编

张海文

北京大学法学博士，自然资源部海洋发展战略研究所所长、研究员，享受国务院特殊津贴，武汉大学国际法研究所和厦门大学南海研究院兼职教授、博导，浙江大学海洋学院兼职教授。从事海洋法、海洋政策和海洋战略研究三十余年。主持和参加多个国家海洋专项的立项和研究工作，主持完成了数十个涉及海洋权益和法律的省部级科研项目。曾参加中国与周边国家之间的海洋划界谈判，以中国代表团团长和特邀专家等身份参加联合国及其所属机构的有关海洋法磋商。已撰写和主编数十部学术专著，如《〈联合国海洋法公约〉释义集》《〈联合国海洋法公约〉图解》《〈联合国海洋法公约〉与中国》《南海和南海诸岛》《钓鱼岛》《世界各国海洋立法汇编》《中国海洋丛书》等；发表了数十篇有关海洋法律问题的中英文论文。

作者 /

/ 郑苗壮、杨妍

　　郑苗壮，自然资源部海洋发展战略研究所海洋环境与资源研究室主任，研究员，博士，入选国家人才计划青年项目，国家社科基金专项重大项目首席专家。主要从事海洋环境政策与管理方向的研究工作，承担省部级以上课题 40 余项，发表学术论文 30 余篇，出版专著 10 部，获省部级优秀图书奖 1 项。

　　杨妍，自然资源部海洋发展战略研究所科研助理，主要研究领域为海洋环境资源政策。

总序

　　21 世纪，人类进入了开发利用海洋与保护治理海洋并重的新时期。海洋在保障国家总体安全、促进经济社会发展、加强生态文明建设等方面的战略地位更加突出。党的十八大报告中正式将海洋强国建设提高到国家发展和安全战略高度，明确提出要提高海洋资源开发能力，大力发展海洋经济，加大海洋生态保护力度，坚决维护国家海洋权益，建设海洋强国。党的十九大报告再次明确提出要坚持陆海统筹，加快建设海洋强国。党的二十大报告从更宽广的国际视野和更深远的历史视野进一步要求加快建设海洋强国。由此可见，加快建设海洋强国已成为中华民族伟大复兴路上的重要组成部分。我们在加快海洋经济发展、大力保护海洋生态、坚决维护海洋权益和保障海上安全的同时，还应深度参与全球海洋治理，努力构建海洋命运共同体，在和平发展的道路上，建设中国式现代化的海洋强国。

　　作为从事海洋战略研究三十余年的海洋人，我认为应当以时不我待的姿态探讨新时期加快海洋强国建设的重大战略问题，进一步提升国人对国家海洋发展战略的整体认识，提高我国学界在海洋发展领域的跨学科研究水平，丰富深化海洋强国建设理论体系，提高国家相关政策决策的可靠性和科学性。为此，我和自然资源部海洋发展战略研究所专家团队组织撰写了《海洋强国战略研究》，以期为加快建设海洋强国建言献策。

丛书共八册，包括《全球海洋治理与中国海洋发展》《中国海洋法治建设研究》《海洋争端解决的法律与实践》《中国海洋政策与管理》《中国海洋经济高质量发展研究》《中国海洋科技发展研究》《中国海洋生态文明建设研究》《中国海洋资源资产监管法律制度研究》。在百年未有之大变局的时代背景下，丛书结合当前国际国内宏观形势，立足加快建设海洋强国的新要求，聚焦全球海洋治理、海洋法制建设、海洋争端解决、海洋政策体系构建、海洋经济高质量发展、海洋科技创新、海洋生态文明建设、海洋资源资产监管等领域重大问题，开展系统阐述和研究，以期为新时期我国加快建设海洋强国提供学术参考和智力支撑。

我们真诚地希望丛书能成为加快建设海洋强国研究的引玉之砖，呼吁有更多的专家学者从地缘战略、国际关系、军队国防等角度更广泛、更深入地参与到海洋强国战略研究中来。由于内容涉及多个领域，且具较强的专业性，尽管我们竭尽所能，但仍难免有疏漏和不当之处，希望读者在阅读的同时不吝赐教。

丛书的策划和出版得益于浙江教育出版社的大力支持。在我们双方的共同努力下，丛书列入了"十四五"国家重点出版物出版规划，并成功获得国家出版基金资助，这让我们的团队深受鼓舞。最后，浙江教育出版社的领导和编辑团队对丛书的出版给予了大力支持，付出了辛勤劳动，在此谨表谢意。

张海文

2023 年 7 月 5 日于北京

前言

　　地球表面积的约 71% 被海水覆盖，形成了约 3 倍于陆地面积的海洋区域。海洋连接着世界上绝大多数国家和地区，承载了 90% 以上的世界贸易运输。海洋是人类生存的基本空间，为人类发展带来巨大的利益。随着全球化的深入发展，各国经济、环境、资源、人口等问题不断累加，人类对海洋的依赖程度将前所未有地加深，开拓海洋成为人类持续发展的新方向。然而，在全球范围内，自 20 世纪下半叶以来，气候变暖、赤潮、海洋资源过度开发、陆源污染物排放、海岸线侵蚀、海平面上升、海上溢油等海洋灾害给海洋生态系统造成的压力不断变大，部分海域环境恶化趋势明显，严重影响了人类社会的生产与生活。海域污染、近海海洋资源环境极度恶化、海洋生物多样性降低等问题严重制约了全球生态环境的可持续发展。重视并改善海洋生态环境，已经成为摆在整个人类社会面前的一个严肃而迫切的问题。

　　中国位于亚洲大陆的东南部，雄踞北太平洋西侧，大陆岸线总长度达 1.8 万千米，主张管辖海域约 300 万平方千米，是一个海陆复合型大国。随着经济社会的迅猛发展，海洋在国家经济发展格局和对外开放中的作用更加重要，在维护国家主权、安全、发展利益中的地位更加突出，在国家生态文明建设中的分量更加提升，在国际政治、经济、军事、科技竞争中的战略地位也明显上升。党的十八大明确提出建设海洋强国这一战略目标后，中国的海洋生态文明建设上升至国家战略高度。努力把中国建设成为海洋经济发达、海洋科技先进、海洋生态健康、海洋安全稳定、海洋管控有力的新型现代化海洋强国，已成为全民族的共识。

中国的海洋生态文明萌芽于华夏文明古老的哲学思想，以生态自然观理论、可持续发展理论、生态经济学理论、科学发展观与和谐社会理论为基础，顺应时代潮流，显示出独有的中国特色，拥有与时俱进的新发展与新内涵。中国的海洋生态文明建设涵盖维护海洋生态系统健康与安全、优化海洋空间开发布局、构建海洋生态文明制度体系、增强海洋生态文明意识四个领域。其中，海洋生态文明体制建设，是海洋生态文明建设的重要基石。

在中国海洋生态文明制度体系建设过程中，党中央、国务院做出一系列重大决策部署。2015年，党中央、国务院以及国家海洋局印发了《中共中央　国务院关于加快推进生态文明建设的意见》《生态文明体制改革总体方案》《国家海洋局海洋生态文明建设实施方案（2015—2020年）》，为中国海洋生态文明建设做出了总体规划与指导。随后，中央及地方政府围绕海洋生态文明建设的总体方针与规划，出台或完善相关政策或制度文件，从健全自然资源资产产权制度、建立国土空间开发保护制度、建立空间规划体系、完善资源总量管理和全面节约制度、健全资源有偿使用和生态补偿制度、建立健全环境治理体系、健全环境治理和生态保护市场体系以及完善生态文明绩效评价考核和责任追究制度八个方面，进行海洋生态文明体制构建与完善，形成中国海洋生态文明体制建设的基本框架。

在中国海洋生态文明制度框架指导下，从国家到地方陆续开展海洋生态文明建设实践。党的十八大以来，中国从国家层面上确立了海洋生态文明建设的地位，印发多个文件增强海洋生态文明建设宏观规划的引领作用，全面加强围填海管控，推进海洋生态文明示范区建设，并在海洋生态环境保护与修复、海洋防灾减灾能力建设方面取得显著成效。自中国实施海洋生态文明建设以来，海洋生态环境监测布局得到优化、能力得以提升，海洋生态保护与建设力度不断加大，部分地区的海洋生态系统退化趋势得到基本遏制，滨海湿地管理与保护进展明显，海洋生态保护红线制度基本建立。与此同时，中国的全国海洋主体功能区划日趋完善，海洋生态保护补偿机制和海洋生态环境损害赔偿制度日趋健全。

在国家出台多项政策大力推动海洋生态文明建设的基础上，沿海各省区市也开始加快推进海洋生态文明建设的步伐。2021 年以来，随着《中华人民共和国国民经济和社会发展第十四个五年规划和 2035 年远景目标纲要》的发布，中国 11 个沿海省（自治区、直辖市）①先后出台各自的海洋经济发展"十四五"规划、海洋生态环境保护"十四五"规划，各省区市海洋生态文明建设制度日趋完善。在多项政策的共同指导下，沿海各省区市大力推进海洋生态保护与修复、坚守海洋生态红线、强化海洋监测、严控围填海，为保护海洋生态、实现人与自然和谐共生做出积极贡献。福建、海南等沿海地方海洋生态文明示范区建设也取得显著成效。

当前中国仍处于"十四五"的关键阶段，海洋生态文明建设是中国实现海洋强国的关键步骤。在中国已建立海洋生态文明体制基础框架、取得多方实践成果的基础上，完善法治体系，优化管理机制，科学利用海

---

① 本书所述"沿海省（自治区、直辖市）"包含沿海8个省、1个自治区、2个直辖市，不含香港、澳门、台湾。

3

洋资源，保护修复海洋生态系统，强化海洋生态文明理念，优化海洋产业结构，参与国际合作，等等，将助力中国在海洋生态文明建设进程中迈出新步伐，取得新进展。

目　录

01

第一章
全球海洋生态现状

海洋的面积约占地球表面积的 71%，为全球提供丰富的水资源。海洋作为地球上最大的生态系统，承担着支撑地球所有生命系统的重要任务。海洋是人类生存的基本空间，为人类发展带来巨大的利益。海洋也是人类社会发展的重要物质基础，是人类未来的资源宝库。随着海洋在人类的生存和发展中发挥着日趋重要的作用，保护海洋生态环境已成为海洋战略的重要组成部分。

一、全球海洋生态环境基本概况

海洋生态系统是全球最重要的生态系统，影响着全球生态系统的稳定与安全。海洋生态环境在支撑社会经济发展的同时，也承受着巨大的压力。

（一）海洋生态系统定义及种类

海洋生态系统是指一定海域内生物群落与周围环境相互作用构成的自然系统，具有相对稳定功能并能自我调控的生态单元。[①] 多种海洋生态系统里，广受关注的典型生态系统有 13 种，分别为红树林生态系统、盐沼生态系统、海草场生态系统、海藻场生态系统、珊瑚礁生态系统、牡蛎礁生态系统、海湾与河口生态系统、深海热液区生态系统、冷泉生态系统、冷水珊瑚林生态系统、海山生态系统、深渊带生态系统和极地生态系统，如表 1-1 所示。

表 1-1　受关注的典型海洋生态系统[②]

生态系统类别	定义	分布	作用及价值
红树林生态系统	生长在陆地与海洋交界的海岸潮间带上，受周期性海水浸淹、裸露的植物群落	热带、亚热带的潮间带	净化海水、防风消浪、维持生物多样性、固碳储碳等
盐沼生态系统	受周期性潮汐运动影响的覆盖有草本植物的滨海或岛屿边缘区域的滩涂	河口或海滨浅滩	支持多种野生动物

---

① 自然资源部.海洋调查规范　第9部分：海洋生态调查指南[Z].2007.

② 综合参考以下资料：自然资源部，国家林业和草原局.红树林保护修复专项行动计划（2020—2025年），2020；自然资源部.海洋生态修复技术指南，2022；自然资源部.海岸带生态系统现状调查与评估技术导则　第4部分：盐沼，2020；中华人民共和国国家质量监督检验检疫总局，中国国家标准化管理委员会.海洋学术语　海洋生物学（GB/T 15919—2010），2011；国家海洋局.HY/T 082—2005珊瑚礁生态监测技术规程，2005；中华人民共和国国家质量监督检验检疫总局，中国国家标准化管理委员.海洋学术语　海洋地质学（GB/T 18190—2017），2017；等等。

生态系统类别	定义	分布	作用及价值
海草场生态系统	中、低纬度海域潮间带中、下区和低潮线以下数米乃至数十米浅水区海生显花植物（海草）和草栖动物繁茂的平坦软相地带	中、低纬度海域潮间带中、下区和低潮线以下数米乃至数十米浅水区	重要的渔业育苗生境，鱼类、贝类和大型海洋生物如绿海龟、儒艮的觅食地和庇护所
海藻场生态系统	沿岸潮间带下区和潮下带水深30米以内浅硬质底区的大型底栖藻类与其他海洋生物群落共同构成的一种典型近岸海洋生态系统	冷温带以及部分热带和亚热带海岸	为海洋生物提供觅食、栖息、躲藏与繁殖的空间
珊瑚礁生态系统	由活珊瑚、死亡珊瑚的骨骼及其他礁区生物共同堆积组成的聚集体	热带、亚热带海域	支持多种海洋生物，天然的海岸屏障，具有防浪护岸和环境调节的生态功能
牡蛎礁生态系统	由活体牡蛎、死亡牡蛎的壳及其他礁区生物共同堆积组成的聚集体	温带和亚热带海区的潮间带和浅水潮下带	为海洋生物提供栖息地，保护海岸线免受侵蚀并减轻海洋灾害损失
海湾与河口生态系统	海湾：被陆地环绕且面积不小于以口门宽度为直径的半圆面积的海域 河口：半封闭的海岸水域，向陆延伸至潮汐水位变化影响的上界，有一条或多条通道与外海或其他咸水的近岸水域相通	陆海域邻接处	拥有浮游植物、盐沼地植物、红树林、沉水海草以及海底藻类等多种初级生产者，提供丰富的初级生产力
深海热液区生态系统	不依赖于太阳光能，由化能自养微生物支撑的典型黑暗生态系统	大陆板块与海洋板块之间的火山口区域	有独特的生命体，矿产资源丰富，具有良好的开发前景、生物与医药价值及科研价值
冷泉生态系统	"冷泉"是海底之下的甲烷、硫化氢和二氧化碳等气体在地质结构或压力变化驱动下，渗漏溢出海底进入海水的活动。它在海底的形态类似陆地上的泉口，周围温度一般在3℃—5℃，周围有从海底菌席等微生物到双壳类、多毛类、虾蟹类、冷水珊瑚等高等生物的一个完整生态系统	深海	亟待研究的"深海绿洲"

生态系统类别	定义	分布	作用及价值
冷水珊瑚林生态系统	冷水珊瑚林是除海底冷泉、热液之外的深海第三大生态系统。深海冷水珊瑚主要以水中的浮游生物和从表层沉降下来的有机质颗粒为食，冷水珊瑚不是形成岩石般的珊瑚礁，而是形成树木、羽毛、柱状或扇形的小树丛	深海	支持多种海洋生物生存，如海绵、海葵、海参、虾蟹等
海山生态系统	通常指海洋中位于海面以下，突出海底1000米以上的隆起。广义的海山指在深度超过200米的深海，高差大于100米的海底隆起	—	因其常见的栖息生物海绵、珊瑚、海鳃、水螅、海百合等，而被称为"研究海洋物理和生物过程相互作用的天然实验室"
深渊带生态系统	深海中深度大于6000米的区域。据统计，地球上共有46个深渊带，其中33个是海沟，13个是海槽	—	亟待研究
极地生态系统	北极和南极海域	北极、南极	在南极海洋生态系统中，最主要的生物是南极磷虾。它们主要以海洋浮游生物作为食物，也是部分鱼类、企鹅、海鸟、鲸、海豹等生物的饵料 在北极海洋生态系统中，海冰起到了非常重要的作用，冰底密密麻麻地生长着很多藻类，这是整个生态系统的主要食物来源

（二）全球海洋生态总体面临压力

　　海洋连接着世界上绝大多数国家和地区，承载了90%以上的世界贸易运输。人类生产生活所产生的废物、废水、废渣等，会直接或在大气环流和地表径流的作用下排入海洋，而海洋的净化能力是人类社会不断发展的重要支撑系统。海洋生态控制着全球气候，维系着人类赖以生存的自然环境。海水借助大气循环，促进冷热空气对流，调节全球气候。

同时，海面每年的海水蒸发量超过 40 万立方千米，约占全球蒸发量的 87.5%，这些蒸发的海水以降雨的形式返回陆地和海洋。海洋也是地球上氧气的主要供给者和二氧化碳的主要吸收者，全球 80% 以上的太阳热能被海洋消化吸收，海洋植物通过光合作用每年生产出约 360 亿吨氧气，占大气中氧气含量的 70%。

海洋作为国家经济贸易往来的重要纽带和国家利益实现的资源宝库，在各国战略规划中被给予极大的关注。随着各国对海洋开发利用力度的加大，海洋生态环境面临巨大的压力。

2015 年，联合国发布了第一次全球海洋综合评估报告，指出海洋面临海水温度升高、海平面上升、海洋酸化等问题，并对环境和社会经济产生广泛的影响。2016 年 7 月，联合国教科文组织下属的政府间海洋学委员会就全球大型海洋生态系统的现状发布研究报告称，不断加剧的气候变化和人类活动导致全球大型海洋生态系统状况堪忧。1957—2012 年，在全球 66 个大型海洋生态系统中，有 64 处海域的海水温度持续上升。

2021 年 4 月，联合国发布了第二次全球海洋综合评估报告。报告指出，海洋生态系统面临的主要威胁来自人类活动，如捕鱼、水产养殖、航运、海沙和矿物开采、石油和天然气开采、可再生能源基础设施建设、沿海基础设施发展以及包括温室气体排放在内的污染。过去 50 年间，全球低氧海域的面积约增加了 2 倍，削弱了海洋对全球气候的调节作用，近 90% 的红树林、海草和湿地植物，以及超过 30% 的海鸟面临灭绝威胁。全球海洋中含氧量极低的"死水区"数量从 2008 年的 400 多个，增加到 2019 年的近 700 个。过度捕捞造成的经济损失每年高达 889 亿美元。

二、全球海洋生态环境治理面临挑战

海洋生态环境治理是当今国际社会的一个热点话题，也是全球海洋治理的重要领域。所谓全球海洋治理（global ocean governance），是指国家或非国家行为体通过协议、规则、机构等，对主权国家管辖或主张管辖之外的公海、国际海底区域的海洋环境、生物和非生物开发进行管理。作为全球化的产物，全球海洋治理在实践中逐渐形成了两条截然不同的路径：区域主义路径（regional approach）和全球主义路径（global approach）。[①]区域主义路径是指地理上邻近、联系紧密并拥有共同历史文化认同的国家之间，通过共同的制度框架对本地区面临的海洋问题开展治理合作，即全球海洋治理在区域、次区域层面的实践。[②]区域主义路径的治理方式包括双边或多边协定/协议、政治共识及合作计划等。全球主义路径是相对区域主义路径提出的概念，是海洋治理全球化的概括或代名词。全球性海洋治理，主要包括联合国框架和非联合国框架两方面。

海洋生态环境治理属于全球海洋治理的一部分，全球海洋生态环境治理对解决全球化进程中关键海洋环境保护问题，促进海洋开发向绿色转型具有重要意义。[③]然而，无论是在宏观的全球层面，还是在微观的区域层面，抑或是在具体的治理行动层面，当前的全球海洋生态环境治理均面临着一系列挑战。

（一）经济快速发展引起海洋生态问题突显

随着科学和技术的快速发展，人类对海洋的依赖程度越来越高，海洋与人类之间的相互影响也日益加深。兴建海洋海岸工程、海上运输、海洋石油勘探开发、海岛开发、水上作业等用海行为日益频繁，人类对

① 吴士存. 全球海洋治理的未来及中国的选择[J]. 亚太安全与海洋研究, 2020(05): 1-22, 133.

② Steven C. Roach, Martin Griffiths, Terry O'Callaghan. International Relations: The Key Concepts (2nd Edition)[M]. Routledge (2nd edition December 22, 2007), pp. 280-282.

③ 龚虹波. 海洋环境治理研究综述[J]. 浙江社会科学, 2018(01): 102.

海洋资源无序、无度的开发和利用，使海洋生态环境遭到严重破坏，这直接制约着海洋经济与人类社会的可持续发展。目前全球海洋生态面临的主要威胁有以下方面[①]：

1. 海洋倾倒

工业、船舶和污水处理厂向海洋倾倒废弃物已经在很大程度上污染了海洋生态系统。多年来海洋一直是污水、化学物质、工业废物、垃圾和其他陆地废弃物的倾倒场。据报道，全球的矿业公司每年直接向海洋水体倾倒约 2.2 亿吨危险废物。全球大约三分之二的海洋生物正受到人类每天使用的化学物质的威胁，包括家用清洁剂。美国环境保护署（EPA）的记录显示，在 1946 年至 1970 年间，有 55000 多个集装箱的放射性废弃物被倾倒在太平洋的三个站点；从 1951 年至 1962 年，有将近 34000 个集装箱的放射性废弃物被倾倒在美国东海岸的三个站点。[②] 海洋倾倒不仅影响到海洋生物，也会对人类自身的健康造成威胁。

2. 土壤径流

海洋污染的主要来源之一是由径流造成的非点源的废弃物。农田和地表径流携带的混合有碳、磷、矿物质的土壤和颗粒，对海洋生物构成惊人的威胁。这些充满有毒化学物质的水流入海洋，导致有害藻华的发生。这些污染物也会通过食物链威胁鱼类、海龟、虾类等物种，并通过生物富集威胁人类自身的健康。

3. 疏浚

疏浚多年来一直是海洋生态系统中的主要干扰因素之一。由于疏浚

[①] https://www.marineinsight.com/environment/11-threats-to-marine-environment-you-must-know/.

[②] https://www.epa.gov/ocean-dumping/learn-about-ocean-dumping.

是为了清除淹没在水下的沉积物，因此该活动改变了底土原有的构成，导致海底生物及其栖息地遭到破坏。同样，对受污染的材料进行疏浚将导致有害颗粒重组，并污染大量水体。虽然人们目前已经采取措施减轻疏浚对海洋环境的影响，但涉及水下生物破坏的案件仍然屡见不鲜。

4. 氮氧化物和硫氧化物

氮氧化物（NO_x）和硫氧化物（SO_x）是船舶排放的两种主要污染物，它们在许多方面严重影响了海洋环境和臭氧层。氮氧化物和硫氧化物都是燃烧产物，以烟的形式排放到环境中。据估计，2005 年，在国际航运中，欧洲各地的水体排放了 170 万吨二氧化硫和 280 万吨二氧化氮。研究显示，在欧洲，这种由海运造成的空气污染每年导致约 5 万人过早死亡。国际海事组织（IMO）修订后的船用燃料含硫量标准规定，自 2015 年起，通过硫排放控制区（SECA）的船舶不得使用含硫量超过 0.1% 的燃料，从 2020 年起，适用于所有船用燃料的硫限从 3.5% 调整为 0.5%。

5. 海洋酸化

海洋酸化问题正迅速成为海洋生物和人类的威胁。海洋酸化是由于吸收大气中的二氧化碳而引起的海水 pH 的持续下降。自工业革命以来，由于燃烧煤炭、石油和天然气等化石燃料，以及土地用途的变化，大气中二氧化碳的浓度已从 $\dfrac{280}{1000000}$ 增加到超过 $\dfrac{400}{1000000}$。地球表面的海洋与大气紧密相连，每年从大气中吸收大量的二氧化碳。[1] 海洋酸化极大地危及海洋生物的生命，也对以鱼类和鱼类产品为生的人类造成威胁。研究表明，海水 pH 值下降会对一些海洋物种的行为产生影响，可能导致它们面临生命危险。

---

[1] https://oceanacidification.noaa.gov/OurChangingOcean.aspx.

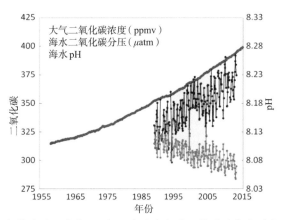

图1-1　夏威夷莫纳罗亚海水pH变化（图片来源：美国国家海洋和大气管理局）
注：（1）ppm表示气体浓度，为百万分之一；ppmv表示百万分体积比。
　　（2）atm表示一个标准大气压。

6. 海平面上升

全球变暖正加剧着海水水位的上升，威胁着海洋生态系统。地球的海平面每年都在上升，而且上升速度正在加快。据报道，过去20年里，海平面的上升速度大约是过去80年平均上升速度的2倍。美国国家航空航天局（NASA）的数据显示，自1993年至今，全球平均海平面每年上升3.4毫米（图1-2）。[①]海平面上升意味着更多的湿地被淹没、破坏性侵蚀，以及农业用地受到污染，更重要的是会对多种植物、鱼类和鸟类的栖息地构成严重威胁。

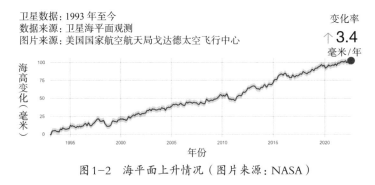

图1-2　海平面上升情况（图片来源：NASA）

---

① https://www.nasa.gov/specials/sea-level-rise-2020/，2022年12月19日登录。

7. 消耗臭氧层的物质

消耗臭氧层的物质，如氯氟烃（CFCs）和哈龙（Halon），以及来自船舶的其他污染物正在破坏臭氧层。世界各地的船舶漏出的消耗臭氧层的物质包括甲基氯仿、甲基溴、二氟氯甲烷和三氟溴甲烷等。这些人造气体不仅破坏臭氧层，也会在其他方面对海洋环境造成危害。

8. 船舶废弃物污染

世界贸易90%的运输量都是通过海上运输完成的。除了石油和天然气等污染物，船舶运输产生的废弃物和垃圾也对海洋生态系统构成严重威胁。压舱水、灰水、食物垃圾、垫舱和包装材料、纸制品、清洁材料和抹布等固体与液体废弃物污染了海水，严重影响海洋生物的生存。而不同用途的船舶，造成的污染影响也不同。

9. 船舶噪声污染

科学证明，船舶作业产生的噪声对海洋生物有害。船舶噪声污染的来源包括引擎噪声以及游轮上的娱乐设施噪声等。因为噪声在水中更容易进行远距离传播，所以海洋环境中的噪声污染强度较高。噪声污染对海洋生物的有害影响包括出血、改变潜行方式、向更新的地方迁徙、对内脏器官的损伤以及对外来声音的整体恐慌反应等。例如，由于长期忍受行船噪声，一些珊瑚礁中安邦雀鲷的生存率已降低了一半以上；船舶造成的环境噪声导致海豚改变音调，用更低的频率呼吸。[1]

10. 石油泄漏

石油泄漏是造成海洋污染的重大原因。诸如埃克森·瓦尔迪兹石油泄漏和美国墨西哥湾漏油事件这样的灾难均对海洋生态系统造成了严重破坏，导致了数以千计的海洋物种的死亡。石油污染会破坏海滨景观和

---

[1] http://www.eworldship.com/html/2019/ship_inside_and_outside_0423/148729.html.

浴场；海面上的油膜会阻碍大气与海水之间的气体交换，影响海洋植物的光合作用；海兽的皮毛和海鸟的羽毛被石油沾染后，海兽和海鸟会失去保温、游泳或飞翔能力，这些生物因此将面临生命威胁；石油污染物还会影响海洋生物的摄食、繁殖和生长发育，改变鱼类的洄游路线，沾染渔具和渔获物，使海产品带有石油味而不能食用。[①]

11. 塑料污染

塑料作为一种环境退化剂，是造成海洋和陆地许多环境问题的重要因素。据估计，全球每年约有900万吨塑料垃圾进入海洋，对海洋生物及地球环境造成严重影响。[②]若按照这个速度，到2050年，世界各地的水体中的塑料将比鱼类还多。塑料污染造成了广泛的不良影响，其对野生物种更有直接影响，塑料袋、渔网和其他塑料碎片每年都导致成千上万的海鸟和海龟窒息，鱼类和其他物种摄入微塑料也会对其本身以及包括人类在内的以它们为食的其他生命造成威胁。

（二）治理主体的利益诱因不足

全球海洋生态环境治理可以简单地理解为各类治理主体通过有约束力的国际规则与共同的合作行动，以解决全球层面的海洋生态环境问题的动态过程，治理主体是全球海洋生态环境治理体系的核心构成要素。然而，海洋生态环境是一类典型的公共产品，具有治理难度大、投入成本高、收益模糊等特征，导致无论是主权国家这一最重要的治理主体，还是国际政府组织、非政府组织、跨国企业等起着补充作用的其他主体，均普遍存在着利益诱因不足的问题，这在根本上制约了相关治理行动的推进。

① 宋志文，夏文香，曹军. 海洋石油污染物的微生物降解与生物修复[J]. 生态学杂志，2004(03): 99-102.
② 郑宁来. 海洋塑料垃圾2050年零排放很难[J]. 合成技术及应用，2019, 34(03): 22.

利益诱因根据其来源可以分为内部利益诱因与外部利益诱因。其中，内部利益诱因是指激发治理主体海洋环境合作治理动机的内在力量，主要包括主权国家的政府组织及一国内部的非政府组织等；外部利益诱因则是指除国家（政府）和非政府组织之外的积极推动海洋环境合作治理发展的力量，如联合国环境规划署便是推进海洋环境合作治理的主要外部力量。

内部利益诱因不足的影响突出表现在主权国家消极参与合作治理的现象频发。政府作为全球海洋生态环境治理的主要力量，在利益诱因不足的情况下，不仅限制相关非政府组织发展，还会时常做出破坏地区海洋环境的行为。无论是国家限制其他内部力量的发展，还是自身做出阻碍海洋环境改善的行为，都是内部利益诱因不足的外在表现。

外部利益诱因机制缺陷则主要体现在无法有效解决部分国家拒绝参与合作治理、呈现出参与度较低的问题。例如，在区域合作治理相对成熟的欧洲区域，海洋环境区域合作中国家参与度大多在90%左右；而东北亚地区合作治理的国家参与度仅约为75%。[①]

（三）治理行动的合作缺失

全球海洋环境治理目标的达成，需要各治理主体，特别是各个国家抛开畛域之见，通力合作，这是解决全球海洋环境问题的必由之路。但与这一理想状态相比，目前的治理进程普遍存在合作缺失的状况，严重制约了治理行动的推进。

1. 海洋治理合作目标不一致

全球范围内存在多个海洋区域，不同区域的治理安排和区域集群的

---

① 张继平，黄嘉星，郑建明. 基于利益视角下东北亚海洋环境区域合作治理问题研究[J]. 上海行政学院学报，2018(5): 93.

关注点难免存在差异。由于国家（地区）所处地理位置存在差异，内陆国、沿海国和陆海复合型国家对自身海洋治理需求的评估也各不相同。而发展阶段的不同，导致发达国家与发展中国家参与全球海洋环境治理的目标与动机也不尽相同。发达国家有能力、一般也有愿望期待实现海洋生态环境治理的较高目标，合作意愿强、投入多、治理效果明显。海洋生态环境治理体系相对不完善的国家和地区，经济实力差、合作意愿不足，海洋生态环境治理目标不明确，多数国家和地区仍然只注重对海洋资源的获取而非对海洋生态环境的保护。国家间治理能力、意愿的差异导致各治理主体之间难以协调各自的利益，造成治理目标存在着层次性的差异。

新兴治理行为体和霸权治理行为体对包括全球海洋治理在内的全球治理议题也态度各异。目前，以中国、印度、南非等为代表的全球新兴治理行为体对全球治理（包括全球海洋治理）议题的态度更为积极，而作为霸权治理行为体的美国对待多边主义和多边体制表现出相对消极的态度。此外，不少国际多边治理机制尚未将海洋问题列入其主要议题，相关非政府组织在海洋资源开发与环境保护等问题上也存在分歧。①

2. 跨区域合作行动不统一

当代世界的悖论（也可以说是全球治理的悖论）是：高度相互联系、相互依存的全球化的世界在治理上却是各自为政的，或者是碎片化的。②构成全球海洋治理行为体的各个部分之间协同不够，甚至是互相竞争和冲突的。在全球海洋环境治理的过程中，多数国家因治理目标的缺陷造

---

① 贺鉴, 王雪. 全球海洋治理进程中的联合国：作用、困境与出路[J]. 国际问题研究, 2020(3): 92-106.
② 庞中英. 在全球层次治理海洋问题——关于全球海洋治理的理论与实践[J]. 社会科学, 2018 (9): 3-11.

成在海洋污染治理上行动滞后，导致实现海洋生态环境共同治理的合作十分困难。作为一种全球性的公共事务，全球海洋环境治理过程无法避免外部性原因和"搭便车效应"所带来的不平衡问题。因为在权衡海洋生态环境政策的利弊后，小国政府往往选择对海洋环境管理不作为。[①]此外，全球海洋生态环境治理合作常常采取集体磋商等参与式的、非刚性的治理形式，这是一种由政府所倡导的非制度性合作协调机制。但这种磋商机制与领导人的任期和个人注意力密切相关，政府领导的换届或者调整容易导致这种合作机制中断，使得政府间合作的高成本和低效率现象普遍存在。

（四）海洋生态环境治理面临多重困难

全球性的海洋生态环境问题是全球海洋环境治理的客体，也是制约全体人类和海洋可持续发展的重大挑战。海水污染、原油泄漏、赤潮等海洋灾害频发以及海洋生物多样性减少等常见的各种问题尚未得到根本性扭转，新兴问题也在不断涌现。海洋环境问题治理进展缓慢，已成为全球海洋环境治理的困境之一。

从宏观角度来看，海洋生态环境的变化主要是人类活动影响的结果。全球一半左右的近岸海域遭受人类活动的威胁，其中受人类活动影响较大的海域主要是北海、挪威海、东亚和东南亚海域、南海、东加勒比海、北美洲东部沿岸海域、地中海、波斯湾、白令海以及斯里兰卡周边海域。地处高纬度的南北极海域受人类活动影响较小，但是人类活动对南北极海域的影响强度也在持续增强。日益加剧的人类活动对海洋造成两个方面的负面影响：一方面，全球海洋生态环境遭受严重的陆源污染。陆源污染是危害近海生态环境的主要形式，约占海洋污染的80%，这种危害

---

① 全永波. 全球海洋生态环境多层级治理：现实困境与未来走向[J]. 政法论丛, 2019(3): 153-154.

通过食物链传递等方式进一步波及全球范围的人类健康、食品安全。另一方面，典型海洋生态系统破坏严重。联合国粮农组织的报告指出，全世界范围内 54% 的珊珊礁处于危急状态，其中，15% 将在未来 10 至 20 年内消失，20% 将在未来 20 至 40 年内消失；由于大量红树林被砍伐，大面积红树林被围垦转变为农业和海水养殖用地，导致红树林面积日益缩小。[①]

从微观的新兴治理领域中看，在当前诸多的海洋生态环境问题之中，海洋垃圾（海洋微塑料）这一热点问题最为突出。近年来，塑料垃圾入海污染问题突出，受到越来越多的关注。研究表明，自 20 世纪 50 年代开始大规模生产塑料至今，人类已经生产了约 83 亿吨塑料，其中的约 63 亿吨已成为垃圾。[②] 大量塑料垃圾通过各种途径进入海洋，从近岸海域到大洋，从表层海水到深层海水和大洋沉积物，从两极到赤道以及海冰中，均发现了塑料垃圾，微塑料已遍及全球海洋。2015 年，海洋塑料污染已成为与气候变化、臭氧耗竭、海洋酸化并列的重大全球环境问题。虽然海洋垃圾和海洋微塑料的数量正在成几何级增长，但应对这一威胁的国际行动却相当缓慢。海洋垃圾（海洋微塑料）这一问题的治理包括两条路径，即技术路径与管理路径。就技术层面而言，目前全球尚未对海洋塑料垃圾的定义标准、检测规范、分布态势等基本问题形成较为统一的认识，海洋塑料垃圾实测重量仅是模型估算值的 1%，大量的海洋塑料垃圾去向难以判定。科技手段的滞后无法为科学有效的治理手段奠定基础，严重束缚了相关的治理行动。就管理层面而言，海洋塑料污染所受到的

---

① 孙瑞杰，李双建. 全球海洋生态环境保护态势及对中国的借鉴[J]. 海洋开发与管理，2013 (11)：49-50.

② 刘海英. 20 世纪 50 年代初以来人类已生产 83 亿吨塑料[EB/OL]. https://news.sciencen-et.cn/htmlnews/2017/7/382859.shtm, 2017-07-20.

关注度与其污染问题的严重性相比是不相称的，这与国际上高度重视的碳排放以及氟氯化碳和持久性有机污染物等其他全球性污染形成鲜明反差。国际社会尚未决定是否就海洋垃圾治理达成具有约束力的国际规范，仅是提出一些具有表态性、原则性的宣言、倡议、行动计划等"软法"，使得针对海洋垃圾的治理行动缺乏制度保障。

总而言之，中国海洋生态环境治理实践与全球海洋环境治理进程息息相关，全球海洋环境治理在现实中所面临的严峻挑战和困境也会对中国的海洋生态文明建设路径产生影响。

三、中国海洋生态环境状况日益严峻

当今时代，海洋可持续发展问题被高度关注，海洋生态环境在整个地球和人类生态环境中占有重要地位。健康优良的海洋生态系统和海洋环境是人类生产发展的重要基础，是全球渔业、海洋运输业等海洋产业持续发展的根本保障，也是人类孜孜不倦追求的一种理想生活状态。然而，在全球范围内，自 20 世纪下半叶以来，气候变暖、赤潮、海洋资源过度开发、陆源污染物排放、海岸线侵蚀、海平面上升、海上溢油等海洋灾害对海洋生态系统造成的压力持续上升，部分海域环境恶化趋势明显，严重影响了人类社会的生产与生活。海域污染、近海海洋资源环境极度恶化、海洋生物多样性降低等问题严重制约了全球生态环境的可持续发展。重视并改善海洋生态环境，已经成为摆在整个人类社会面前一个严肃而迫切的问题。

（一）中国海洋生态系统概况

中国邻近海域大陆架宽阔，地形复杂，纵跨温带、亚热带和热带三个气候带，四季交替明显，沿岸径流多变，海洋生态系统丰富多样且具有独特的区域海洋学特征。

1. 海洋生物多样性丰富

中国是世界上海洋生物多样性最为丰富的国家之一，据不完全统计，中国目前已记录海洋生物 28661 种。按照五界分类体系，含原核生物界575 种、原生生物界 4894 种、真菌界 291 种、植物界 1496 种、动物界21405 种。主要生物类群包括硅藻门（1678 种）、粒网虫门（1491 种）、刺胞动物门（1669 种）、扁形动物门（1297 种）、环节动物门（1205 种）、软体动物门（4588 种）、节肢动物门（6127 种）、脊索动物门（4470 种）等共 59 个门类。列入国家重点保护野生动物名录的珍稀濒危海洋野生动物 116 种（类），包括斑海豹、中华白海豚、布氏鲸等国家一级保护野生动物。世界自然保护联盟收录的中国 2053 种海洋生物中，受威胁等级物种 141 种，约占评估物种总数的 6.9%，包括极危等级 17 种、濒危等级48 种、易危等级 76 种。[①]

2. 生态系统多样

中国海洋生态系统类型多样，按类型分，主要有滨海湿地生态系统、珊瑚礁生态系统、上升流生态系统和深海生态系统。[②] 在近岸海域，中国拥有红树林、珊瑚礁、滨海湿地、海草床、海岛、海湾、河口等多种类型的海洋生态系统。

（1）滨海湿地

滨海湿地生态系统为人类社会提供了丰富的生态系统产品和服务，特别是在生物多样性保护上具有重要意义。中国滨海湿地分为自然滨海湿地和人工滨海湿地两种类型。其中，自然滨海湿地包括浅海水域、滩涂、滨海沼泽、河口水域、河口三角洲；人工滨海湿地包括养殖

① 生态环境部. 2021年中国海洋生态环境状况公报[Z]. 2022-05-27.
② 卢晓强, 胡飞龙, 徐海根, 郑新庆. 中国海洋生物多样性现状、问题与对策[J]. 世界环境, 2016,(S1):19-21.

池塘、盐田、水库。2014 年国家林业局公布的第二次全国湿地资源调查结果（2009—2013）显示，中国湿地总面积为 5360.26 万公顷，湿地率达 5.58%，其中滨海湿地面积为 579.59 万公顷，占全国湿地总面积的 10.81%。我国沿海的 8 个省、1 个自治区、2 个直辖市、2 个特别行政区均有滨海湿地分布。①

（2）河口及海湾

河口生态系统是指在河口入海口，淡水与海水混合并互相影响的水域环境与生物群落组成的统一的自然整体。海湾生态系统是指在近岸海域由陆地围成的半封闭水域环境与生物群落组成的统一的自然整体。②中国拥有世界上最多类型和数量的河口海湾，形成了地质历史错综复杂、自然地形地貌独特、地理疆域广大辽阔并拥有广袤的大陆架资源的特征，因此不同河口海湾的生境条件之间差异明显。③

（3）珊瑚礁

珊瑚礁生态系统是地球上生物资源丰富、生态功能强大的生态系统之一，为人类的生产和生活提供了重要的生态系统服务。④滨海的珊瑚礁湿地对波浪具有较强的消能作用，形成护岸的天然屏障；珊瑚礁湿地是海洋油气富集区；珊瑚礁湿地还是海洋中的"热带雨林"，属高生产力生态系统，约三分之一的海洋鱼类生活在礁群中并构成生物资源的富集地；珊瑚礁湿地又是海洋中的奇异景观，为发展滨海旅游业提供了条

---

① 雷茵茹，崔丽娟，李伟. 气候变化对中国滨海湿地的影响及对策[J]. 湿地科学与管理，2016，12(2): 59-62.
② 国家市场监督管理总局、国家标准化管理委员会. 近岸海洋生态健康评价指南（GB/T 42631—2023）[S]. 2023-05-23.
③ 高宇，赵峰，庄平，等. 长江口滨海湿地的保护利用与发展[J]. 科学，2015，67(4): 39-42.
④ 张振冬，邵魁双，杨正先. 西沙珊瑚礁生态承载状况评价研究[J]. 海洋环境科学，2018(4): 487-492.

件。[1]中国珊瑚礁面积约 3.8 万平方千米[2]，多分布在南部沿海区域，如广东、广西近海，海南环岛（三亚、文昌、昌江等地），台湾海峡等，在这些地方孕育着极其独特的热带珊瑚礁生态系统，它是多种海洋生物以及爬行动物最适宜的栖息地。[3]

（4）红树林

红树林扎根于潮间带淤泥中，为了抵御风浪的强烈冲击，在缺氧的土壤中生存，它们大都有密集的支柱根、板状根或呼吸根，这些根形态多样，纵横交错，为鱼类和其他动物提供了生长发育的良好环境。红树林的屏蔽作用也为潮间带动物提供了较为稳定且温和的环境。红树林防风护堤和促淤造滩的功能也保证了林后堤岸基围和农田水塘的安全和环境条件的稳定。中国红树林分布于海南、广东、广西、福建、浙江、台湾、香港和澳门 8 个省、区及特别行政区。主要分布在北部湾海岸（广东湛江、广西沿海及海南的西海岸）和海南东海岸，前者占全国红树林总面积的 70% 以上，后者占全国红树林面积的 12% 左右。[4]

（5）海草床

海草床通常位于浅海和河口水域，生产力高，具有护堤减灾功能，对海岸带区域有重要作用，并为海洋生物提供重要的食物来源和栖息环境，而且参与全球的碳、氮和磷循环，促进大气中二氧化碳向海水扩散，可以净化水质。然而海草床也属于较为脆弱的海洋生态系统，对外界条

① 陈增奇，金均，陈奕. 中国滨海湿地现状及其保护意义[J]. 环境污染与防治，2006(12): 930-933.

② 黄晖. 中国珊瑚礁状况报告2010—2019[M]. 北京：海洋出版社，2021: 1.

③ 王明婷，公维洁，韩玉，等. 我国珊瑚礁生态系统研究现状及发展趋势[J]. 绿色科技，2019(8): 13-15.

④ 邱广龙，林幸助，李宗善，等. 海草生态系统的固碳机理及贡献[J]. 应用生态学报，2014, 5: 1825-1832.

件的要求较高。中国现有海草床种类为 10 种，总面积较小，主要分布在山东、福建、广东、广西、海南、台湾和香港特区，其中在海南的分布面积最广。[①②]

（二）中国海洋生态环境现状

海洋生态系统生态价值巨大，为中国经济社会发展提供多种资源。然而，污染、大规模围海造地、外来物种入侵导致滨海湿地大量丧失，中国近岸海洋生态系统严重退化。据我国近海海洋综合调查与评价专项（简称"908 专项"）调查结果初步估算，21 世纪初与 20 世纪 50 年代相比，中国滨海湿地累计丧失 57%，红树林面积丧失 73%，珊瑚礁面积减少了80%，三分之二以上海岸遭到侵蚀，砂质海岸侵蚀岸线已超过 2500 千米，外来物种的入侵使得中国海洋生物多样性和珍稀濒危物种日趋减少。

1. 典型海洋生态系统现状

2021 年中国海洋生态环境状况公报显示，在监测的 24 个河口、海湾、滩涂湿地、珊瑚礁、红树林和海草床生态系统中，6 个呈健康状态，18 个呈亚健康状态[③]。

其中，监测的河口生态系统全部呈亚健康状态，个别河口贝类体内重金属残留水平偏高；监测的海湾生态系统均呈亚健康状态，个别海湾

① 李森, 范航清, 邱广龙, 等. 海草床恢复研究进展[J]. 生态学报, 2010, 30: 2443-2453.
② 李柳强. 中国红树林湿地重金属污染研究[D]. 厦门: 厦门大学, 2008.
③ 海洋生态系统的健康状态分为健康、亚健康和不健康三个级别。
　健康：生态系统保持其自然属性。生物多样性及生态系统结构基本稳定，生态系统主要功能发挥正常。人为活动所产生的生态压力在生态系统的承载能力范围之内。
　亚健康：生态系统基本维持其自然属性。生物多样性及生态系统结构发生一定程度的变化，但生态系统主要服务功能尚能正常发挥。环境污染、人为破坏、资源的不合理利用等生态压力超出生态系统的承载能力。
　不健康：生态系统自然属性明显改变。生物多样性及生态系统结构发生较大程度的变化，生态系统主要服务功能严重退化或丧失。环境污染、人为破坏、资源的不合理利用等生态压力超出生态系统的承载能力。

海水富营养化严重；苏北浅滩滩涂湿地生态系统呈亚健康状态，浮游植物和浮游动物密度高于正常范围，大型底栖生物密度低于正常范围、生物量高于正常范围；广西北海珊瑚白化严重，活珊瑚种类数较上年明显下降；海南东海岸海草床生态系统呈亚健康状态，海草密度较上年明显下降。各典型生态系统基本情况如表1-2所示。

表1-2 2021年中国典型海洋生态系统基本情况

监测区域	浮游植物				浮游动物 大型浮游动物				大型底栖生物			
	物种数（种）	密度（×10⁴个细胞/立方米）	多样性指数	主要优势种	物种数（种）	密度（个/立方米）	多样性指数	主要优势种	物种数（种）	密度（个/立方米）	多样性指数	主要优势种
鸭绿江口	72	380	2.77	旋链角毛藻 短角弯角藻	39	405	2.94	强壮箭虫 中华哲水蚤	83	515.0	2.22	青岛文昌鱼 东方长眼虾
双台子河口	68	33	3.18	中肋骨条藻 尖刺伪菱形藻	38	445	2.10	强壮箭虫 背针胸刺水蚤	48	95.6	1.76	不倒翁虫 曲道喜石海葵
滦河口—北戴河	45	1675	2.36	中肋骨条藻 尖刺伪菱形藻	35	231	2.37	球型侧腕水母 强壮箭虫	55	122.6	2.24	豆形短眼蟹 哈氏美人虾
黄河口	51	3556	2.29	旋链角毛藻 冰河拟星杆藻	44	196	2.63	球型侧腕水母 拟长腹剑水蚤	86	654.3	3.38	豪节甘吻沙蚕 丝异须虫
长江口	122	31297	0.52	中肋骨条藻	93	269	2.76	虫肢歪水蚤 太平洋纺锤水蚤	54	82.4	1.58	丝异须虫 中华蛸螠
闽江口	21	1159	2.11	旋链角毛藻 尖刺伪菱形藻	87	127	2.96	亚强次真哲水蚤 强额拟哲水蚤	42	82.5	2.24	斑瘤蛇尾 背毛背蚓虫
珠江口	169	5380	2.07	菱软海链藻 旋链角毛藻	94	551	2.82	刺尾纺锤水蚤 中华异水蚤	92	82.9	2.18	奇异稚齿虫 豆形短眼蟹
渤海湾	51	349	3.43	中肋骨条藻 铜绿微囊藻	34	181	2.59	肥胖三角溞 大螬蛸螠	37	122.5	2.33	凸壳肌蛤 耳口露齿螺
莱州湾	48	285	2.72	旋链角毛藻 泰晤士旋鞘藻	52	190	2.82	小齿海樽 细颈和平水母	109	1187.6	3.41	丝异须虫 豪节甘吻沙蚕

续表

监测区域	浮游植物				浮游动物					大型底栖生物			
						大型浮游动物							
	物种数（种）	密度（×10⁴个细胞/立方米）	多样性指数	主要优势种	物种数（种）	密度（个/立方米）	多样性指数	主要优势种		物种数（种）	密度（个/立方米）	多样性指数	主要优势种
胶州湾	65	151	3.18	中肋骨条藻 大洋角管藻	77	993	3.14	太平洋纺锤水蚤 强壮箭虫		90	669.2	3.68	异刺虫 寡鳃齿吻沙蚕
杭州湾	121	16898	1.84	中肋骨条藻	85	84	2.49	真刺唇角水蚤 长额刺糠虾		10	6.2	0.25	—
乐清湾	123	465	2.25	中肋骨条藻 柔弱菱形藻	106	178	3.12	中华假磷虾 太平洋纺锤水蚤		36	46.5	1.99	双鳃内卷齿蚕 圆筒原盒螺
闽东沿岸	48	3565	1.77	琼链角毛藻 尖刺伪菱形藻	95	589	2.89	肥胖箭虫 强额拟哲水蚤		88	90.7	2.63	不倒翁虫 双鳃内卷齿蚕
大亚湾	160	2634	2.20	中肋骨条藻 菱形海线藻	137	93	3.56	肥胖箭虫 亚强次真哲水蚤		50	45.3	1.84	光滑倍棘蛇尾 粗帝汶蛤
北部湾	120	1746	2.62	热带骨条藻 菱形海线藻	207	219	3.05	肥胖箭虫 亚强次真哲水蚤		124	55.3	2.04	克氏三齿蛇尾
苏北浅滩	122	996	2.86	中肋骨条藻 琼链海链藻	61	409	1.84	真刺唇角水蚤 太平洋纺锤水蚤		17	7.2	0.28	纵肋织纹螺

说明："—"表示该区域本次未监测到优势度 $Y \geq 0.02$ 的种类；生物多样性指数是生物种数和种类间个体数量分配均匀性的综合表现，用香农－威纳（Shannon-Wiener）多样性指数表征，计算公式为 $H' = -\sum (P_i \cdot \log_2 P_i)$，式中 P_i 为该样品中第 i 种的个体数与该样品总个体数之比。
（来源：2021年中国海洋生态环境状况公报）

2. 海洋自然保护地现状

截至 2021 年底，全国有海洋类型自然保护区 66 处，海洋特别保护区（含海洋公园）79 处，总面积 790.98 万公顷。2021 年，开展监测的 12 处海洋类型国家级自然保护区生态状况总体保持稳定。对 4 处国家级自然保护区开展生态环境状况等级[①]评价，辽宁大连斑海豹国家级自然保护区和广东徐闻珊瑚礁国家级自然保护区生态环境状况等级为 Ⅰ 级，整体状况优良；山东黄河三角洲国家级自然保护区和江苏盐城湿地珍禽国家级自然保护区生态环境状况等级为 Ⅱ 级，整体状况一般。

3. 滨海湿地现状

截至 2021 年底，全国有滨海湿地类型的国际重要湿地 15 处，面积 88.6 万公顷；国家重要湿地 7 处，面积 8.8 万公顷；国家湿地公园 24 处，面积 4.2 万公顷。监测的 15 处国际重要湿地生态状况总体稳定，互花米草是主要外来入侵物种，入侵总面积为 26357 公顷。

（三）中国海洋生态环境面临的主要问题

概括来看，中国近海海域内的海洋生态环境主要面临四类难题。

1. 开发方式的粗放与不平衡

第一，中国海洋生物资源过度开发问题严重。中国近海捕捞的渔船数量及其总功率是海区最适捕捞作业量的 3 倍以上，捕捞强度大大超过了生物资源的良性再生能力，渔获物的数量和质量均呈现出逐年下降的

---

① 根据《自然保护区生态环境保护成效评估标准（试行）》，自然保护区的生态环境状况分为三个级别。
Ⅰ 级：保护区的主要保护对象、生态系统结构、生态系统服务、水环境质量整体优良，主要威胁因素、违法违规情况管控成效显著。
Ⅱ 级：保护区的主要保护对象、生态系统结构、生态系统服务、水环境质量整体一般，主要威胁因素、违法违规情况管控成效一般。
Ⅲ 级：保护区的主要保护对象、生态系统结构、生态系统服务、水环境质量整体较差，主要威胁因素、违法违规情况管控成效较差。

趋势。

第二，中国海洋产业以资源开发和初级产品生产为主，海洋开发以传统养殖业和捕捞业为主，产品附加值较低，结构低质化、布局趋同化问题突出。

第三，中国海洋矿产资源开发水平低，海洋产业结构发展不协调。第三次全国油气资源评价结果显示，中国海洋石油资源量为 246 亿吨，约占全国石油总量的 23%；海洋天然气资源量为 16 万亿立方米，约占全球资源总量的 30%。世界海洋石油平均探明率为 73%，而中国仅为12.3%；世界海洋天然气平均探明率为 60.5%，而中国仅为 10.9%，均远低于世界平均水平。[①]目前，中国仅对近海石油、天然气等进行了部分开发，海洋油气整体上处于勘探的早中期阶段。

第四，中国的海洋开发活动集中在近岸海域，大量海岸因受经济开发影响，人为改造滩涂不断增加，自然地原始景观逐渐减少，很多重要港湾面积不断缩减[②]；近岸海域围填海规模较大，可利用岸线、自然滩涂空间和浅海生物资源日趋减少，近海大部分经济鱼类已不能形成鱼汛，近岸过度开发问题严重。

2. 生态系统受损较重，近岸海洋灾害频发

中国沿海地区集中了全国 70% 以上的工业人口和基础设施，为数不少的沿海企业、社区进行粗放甚至野蛮的海洋资源开发和无序、无度的污染排放，完全无视海洋生态环境承载能力。[③]受全球气候变化、不合理开发活动的影响，近岸海域生态功能有所退化，生物多样性降低（表

---

① 鹿红，王丹. 中国海洋生态文明建设的实践困境与推进对策[J]. 中州学刊, 2017(06): 75-79.

②③ 王景昊. 中国海洋生态环境的基本现状与对策分析[J]. 中国高新技术企业, 2017(01): 87-88.

1-2），海水富营养化问题突出（表 1-3，图 1-3），赤潮等海洋生态灾害频发，一些典型的海洋生态系统受到严重损害，部分岛屿的特殊生境难以维系。长此以往，中国海洋生态环境承载力水平不容乐观，海洋可持续发展将面临极大挑战。

表 1-3　2021 年中国管辖海域呈富营养化状态的海域面积

（单位：平方千米）

海区	轻度富营养化	中度富营养化	重度富营养化	合计
渤海	2040	1010	520	3570
黄海	1260	730	290	2280
东海	6120	4040	10620	20780
南海	1210	880	1450	3540
管辖海域	10630	6660	12880	30170

（来源：2021 年中国海洋生态环境状况公报）

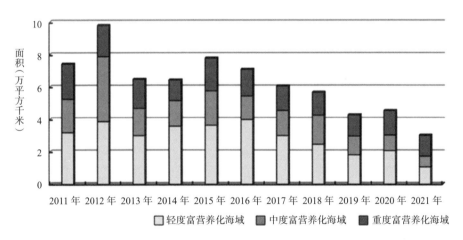

图 1-3　2011—2021 年中国管辖海域富营养化面积变化趋势
（图片来源：2021 年中国海洋生态环境状况公报）

3. 环境污染问题突出

造成海洋污染的污染物有一半以上来自陆地废弃物的排放。①陆源入海污染范围广，入海河流污染物排放总量大（表1-4、表1-5、表1-6）。中国目前联防联控体系尚不完善，近岸海域水质恶化趋势没有得到遏制。2021年，面积大于100平方千米的44个海湾中，有11个海湾春、夏、秋三期监测均出现劣四类水质。

表1-4　2021年中国管辖海域未达到第一类海水水质标准的各类海域面积

（单位：平方千米）

海区	二类水质海域面积	三类水质海域面积	四类水质海域面积	劣四类水质海域面积	合计
渤海	7710	2720	820	1600	12850
黄海	6310	1830	720	660	9520
东海	11450	3490	4720	16310	35970
南海	5070	2920	890	2780	11660
管辖海域	30540	10960	7150	21350	70000

（来源：2021年中国海洋生态环境状况公报）

表1-5　2021年沿海省（自治区、直辖市）入海河流断面水质类别比例及主要超标指标

（单位：%）

省份	水质状况	Ⅰ类	Ⅱ类	Ⅲ类	Ⅳ类	Ⅴ类	劣Ⅴ类	主要超标指标
辽宁	良好	0.0	52.2	30.4	17.4	0.0	0.0	—
河北	轻度污染	0.0	16.7	41.7	41.7	0.0	0.0	高锰酸盐指数、化学需氧量、五日生化需氧量

---

① 王景昊. 中国海洋生态环境的基本现状与对策分析[J]. 中国高新技术企业, 2017(01): 87-88.

续表

省份	水质状况	Ⅰ类	Ⅱ类	Ⅲ类	Ⅳ类	Ⅴ类	劣Ⅴ类	主要超标指标
天津	轻度污染	0.0	0.0	0.0	87.5	12.5	0.0	化学需氧量、高锰酸盐指数、五日生化需氧量
山东	轻度污染	0.0	15.0	35.0	50.0	0.0	0.0	高锰酸盐指数、化学需氧量、五日生化需氧量
江苏	良好	0.0	9.1	78.8	12.1	0.0	0.0	—
上海	优	0.0	40.0	60.0	0.0	0.0	0.0	—
浙江	良好	0.0	43.5	34.8	21.7	0.0	0.0	—
福建	轻度污染	0.0	13.3	60.0	20.0	6.7	0.0	总磷、化学需氧量、氨氮
广东	良好	2.6	30.8	48.7	17.9	0.0	0.0	—
广西	轻度污染	0.0	36.4	36.4	27.3	0.0	0.0	化学需氧量、高锰酸盐指数、溶解氧
海南	良好	0.0	38.1	38.1	9.5	9.5	4.8	—

（来源：2021年中国海洋生态环境状况公报）

表1-6 2021年各类直排海污染源污水及主要污染物排放总量

污染源类别	排口数（个）	污水量（万吨）	化学需氧量（吨）	石油类（吨）	氨氮（吨）	总氮（吨）	总磷（吨）	六价铬（千克）	铅（千克）	汞（千克）	镉（千克）
工业	217	246135	28253	116	886	8839	221	700.4	2537.5	64.3	13.8
生活	55	80602	16315	39	372	5310	118	601.7	542.4	27.7	61.5
综合	186	401051	97273	428	2818	32512	644	689.8	2610.3	240.9	966.1

（来源：2021年中国海洋生态环境状况公报）

4. 资源供给面临挑战，保护与开发矛盾突出

随着沿海地区经济社会的快速发展，生产、生活、生态用海需求日趋多样化，这对传统海洋资源供给方式提出了新的挑战。

四、小结

随着人类社会的发展和国际进程的加快，海洋在为人类发展带来巨大利益的同时，也成为国际政治中重要的博弈场。当前，全球海洋生态环境面临威胁，海洋生态环境治理面临多重困难。中国虽拥有高度的海洋生物多样性，近岸海域海洋生态系统类型多样，但海洋生态保护形势依旧不容乐观，海洋生态威胁依旧存在。

02

第二章

海洋生态文明建设的理论基础

随着人类社会的不断发展，人类活动对海洋的影响越发突出，海洋环境污染和生态破坏现象不断发生。世界海洋形势日趋严峻，中国的海洋生态环境也面临着严重的威胁。2019年中国海洋生态环境状况公报显示，中国海洋生态状况较2018年没有明显下降，但中国海洋生态形势依旧不容乐观。为缓解中国海洋生态压力，建设健康良好的海洋生态环境，促进海洋经济健康稳定发展，实施海洋生态文明建设刻不容缓。2012年，党的十八大报告明确提出建设海洋强国这一战略目标。2017年，党的十九大报告进一步提出"坚持陆海统筹，加快建设海洋强国"。2022年，党的二十大报告再次强调要发展海洋经济，保护海洋生态环境，加快建设海洋强国。海洋生态文明建设成为中国发展海洋经济、维护海洋生态稳定、实现人与海洋和谐共赢的重要举措。

一、海洋生态文明建设的概念与内涵

"文明"一词在中国起源较早，《尚书正义》中有"经纬天地曰文，照临四方曰明"，这里的"文"指的是纹理，"明"比喻日月，文明是一种由混乱到秩序，由混沌到光明的开化过程。英文中的"civilization"一词汉语译为"文明"，其含义为人类社会高度发展和组织的阶段。[①]

20世纪60年代，西方发达国家环保意识萌发，之后引导了生态文明研究的兴起。1995年，罗伊·莫里森首次提出生态文明是工业文明之后的一种文明形式，并在其著作《生态民主》中提出了现代意义上生态文明的概念。而中国著名生态学家叶谦吉则早在1987年便使用了"生态文明"概念，提出应"大力建设生态文明"，并指出"所谓生态文明就是人类既获利于自然，又还利于自然，在改造自然的同时又保护自然，人与自然之间保持着和谐统一的关系"。此后，生态文明的概念和内涵在国内外理论界对"生态保护""生态修复""循环经济""清洁生产"和"可持续发展"等生态和环境问题的研究中逐渐演化和发展。[②]

（一）生态文明与生态文明建设

生态文明，顾名思义，由"生态"和"文明"组成。其中生态由单纯意义上的自然环境引申为所有生物共同生存和发展的环境与空间；文明则是指人类在改造客观世界的实践过程中所形成的先进的社会价值观念，包括社会道德观、社会价值观以及社会物质文明观。[③]

生态文明，是人类文明的一种形式，是工业文明之后出现的文明形态，是文明发展的一个新阶段。生态文明以尊重和维护生态环境为主旨，

---

① 狄乾斌，何德成，乔莹莹. 海洋生态文明研究进展及其评价体系探究[J]. 海洋通报，2018，37(06): 615-624.

② 徐春. 对生态文明概念的理论阐释[J]. 北京大学学报（哲学社会科学版），2010(01): 61-63.

③ 张萌，满萌，于志军. 生态文明与生态文明建设浅谈[J]. 科教导刊（上旬刊），2020(19): 165-166.

以可持续发展为依据，以未来人类的继续发展为着眼点，是人类遵循人、自然、社会和谐发展这一客观规律而取得的物质与精神成果的总和。生态文明的实质就是研究可持续发展，有效协调人与自然的关系。[①]

党的十七大报告中首次提出"生态文明"理念，并强调要使"生态文明观念在全社会牢固树立"。党的十八大报告以"大力推进生态文明建设"为题，独立成篇地系统论述了生态文明建设，将生态文明建设提高到一个前所未有的高度。党的十九大报告以"加快生态文明体制改革，建设美丽中国"为题，将生态文明作为独立篇章进行论述，并指出"建设生态文明是中华民族永续发展的千年大计"。

生态文明建设本着对当代人和后代人均衡负责的宗旨，改变生产生活方式和消费方式，节约和合理利用自然资源，保护和改善自然环境，修复和建设生态系统，为国家和人民的可持续发展提供坚实的自然物质基础保证。[②]

（二）海洋生态文明及其建设

海洋是自然生态系统中最大的生态系统，海洋生态文明是生态文明的一个重要组成部分，具有丰富的科学内涵。有的学者认为，海洋生态文明是一种文化伦理形态，如刘家沂认为海洋生态文明是人类遵循和谐发展的客观规律，实现人与海洋、人与人以及人与社会共生共荣、和谐持续的社会发展形态所形成的一切精神和物质成果的总和。[③]有的学者从社会学角度阐述海洋生态文明的内涵，如宋宁而、李云洁认为海洋生态

---

① 兰宗宝，韦莉萍，陆宇明. 生态文明理念下乡村旅游可持续发展的策略研究[J]. 广东农业科学，2011(1): 223-225.

② 谷树忠，胡咏君，周洪. 生态文明建设的科学内涵与基本路径[J]. 资源科学，2013, 35(1): 2-13.

③ 刘家沂. 构建海洋生态文明的战略思考[J]. 今日中国论坛，2007(12): 44-46.

文明建立在海洋生态环境的基础上，人类通过使用先进的科学技术实现海洋社会经济效益与人海和谐双赢，最终实现人、海、陆全面协调、持续发展。[①]有的学者则强调，海洋生态文明是人海和谐的社会文明形态，如马彩华、赵志远等认为海洋生态文明实际上指的是在人类利用海洋满足自身发展需要的过程中，遵循客观规律所建立起来的人、海相互依存、共同发展的一种良好的文化状态。[②]朱坚真认为海洋生态文明并不局限于海洋环境治理和保护，而是在遵循"人海和谐"的可持续发展规律下，从意识培养和管理模式构建双重路径出发，科学统筹资源开发和产业发展从而达到的一种人、海友好相处、协同发展的状态。[③]

总的来说，海洋生态文明及其建设可以大体上概括为与海洋领域相关的生态文明及其建设的理论思考和政策实践。[④]相较于作为学理性概念或术语的"海洋生态文明"，具有更明确的海洋经济开发与海洋生态保护政策实质的"海洋生态文明建设"更容易得到关注与理解。

"海洋生态文明建设"作为一项公共政策，其渐进形成与主要含义源自中国不断提升的发展海洋经济、应对海洋生态挑战和强化国家海洋安全等方面的现实需求。2002年，党的十六大报告提出要"实施海洋开发"；《2004年国务院政府工作报告》提出"重视海洋资源开发与保护"；《2009年国务院政府工作报告》再次强调"合理开发利用海洋资源"；2012年，党的十八大报告明确指出，"提高海洋资源开发能力，发展海洋经

---

① 宋宁而，李云洁. 中国海洋生态文明区建设的社会学思考——基于山东半岛海洋生态区的建设[J]. 浙江海洋学院学报（人文科学版），2012(5): 16-23.

② 马彩华，赵志远，游奎. 略论海洋生态文明建设与公众参与[C]//中国软科学研究会. 第六届软科学国际研讨会论文集（上）. 中国软科学研究会，2010: 6.

③ 朱坚真. 中国海洋经济发展重大问题研究[M]. 北京：海洋出版社，2015: 37-38.

④ 郇庆治，陈艺文. 海洋生态文明及其建设——以国家级海洋生态文明建设示范区为例[J]. 南京工业大学学报（社会科学版），2021, 20(01): 11-22, 111.

济，保护海洋生态环境，坚决维护国家海洋权益，建设海洋强国"；2015年4月，《中共中央 国务院关于加快推进生态文明建设的意见》出台，该意见强调"加强海洋资源科学开发和生态环境保护"；2015年6月，国家海洋局印发《国家海洋局海洋生态文明建设实施方案》（2015—2020年），该方案着眼于建立基于生态系统的海洋综合管理体系，强调要"以海洋生态环境保护和资源节约利用为主线，以制度体系和能力建设为重点，以重大项目和工程为抓手""推动海洋生态文明制度体系基本完善，海洋管理保障能力显著提升，生态环境保护和资源节约利用取得重大进展"；2015年9月，中共中央、国务院印发了《生态文明体制改革总体方案》，该方案强调"健全海洋资源开发保护制度，完善实施海洋主体功能区制度、围填海总量控制制度、自然岸线保有率控制制度、海洋渔业资源总量管理制度和海洋督察制度"；2016年，《中华人民共和国国民经济和社会发展第十三个五年规划纲要》明确提出，"坚持陆海统筹，发展海洋经济，科学开发海洋资源，保护海洋生态环境，维护海洋权益，建设海洋强国"；2017年，党的十九大报告确立了"坚持人与自然和谐共生"的基本方针，阐明了中国生态文明建设的目标规划和战略部署；2018年2月，国家海洋局印发了《全国海洋生态环境保护规划（2017—2020年）》，对海洋生态环境保护工作进行了全面部署，要求"建立健全绿色低碳循环发展的经济体系和绿色技术创新体系，基于生态系统规律的海洋综合管理体系、海洋法律法规体系及多元主体共同参与的环境治理体系，坚决打赢海洋生态环境污染治理的攻坚战，建设'水清、岸绿、滩净、湾美、物丰'的美丽海洋"；2021年，《中华人民共和国国民经济和社会发展第十四个五年规划和2035年远景目标纲要》中再次明确提出要"协同推进海洋生态保护、海洋经济发展和海洋权益维护，加快建设海洋强国"；2022 年，党的二十大报告中再次强调"人与自然和谐共生"的理念，指出要"发展海洋经济，保护海洋生态环境，加快建设海洋强国"。

可见，作为一个公共政策概念或术语的"海洋生态文明建设"，可以大致理解为 21 世纪以来尤其是党的十八大以来，党和政府关于海洋资源合理开发与经济发展、海洋生态环境与生物多样性保护治理、国家海洋安全与主权利益维护等议题领域中所形成的系列重大战略和举措的统称，旨在促进并维持人与海洋之间的和谐共生关系，尤其是海洋经济的现代化发展、海洋资源的可持续利用和海洋环境的清洁美丽。

（三）海洋生态文明建设的内涵

近年来，海洋生态文明理念的生发与启动，是现代化发展模式主导世界以来人们对海洋环境越来越恶化、海洋资源越来越濒危、海洋灾难越来越频发而进行的生态文化反思的结果。其目标指向是，以人海和谐共生为核心，使海洋管理与开发、海洋经济与经略不能破坏海洋环境与资源，必须以保护海洋生态为底线、红线，最终实现海洋和人类共同持续发展。[1]

海洋生态文明建设不能简单地理解为大力改善环境，既不能坚持"人类中心论"，也不能强调"自然中心论"，而是应以海洋经济发展壮大来维护海洋生态环境的平衡，以海洋环境的良性生态循环推动海洋经济开发的更大发展。二者相互独立，又相互支撑，最终形成一个和谐共荣的海洋生态文明局面。[2]

海洋生态文明建设的内涵应从三个层面考虑——海洋生态文明意识、海洋生态文明行为和海洋生态文明制度。

---

[1] 朱雄, 曲金良. 中国海洋生态文明建设内涵与现状研究[J]. 山东行政学院学报, 2017(03): 84-89.
[2] 鹿红. 中国海洋生态文明建设研究[D]. 大连: 大连海事大学, 2018.

1. 海洋生态文明意识

所谓海洋生态文明意识，是指处理人类活动与自然环境，特别是与海洋间相互关系的基本立场、观点和方法。具体来说，就是处理眼前利益与长远利益、局部利益与整体利益、经济效益与环境效益、开发与保护、生产与生活、资源与环境等关系时应具备的海洋生态学观念。[①]

海洋生态文明意识是海洋生态文明建设的精神核心。建设海洋生态文明首先应进行海洋生态文明意识建设。中国早在古代就已提出"顺应自然"的生态价值观，但在传统生态意识中却很少强调海洋生态文明意识，虽然近年来"维护海洋生态稳定"的呼声开始在国内有所增强，但这并未从根本上改变中国海洋生态文明意识建设较为落后的现状。[②]

2. 海洋生态文明行为

海洋生态文明的行为主体由政府管理部门、海洋开发利用者和社会公众三个部分构成，三者之间互相联系、互相影响。

政府是生态文明物质建设的主导者，是生态文明理念的倡导者，也是生态文明制度的制定者和执行者，更是国际环境合作的主要参与者。政府的首要职能是为社会提供有效的公共物品，应对重大的公共危机。优良的生态环境属于人类社会的公共物品，生态环境的公共物品属性决定了市场机制在生态文明建设中的有限性，因此必须发挥政府的主导作用。加大生态文明建设力度，清偿中国经济社会发展历史上的生态环境欠账，是政府未来的重大任务。然而，如果只是在保证生态环境的修复、控制等技术性和物质性层面做文章，那只能算是生态建设，而不是生态

---

① 顾世显. 浅议海洋生态意识[J]. 海洋环境科学, 1988(04): 1-5.
② 郭见昌. 中国海洋生态文明建设路径探究——基于综合视角[J]. 当代经济, 2017(07): 90-91.

文明建设。生态文明建设最主要的还是体现在人们对于一种文明的生活理念、伦理规约和精神价值的追求上。因此政府在制定和执行海洋生态文明制度、依靠制度保护生态环境、开展生态文明建设的同时，也应当积极倡导并使用柔性的、感化的手段将代表现代社会生产和生活方式的价值理念、精神素养向全社会进行传递。[①]

海洋开发利用者是海洋生态文明建设的直接利益相关者。海洋生态文明建设旨在促进海洋生态保护与海洋经济发展相适应，实现保护与发展的协调。海洋开发利用者是海洋生产活动的直接参与方，进行海洋生态文明建设必然会触及其利益。海洋开发利用者是海洋经济发展的主要力量，如何在海洋生态文明建设过程中实现海洋产业结构调整与转型，保障海洋开发利用者的利益，实现保护与发展的双赢，是海洋生态文明建设必须重点考虑的问题，也是政府作为海洋生态文明物质建设主导者的主要任务。

社会公众是海洋生态文明建设的参与者，也是海洋生态文明建设的受益者，在海洋生态文明建设中占有重要地位。社会公众对海洋生态文明建设的意识认同及价值理念认同对海洋生态文明建设十分重要。公众以一种合理化的程序和一种正确积极的态度主动参与到各级行动决策中来，能够在表达自身意见的同时，发挥公共监督的良好作用，促进政府决策更加公开透明，更能体现民意。[②]

3. 海洋生态文明制度

海洋生态文明制度是海洋生态文明建设的有力保障。从国家层面来看，生态文明制度建设在国家发展的重大部署中集中得到反映。生态文

---

① 王绍青, 张荣华. 政府在生态文明建设中的角色担当[J]. 人民论坛, 2017(12): 63-65.

② 付春华. 政府引导人角色在生态文明建设中的必要性[J]. 学理论, 2014(13): 10-11.

明建设制度可概括为生态文明决策制度、生态文明管理制度、生态文明评价制度和生态文明奖惩制度。其中，生态文明决策制度包括以一种最具权威性和机构实体化程度最高的形式规定与规范人、社会与自然之间和谐共生目标以及相应的社会与个体行为要求的生态文明制度。生态文明管理制度是生态文明决策制度的细化与分解，其实施关系着生态文明决策制度的成效与成败。生态文明评价制度是指政府行政许可审批前，对待批项目可能造成的环境、生态影响进行分析、预测和评估。生态文明评价制度可为生态文明管理制度提供依据与支撑。生态文明奖惩制度是大力推进生态文明建设过程中需要创建并逐步完善的制度，它可以使生态文明建设的总体目标与战略部署制度化为一些明确而具体的刚性规范与约束，同时使政府机构和民众自身都更加自觉地致力于生态文明建设的目标。[①]

二、海洋生态文明建设相关理论

海洋生态文明的起源与发展，离不开理论的支撑作用。海洋生态文明建设旨在促进人与海洋、人与自然的和谐共赢，其所依赖的主要理论为生态自然观理论、可持续发展理论、生态经济学理论、科学发展观与和谐社会理论。

（一）生态自然观理论

生态自然观理论出现于 20 世纪中叶，马克思、恩格斯的生态思想是现代生态自然观的直接理论来源。该理论与生态失衡是相伴而生的，人口增长压力、环境污染、资源短缺等生态问题的出现是生态自然观理论的现实基础。1949 年，美国学者福格特在《生存之路》一书中首次提出

---

① 许妍，梁斌，洛昊，等. 关于加强海洋生态文明制度体系建设的研究[J]. 海洋经济，2017，7(06): 3-10, 26.

"生态平衡"的概念，认为人类对自然环境和资源的无节制利用，导致生态系统失衡，进而会威胁人类的生存和发展。生态自然观正是基于人类对生态失衡造成生态问题这一现象的反思而逐步形成的。

西方学者以环境伦理学的形式展开的对人与自然关系的思考，提倡自然权利论和内在价值论，即所谓的生态自然观。生态自然观辩证地探索人与自然的关系，强调生态系统是一个相互依存、相互作用的有机整体，因此在生态系统中人和自然是平等的关系，二者应当协调发展。具体来说，生态自然观包括三方面内涵：

一是生态系统具有整体性。生态系统是各部分相互联系、相互作用的有机整体，一方面任何部分的变化都会对整体系统有着或大或小的影响，另一方面系统中的各部分不能够单独存在和发展，各部分在相互合作和竞争中实现对自身生存的进化。[1]

二是生态系统的开放性。自然生态系统与外界持续进行物质和能量的交流，系统开放促进了部分间的交流，使生态系统各部分也在不断进行交换，在不断地流动、消耗和转化中维持系统各部分的动态平衡[2]；同时，生态系统的开放性促进系统及其组成部分不断地发生动态变化，实现了生态系统的自动更新。

三是人的能动性和受动性。一方面人与自然最大的属性区别是人类具有主观能动性，因此人类在与自然协调发展的过程中占据主导地位。人类可以借助社会力量，在不违背自然规律和社会规律的前提下利用自然和改造自然。另一方面人类在认识和改造自然的实践中，不能够完全

---

① 杨金洲. 论马克思的自然观及其当代意义[J]. 中南民族大学学报（人文社会科学版），2008(02): 110-112.

② 贾军，张芳喜，沈娟. 生态自然观与当代全球性生态危机反思[J]. 系统科学学报，2008(01): 78-81.

自由地发挥其主观能动性，人的活动同时受自然界的制约，人类只能发挥主观能动性，一旦违背了自然规律必然会受到负面的影响。

（二）可持续发展理论

在当今世界经济迅速发展的大环境下，自然资源严重短缺，生态环境被严重破坏，环境污染越来越严重，直接威胁到人类的生存。可持续发展理念因此越发受到人们的重视。1992 年 6 月，在巴西里约热内卢举行的联合国环境与发展大会通过了两个纲领性文件——《地球宪章》和《21 世纪议程》，标志着可持续发展从理论探讨开始走向行动实践。

可持续发展是建立和保持自然资源、生态环境和经济社会持续健康的发展模式，实现资源、环境、人口、经济、社会等协调发展。[①]1987年世界环境与发展委员会发表的报告《我们共同的未来》中，将可持续发展定义为："既满足当代人的需求，又不对后代人满足其自身需求的能力构成危害的发展。"

可持续发展理论不是单一的环境保护理论，而是将环境保护、经济发展和社会进步三者有机结合，从而形成一种新的发展理论。具体来说，可持续发展理论包括以下三方面内容：

一是经济可持续发展。经济的发展是人类和社会存在的基本条件，强调可持续发展并不是说为了保护环境放弃经济的发展，而是改变传统的经济生产方式，提倡绿色生产方式。这种新型生产方式一方面在能源上要求尽可能利用可再生能源以及合理利用常规能源；另一方面在生产过程中要求尽可能地节约能源和材料，以最少的投入获得最大的产出。

二是生态可持续发展。自然生态的可持续发展是经济发展和社会进

---

① 王丹, 鹿红. 论中国海洋生态文明建设的理论基础和现实诉求[J]. 理论月刊, 2015(01): 26-29.

步的前提条件，经济和社会的发展必须与环境承载力相适应。因此在发展过程中要在全社会树立生态道德观，提高保护自然环境的意识，规范自己的行为以符合生态道德的要求，在全社会形成崇尚自然、保护自然的良好氛围。

三是社会可持续发展。社会的可持续发展是发展的最终目标，经济发展和生态保护都是为了实现社会的可持续发展。可持续发展理论以人的发展为中心，提高人类的生活水平，创造良好的社会环境。

可持续发展的基本模式就是人与自然和谐共存，自然生态系统是生命支持系统，自然资源的可持续利用，是实现可持续发展的基本条件。可持续发展理论的内涵决定了它是海洋生态文明建设的理论根基，海洋生态文明建设是在人类可持续发展理论的指导下进行的，这种发展建立在环境和资源的可持续利用和生态系统的承受能力基础之上。在经济社会发展的同时，应保证对自然资源的合理开发利用，对生态环境不造成破坏，最终实现海洋经济发展、人类生产生活、海洋生态环境和海洋能源资源的共存和共荣。

（三）生态经济学理论

随着现代社会的发展，认为人生来凌驾于自然界之上的观点正在改变，人类逐渐认识到自己只是全球生态系统中的一个子系统。人类子系统依赖于整个系统的正常运转。20世纪60年代，经济学家鲍尔丁首先使用了"生态经济学"这个概念。生态经济学理论从广泛的角度研究生态系统和经济系统之间相关作用的关系，重点在于探讨人类社会的经济行为与其引起的资源与环境变化之间的关系。20世纪80年代初，许多结合中国实际的研究大大地拓展了生态经济的理论基础，使生态经济学成为研究社会再生产过程中经济系统与生态系统之间物质循环、能量转化、信息交流和价值增值的经济学。

生态经济学是以生态经济系统为研究对象，从生态系统和经济学的结合上，以生态学原理为基础，以经济学原理为主导，以人类经济活动为中心，围绕人类经济活动与自然生态之间相互发展关系这一主题，研究生态系统和经济系统相互作用所形成的生态经济复合系统，研究矛盾运动过程中发生的生态经济问题，阐明它们产生的客观原因和解决的理论原则，从而揭示生态经济运动和发展的客观规律。[1]它通过研究自然生态和经济活动的相互作用，探索生态经济社会复合系统协调和持续发展的规律性，并为资源保护、环境管理和经济发展提供理论依据和分析方法。[2]它既可以为宏观战略选择提供指导，又能够引导微观的生产、管理和消费行为。生态经济社会复合系统关于必须协调发展、循序发展、递进发展的论述，有利于人们妥善处理代内公平和代际公平的关系，建立和维护合乎可持续发展要求的经济系统、社会系统和生态系统；关于经济社会发展必须合乎生态平衡要求的理论，有利于引导人们做好物质、能流、使用价值和价格的输入能力的平衡；关于生态社会总资源优化配置的理论，有利于引导人们在进行资源配置时充分考虑社会不断增长的经济和生态需要。

生态经济学为资源保护、环境管理和经济发展提供了理论依据和可行方法。海洋作为重要的自然生态系统和自然资源的提供者，在对其有效的保护中贯彻生态经济学的理念是十分必要的。

---

[1] 许涤新. 生态经济学[M]. 杭州：浙江人民出版社，1987: 2.

[2] 周震峰. 基于MFA的区域物质代谢研究——以青岛市城阳区为例[D]. 青岛：中国海洋大学，2006.

（四）科学发展观与和谐社会理论

党的十六大以来，党中央坚持以邓小平理论和"三个代表"重要思想为指导，顺应国内外形势发展变化，坚持理论创新和实践创新，集中全党智慧，提出了科学发展观。2007年，党的十七大报告指出："科学发展观，第一要义是发展，核心是以人为本，基本要求是全面协调可持续，根本方法是统筹兼顾。"科学发展观是一种全新的发展理念，是对以往发展理念的超越，是中国共产党从新世纪新阶段党和国家事业发展全局出发提出的重大战略思想。科学发展观的内涵包括协调发展、可持续发展，提出要统筹人与自然和谐发展，促进人与自然的和谐，实现经济发展和人口、资源、环境相协调，走生产发展、生活富裕、生态良好的文明发展道路。

社会主义和谐社会，是中国共产党在2004年提出的一种社会发展战略目标，指的是一种和睦、融洽并且各阶层齐心协力的社会状态。2004年9月，党的十六届四中全会上正式提出了"构建社会主义和谐社会"的概念。和谐社会理论开始萌芽。"民主法治、公平正义、诚信友爱、充满活力、安定有序、人与自然和谐相处"是和谐社会的主要内容。2005年以来，中国共产党提出将"和谐社会"作为执政的战略任务。2006年10月，党的十六届六中全会审议通过的《中共中央关于构建社会主义和谐社会若干重大问题的决定》中全面深刻地阐明了中国特色社会主义和谐社会的性质和定位、指导思想、目标任务、工作原则和重大部署。2007年10月，党的十七大再次强调了构建社会主义和谐社会的重要性，并对改善民生为重点的社会建设作了全面部署。

科学发展强调协调、可持续的发展；和谐社会也不仅仅是人与人的和谐，也包括人与自然的和谐。二者都将人与自然的理念融入其中。

2012 年党的十八大报告提出"以科学发展为主题，全面推进经济建设、政治建设、文化建设、社会建设、生态文明建设，实现以人为本、全面协调可持续的科学发展"，2017 年党的十九大报告提出"发展必须是科学发展""坚持人与自然和谐共生"，均是对科学发展观与和谐社会理论的继承与发扬。2022 年党的二十大报告更是将"人与自然和谐共生"作为单独篇章，要求尊重自然、顺应自然、保护自然，站在人与自然和谐共生的高度谋划发展。

海洋生态文明建设强调人海和谐、人海共赢，是在科学发展观与和谐社会理论基础上衍生的对人与海洋关系的辩证思考，也是在这一理论基础上实现人与海洋共同发展的重要政策。

三、小结

海洋生态文明建设是生态文明建设的重要组成部分，体现着人与自然和谐发展的生态理念，涵盖了海洋生态文明意识、海洋生态文明行为和海洋生态文明制度三个层面。海洋生态文明建设作为一项建立在生态自然观理论、可持续发展理论、生态经济学理论、科学发展观与和谐社会理论基础上的公共政策，内涵丰富，与时俱进，成为中国实现海洋强国战略的重要推动力。

03

第三章

中国海洋生态文明的起源与发展

中国是一个拥有五千年文明史的国家，在五千年的发展史中，人与海洋的关系日趋密切。中国的海洋生态文明萌芽于华夏文明古老的哲学思想，从生态文明拓展到海洋生态文明，又随着时代的发展、社会的进步不断增添新内容，拥有顺应时代的新发展与新内涵。

一、中国海洋生态文明的起源

中国古代是一个以农业立国的国家，农业生产与自然界有着千丝万缕的联系，也正因此，自然界在中国古代社会生活中的重要性不言而喻。中国古代的先哲们将这种人与自然的亲密关系上升到理论的高度，产生了具有中国文化烙印的生态哲学思想。中华人民共和国成立后，人民对于美好生活的向往与追求也随着社会的发展不断改变，社会主要矛盾的转变越发推动海洋生态文明在中国社会发展中占据重要的战略地位。

（一）中国传统文化中的生态哲学思想

中国传统文化中所蕴含的生态哲学思想是海洋生态文明得以最终形成的重要源泉。概括来看，这些传统生态哲学思想主要蕴含在儒家和道家的思想体系中。

1. 儒家的生态哲学思想

由孔子开创的儒家学派，起源于春秋战国时期。儒家提出以"仁"为核心的生态哲学思想，认为当时战乱局面的产生是"私欲"膨胀而"仁心"式微，主张用"仁"来规范人们的心灵，以期抵御战争，维系人与自然的关系。儒家经典著作中关于生态的论述非常丰富，闪耀着生态哲学思想的光芒，为我们在今天正确认识人与自然的关系提供了宝贵的精神财富。

儒家的生态哲学思想中，最具代表性的两点就是"知命畏天"与"天人合一"思想。"知命畏天"的生态自然观由孔子提出。他认为，天生人，人受天，固有"天命"。天由自然而生，虽不以人的意志为转移，但却并非与人无关，人本就化身其中，所谓"生死有命，富贵在天"。敬畏天命并非不作为，并非消极人生，而是主张人在自然面前应该尽力而为。与天地参，以通天下之志，这就是知天命。孔子还将"畏天命"与君子的人格结合起来，要求君子不做违背客观规律之事，维持人与自然的和谐。"知命畏天"生态观对于中国人而言，就是要把"天"与"人"结合起来，提倡敬畏天命，树立君子人格，是为了更好地顺应自然，维护人类社会健康和谐发展与生态平衡。"天人合一"思想则是儒家思想脉络中一以贯之的精髓，同时也是中国古代哲人眼中人与自然的关系所能达到的最高境界。在儒家的思想体系中，"天人合一"并非仅限于生态思想，更多的是一种人的精神境界。在东汉的思想家董仲舒"罢黜百家，独尊儒术"之际，"天人合一"的观点就已被提及。他汲取前人的思想，结合道、法、阴阳等各派学说，第一次对天人感应之说进行系统的总结。他在《春秋繁露·深察名号》中提出"是故事各顺于名，名各顺于天，天人之际，合而为一"。《春秋繁露·立元神》中也写道："天、地、人，万物之本也。天生之，地养之，人成之。天生之以孝悌，地养之以衣食，人成之以礼乐，三者相为手足，合以成体，不可一无也。"在这里，董仲舒认为天、地、人之间的联系十分紧密，呈现出一种浑然一体的倾向，并且人与天地万物具有阴阳平衡的特点。至宋代，著名学者张载正式提出"天人合一"这一命题。他认为"太虚即气"，气是宇宙万物的本质，气聚则生万物，气散则成太虚。张载认为宇宙由气组成，即承认了宇宙万物的物质性，承认了人与其他生命体在本质上的平等，具有朴素的辩证唯物主义特征。这种对于天、地、人的系统认识，将人与自然看作一个有机整体，其中蕴含的生态哲学思想不言而喻。近现代以来，许多著名学者都曾对儒家的"天人合一"思想进行解读，季羡林先生曾将其解释为"天，就是大自然；人，就是人类；合，就是互相理解，结成友谊"。在此种语境下，"天人合一"思想就与人与自然和平共处的生态伦理观高度吻合，也与海洋生态文明理论不谋而合。

2. 道家的生态哲学思想

在中国传统文化中，道家的生态哲学思想也十分丰富，且自成一体。道家思想体系中存在着一种"道法自然"的深层次生态学，这种"道法自然"思想脱胎于中国的农业文明，刻有深深的文化烙印。道家的这种生态哲学思想为我们应对日渐加剧的生态危机提供了独特的认知维度。

道家哲学的核心是"道"。这个"道"存在于天地万物产生之前，它被道家后学发展为一个非常复杂的道论体系。道家认为，道是宇宙中最高和恒长的存在，其中"自然无为"是它的根本属性，尊道贵德，要依循万物自然无为的本性去爱护、利用自然界中的所有事物。老子有言："道可道，非常道；名可名，非常名。"在这里，老子提出"道"是先于世间万物且永恒变化的本体，是不可道、不可名的终极存在。老子又云："有物混成，先天地生。寂兮寥兮，独立而不改，周行而不殆，可以为天地母。吾不知其名，字之曰道，强为之名曰大。"也就是说，"道"是不可说出的，说得出的"道"便不是永恒的道。

道家倡导"道生万物""为天地母"，这表明道具有宇宙本原的意义，道作为永恒的终极实在，具有普遍性和整体性。道的普遍性与整体性体现为万物内部所遵循的共同法则。此即庄子所说的"万物皆一""道通为一"。万物的生与灭皆为表象，都由道来支配，因而万物本无差别。道家由此阐明了对于天地万物的态度——道生万物，众生平等，万物生长皆有其自然规律，这就从本质上要求人们做到"自然无为"。也就是说，道家主张万物应当依照自然规律生存与发展，人类不应出于私欲去破坏自然界，打破自然界原有的平衡，这样的理念与当代盛极一时的人类中心主义观点形成了鲜明的对比。道家的这种思想根植于中华民族的血脉之中，为海洋生态文明理论的形成与发展提供了重要的精神内核。

3. 儒家与道家生态哲学思想中的共通之处

儒家与道家这两大学说虽在整体理论体系和主要观点上存在着很大的差异，但它们的生态哲学思想中也有若干共通之处，这些相似之处成为后世调整人与自然关系、建设生态文明的重要精神指南。概括来看，这些共通之处集中体现在节用寡欲和治国之道上。

在资源使用的认识方面，儒家与道家最大的相似之处就是均提倡"节用寡欲"。节用就要节约资源，寡欲就是指禁欲和反对纵欲。在儒家思想中，孔子提倡"节用而爱人"，意指人类既要节约其所使用的东西，又要做到人与人之间互相有爱。荀子在《荀子·天论》中说："强本而节用，则天不能贫。"其暗含的意思是，只有在发展农业时注重节俭，国家才不会贫困。在道家思想中，老子曰："圣人去甚，去奢，去泰。"其中包含的一层意思就是聪明的人要改掉奢侈浪费。由此可见，儒家与道家文化中对于资源使用的态度，在当今时代仍具有重要的借鉴价值。

儒家和道家的治国之道也充分体现着生态文明思想。孔子曾曰："道千乘之国，敬事而信，节用而爱人，使民以时。"其含义是，要使国家强盛，就要有爱人之心，节俭之德。孟子曰："不违农时，谷不可胜食也；数罟不入洿池，鱼鳖不可胜食也；斧斤以时入山林，材木不可胜用也。谷与鱼鳖不可胜食，材木不可胜用，是使民养生丧死无憾也。养生丧死无憾，王道之始也。"他主张在治理国家时，人们的行为要顺应自然环境的要求。荀子倡导"制天命而用之"，就是指要掌握自然规律，然后利用它来治理国家，造福人类。庄子说："无以人灭天，无以故灭命，无以得殉名。"他强调的就是，人类不能忽视自然规律的客观性，不能为所欲为，否则会遭受自然界所带来的灾难。可见，在儒、道文化中，均倡导治理国家要以尊重自然规律为前提，这与当今的生态观念具有相似的精神内核。

总而言之，以儒家和道家为代表的中国传统文化中的生态哲学观念无疑为海洋生态文明建设提供了重要的养料。生态文明建设要树立"尊重自然、顺应自然、保护自然"的理念，与"天人合一""道法自然"等传统文化思想高度契合。

（二）中国社会主要矛盾转变

在中华人民共和国的历史上，任何一种治国理政的大政方针或具体理念的提出，其根本目的都是满足人民群众的现实需求，回应社会发展的需要，从而促进社会主要矛盾的解决。党的十九大做出了中国社会的主要矛盾已转化为"人民日益增长的美好生活需要和不平衡不充分的发展之间的矛盾"的表述，相比于以往"人民日益增长的物质文化需要同落后的社会生产之间的矛盾"这一主要矛盾，可以明显看出人民群众在精神层面和生活品质方面有着更高的要求，对包括生态环境在内的公益性产品的需求也更加强烈。生态文明建设既是对中国社会主要矛盾发生转化的有力回应，也是受这一现实情境的推动而产生的重大成果。

一方面，中国社会主要矛盾发生转化的重要动力之一，是广大人民群众的生态需求加速升级。近年来，随着城市工业化进程的加快，人民群众在享受物质生活水平提高的同时也深受环境污染之害。每一次环境污染事件，其背后都是以牺牲广大人民群众的生命健康利益为代价的，威胁着人们的生活与安全。一次又一次环境污染的惨痛教训，使人们逐渐认识到保护生态环境的重要性，激起了广大民众投身环保的自觉意识。公众对于良好生活质量的追求已成为如今社会的刚性需求，广大民众强烈要求政府提供更高的环境权和健康权，群众需求升级。

为有效满足人民群众对生态环境的更高需求，自党的十八大以来，党中央高度关注生态环境工作，明确将生态文明纳入"五位一体"的战略总体布局，坚持以人为本、绿色发展、生态优先；党的十九大进一步提出要加快生态文明体制改革，建设美丽中国；党的二十大报告中也将"推动绿色发展，促进人与自然和谐共生"作为独立篇章，强调保护生态环境、促进人与自然和谐的重要性。美丽中国的建设是一个由多种要素相互耦合、相互制约而成的复杂系统，海洋是这一系统中不可或缺的重要组成部分。正如有学者所言，美丽海洋就是美丽中国。[①]从这个意义上说，人民群众的生态需求加速升级不仅推动中国社会主要矛盾发生了转变，更是促进党和政府强化海洋生态环境治理，建设海洋生态文明的内在动力。

另一方面，生态文明建设是解决社会主要矛盾、建设美丽中国的必由之路。具体到海洋领域而言，人民群众的需求集中表现为对优美海洋生态环境的呼声日益高涨。随着中国海洋经济的迅速发展和海洋治理能力的持续增强，海洋生态文明建设进入提供更多优质海洋生态产品以满足人民日益增长的优美海洋生态环境需求的攻坚期，也到了有条件解决海洋生态环境突出问题的窗口期。改革开放四十多年来，中国人民的生活水平有了质的提升，人民对水清、滩净、岸美的海洋环境的追求更加强烈。

然而，与这一期盼形成鲜明对照的是，中国生态环境质量稳中向好的基础还不稳固，近岸海洋生态系统处于亚健康状态的占半数以上，自然岸线保有率不足40%，赤潮、绿潮等海洋灾害仍有发生，等等。这些都与人民的期盼和意愿背道而驰，制约了人民对美好生活的需要。将海

---

① 贾宇，张小奕. 毛泽东、邓小平和习近平的海洋战略思想初探[J]. 边界与海洋研究，2018(3): 15.

洋生态文明纳入海洋开发总布局之中，坚持开发和保护并重，体现了中国生态文明建设对海洋国土空间布局的全覆盖。将海洋生态文明建设作为美丽中国建设的重要组成部分，实现了陆地与海洋生态文明建设的协调发展。海洋生态文明建设是人民意愿的集中体现，它顺应了人民的期待，满足了人民的需求，显示出浓厚的目标导向和百姓情怀，必将有力推动海洋领域内社会主要矛盾的缓和与解决。

综上所述，海洋生态文明在中国生态文明建设战略全局中占据着重要地位，在以海洋为主要竞争舞台的 21 世纪，海洋生态文明建设是支撑中国海洋事业持续、快速、健康发展的重要依托和坚实保障，是维护中国海洋权益、扩大海洋影响的重要举措，是在海洋竞争日趋激烈的新时代拓展国家生存空间和提升国民生存质量的基础工程。建设美丽中国和加快建设海洋强国这两大国家战略的实施迫切需要理论的指导，只有以正确的方法论作为统领实践的纲领，才能实现人类与海洋的和谐与可持续发展。

二、中国海洋生态文明建设新发展

随着海洋在全球发展中占据越来越重要的地位，海洋生态环境越来越受到重视，世界各国纷纷采取措施应对海洋生态环境恶化，开展海洋生态文明建设。中国在吸取国外经验教训的基础上，顺应时代发展潮流，为新时代的海洋生态文明建设指明了新的发展方向。

（一）国外海洋生态文明建设的实践经验

国外的海洋生态文明建设同样是逐步形成的，经历了从海洋开发到污染防治再到海洋生态保护的"先污染后治理"的过程。经过多年发展，它们的海洋生态环境保护无论在管理机构还是在立法机制上，都有着宝贵的经验，对于中国的海洋生态文明建设有重要的借鉴意义。

1. 美国海洋生态环境保护的经验

美国是海洋大国，也是世界上开发利用海洋资源最早、开发程度最高的国家。在此过程中，美国的海洋环境暴露出了一系列的问题，其海洋环境保护也经历了漫长的历程，但美国在寻求海洋环境保护和生态文明建设的科学之路上，已经走在了世界的前列。20世纪50年代后，美国先后成立了海洋资源部门委员会、美国海洋资源和工程发展委员会、美国国家海洋和大气管理局，负责管理全国的海洋资源、环境、科研、服务等工作。1972年，美国国会制定并通过了《海岸带管理法》和《海洋保护、研究和自然保护区法》，这两项法律成为美国历史上最早的有关海洋环境保护的法律。后来美国国会又根据海洋环境保护的需要陆续制定了其他一些法律，目前已有10多项法律出台实施，其中包括《渔业保护与管理法》《濒危物种保护法案》《海洋哺乳动物保护法》《油污染控制法》《联邦海洋卫生设施法》等。

美国运用多种海洋环境保护政策推进海洋生态文明的建设，1992年成立"海洋联盟"，为建立联邦政府与民间企业、海洋科技机构与企业间的伙伴关系提供了组织保障。为进一步完善政策法规，加强海洋综合管理，2000年7月，美国国会通过了《2000年海洋法案》，为制定美国在新世纪的海洋政策提供了法律保障。2004年海洋政策委员会提出了《21世纪海洋蓝图》，之后美国总统布什向国会提交了《美国海洋行动计划》，进一步落实《21世纪海洋蓝图》。2010年7月19日，美国总统奥巴马签署行政令，宣布出台管理海洋、海岸带和大湖区的国家政策。该项政策旨在有效保护、管理和养护美国的海洋、海岸带和大湖区的生态系统与资源，并采用综合方法，对气候变化做出反应。这项海洋政策，为美国关于海洋、海岸带和大湖区的管理决策提供了必要的法律依据和保障。[①]美国的海洋生态政策为美国的海洋生态环境提供了保障，同时为美国海洋强国的建设打下了基础。

2. 日本海洋生态环境保护的经验

日本是一个群岛国家，由四国、九州、本州、北海道四个大岛和数千个小岛组成，海岸线总长 33000 多千米。东京湾是日本经济文化的核心，主导着全日本的城市和产业的发展，但自二战之后，东京湾流域及其沿海地带社会经济快速增长，使得该地区人口高度集中，产业密集，产生了水环境污染、海岸带生境丧失、渔业资源锐减、青潮频发、人与海亲近受阻等诸多环境问题。日本是一个高度重视海洋问题的国家，十分重视制定海洋环境立法和海洋政策。为控制东京湾的环境恶化，日本投入了大量人力、物力，开展调查和研究，制定有关的法律法规，并先后出台了《东京湾整治行动计划》和《东京湾环境恢复与建设规划》（2006—2015 年），对生物的生存环境改善、海水交换、水质净化、滩涂等的保护和恢复做出了详细的规定。[②]同时日本还对建立公众亲海的社会共鸣与认同感十分重视，早在 20 世纪 70 年代，日本便开始实施生态问责机制，从行政机构本身开始实行问责机制，政府要在国会接受国会议员的质询，还要接受社会团体机构、社会公众的询问。[③]在海洋问题上日本政府更是提出了严格的制度要求，对海洋的生态恢复加大力度，以保障和促进海洋经济与生态环境的和谐发展。

---

① 马兆俐,刘海廷.国外建设海洋生态文明法制保障的经验与启示[C].第十二届沈阳科学学术年会论文集(经管社科),2015-09-16.

② 李岚.国外典型案例对横琴新区海洋生态文明示范区建设的启示[J].科技创新与应用,2014,(7):296-297.

③ 汪松.中外生态文明建设比较研究[J].黄河科技大学学报,2017,(2):99-103.

（二）海洋生态文明发展新阶段

党的十八大以来，党中央就海洋生态环境保护和生态文明建设不断做出重要指示，提出了一系列新理念、新思想、新战略。党的十八大至今，中国海洋生态文明建设快速发展，呈现出与时俱进的新发展特征。

1. 把海洋生态文明上升为国家战略

2012 年 11 月党的十八大召开，提出把生态文明建设纳入中国特色社会主义事业"五位一体"总体布局，从经济建设、政治建设、文化建设、社会建设和生态文明建设等各领域统筹推进我国海洋事业整体向前发展。党的十八大还明确指出要"提高海洋资源开发能力，发展海洋经济，保护海洋生态环境，坚决维护国家海洋权益，建设海洋强国"。这是党中央对中国海洋强国建设提出的新要求，赋予了新时代加快海洋生态文明建设新的历史使命。2015 年，国家海洋局印发《国家海洋局海洋生态文明建设实施方案》（2015—2020 年），为我国"十三五"期间建设海洋生态文明划定路线图和时间表。

2017 年 10 月，中国共产党第十九次全国代表大会明确提出要"加快生态文明体制改革，建设美丽中国"。美丽中国离不开美丽海洋，海洋生态环境的优劣直接影响美丽中国的建设。新时代海洋在国家生态文明建设中的角色更加突出，建设美丽中国必须将海洋生态文明建设作为美丽中国建设的重要组成部分，建设美丽海洋，让人民群众能够吃上绿色、安全、放心的海产品，享受到碧海蓝天、洁净沙滩。随之，"美丽中国"和"生态文明"被写入宪法序言，成为全党的意志、国家的意志和全民的共同行动。宪法是国家的根本法，在新时代的大背景之下，把生态文明写入宪法，意义十分重大。

生态文明被写入宪法，使之具有了更高的法律地位、拥有了更强的法律效力，它进一步彰显了海洋生态文明建设的战略地位，促进海洋生态文明建设的发展目标、发展理念和发展方式发生了历史性的深刻转变，有力推动新时代我国海洋生态文明建设取得新的成就。

2022年，党的二十大报告将"人与自然和谐共生""坚持可持续发展，坚持节约优先、保护优先、自然恢复为主的方针，像保护眼睛一样保护自然和生态环境，坚定不移走生产发展、生活富裕、生态良好的文明发展道路，实现中华民族永续发展"作为新时代中国共产党的使命任务之一，以中国式现代化全面推进中华民族伟大复兴。

2. 统筹协调的生态环境治理

（1）坚持陆海统筹

党的十九大报告明确指出，"坚持陆海统筹，加快建设海洋强国"，在"加快生态文明体制改革，建设美丽中国"部分指出"加快水污染防治，实施流域环境和近岸海域综合治理"，强调的就是陆海统筹和综合治理。陆地和海洋是相互补充、相互联系的两个系统。陆地的生存发展离不开海洋的支持，海洋的开发利用离不开陆地的保护。海洋环境问题表面看在海上，实际根源在陆地。因此，要坚持陆地海洋统筹，要从源头上有效控制陆源污染物入海排放，实施海陆污染一体化治理。

（2）坚持人海和谐

习近平在庆祝海南建省办经济特区30周年大会上的讲话中提出"鼓励海南省走出一条人与自然和谐发展的路子，为全国生态文明建设探索经验""要严格保护海洋生态环境，建立健全陆海统筹的生态系统保护修复和污染防治区域联动机制"[1]，即要走人海和谐、合作共赢的发展道路，

---

① 习近平. 在庆祝海南建省办经济特区30周年大会上的讲话（2018年4月13日）[M]. 北京：人民出版社，2018: 20.

要将海洋资源的开发利用限制在海洋生态环境所能承受的范围之内，将污染防治与保护修复有机结合，使海洋资源的再生能力得到保护和提升。通过海洋生态补偿制度和海洋生态损害赔偿制度的建立来从源头上遏制海洋生态环境的恶化，并且引导人民群众深刻认识到海洋生态文明建设的重要性，共建海洋生态文明、共享美丽海洋。

（3）坚持山水林田湖草是一个生命共同体

2013 年，党的十八届三中全会上首次提出"山水林田湖是一个生命共同体……用途管制和生态修复必须遵循自然规律"[①]。生态环境是一个完整的体系，山、水、林、田、湖、草与人之间有着密不可分、互为依存的联系，是一个生命共同体，要正确认识人与自然的辩证统一关系。因此，由一个部门行使所有国土空间用途管制职责，对山水林田湖进行统一保护、统一修复是十分必要的，必须按照生态系统的整体性、系统性及其内在规律，统筹考虑自然生态各要素、山上山下、地上地下、陆地海洋以及流域上下游，统筹兼顾，多措并举。正是由于深刻认识到生态系统的整体性和系统性，坚持"山水林田湖草是一个生命共同体"的系统观，中国整合多个部门成立了自然资源部，扭转了过去海洋环境保护中"九龙治海"的困境，推进了海洋生态环境治理向整体性治理迈进。

3. 强化法治化和制度化建设

第十八届中央政治局第四十一次集体学习会上，强调"推动绿色发展，建设生态文明，重在建章立制，用最严格的制度、最严密的法治保护生态环境，健全自然资源资产管理体制，加强自然资源和生态环境监管，推进环境保护督察，落实生态环境损害赔偿制度，完善环境保护公

---

① 中华人民共和国中央人民政府，习近平关于全面深化改革若干重大问题的决定的说明[EB/OL]，2013-11-15，http://www.gov.cn/ldhd/2013-11/15/content_2528186.htm，2023-02-13登录。

众参与制度"。党的十八大以来，海洋生态文明初步形成以污染防治、生态保护、环境修复为主体的生态环境管理体系，各沿海地区积极开展海洋生态整治修复，推进实施"蓝色海湾""南红北柳""生态岛礁"工程。

（1）划定并严守海洋生态红线

2013 年 5 月，第十八届中央政治局第六次集体学习会上提出要"严格按照优化开发、重点开发、限制开发、禁止开发的主体功能定位，划定并严守生态红线"。对生态环境设定红线是实施严格的环境保护制度的一大创新。中国把自然环境自我修复的能力界定为"生态红线"，并要求牢固树立"海洋生态红线"观念，坚持底线思维。2016 年，国家海洋局印发《关于全面建立实施海洋生态红线制度的意见》，将沿海各省（自治区、直辖市）30% 以上的管理海域和 35% 的大陆岸线纳入红线管控范围，建立海洋生态保护红线制度，强化海洋生态红线管控，实行最严格的海洋生态环境保护制度。

（2）构建以海域和无居民海岛开发利用为主体的资源管理体系

2013 年 11 月，《关于〈中共中央关于全面深化改革若干重大问题的决定〉的说明》中指出："我国生态环境保护中存在的一些突出问题，一定程度上与体制机制不健全有关，原因之一是全民所有自然资源资产的所有权人不到位，所有权人权益不落实。"因此，《中共中央关于全面深化改革若干重大问题的决定》中明确指出："对水流、森林、山岭、草原、荒地、滩涂等自然生态空间进行统一确权登记，形成归属清晰、权责明确、监管有效的自然资源资产产权制度。"2016 年 12 月，国家海洋局印发《无居民海岛开发利用审批办法》，通过加强无居民海岛开发利用管理，使无居民海岛所有者在获得使用海岛资源资产权利的同时，亦须承担起保护海岛资源和环境的责任。2019 年 7 月，自然资源部、财政部、生态环境部、水利部、国家林业和草原局联合印发《自然资源统一确权登记暂行办法》,对水流、森林、山岭、草原、荒地、滩涂、海域、无居民海岛以及探明储量的矿产资源等自然资源的所有权和所有自然生态空间统一进行确权登记。通过建立和实施自然资源统一确权登记制度,实现包括海域、海岛在内的山水林田湖草整体保护、系统修复、综合治理。

(3)建立以专门法律和督察制度为基础的法治体系

2014 年 10 月,《中共中央关于全面推进依法治国若干重大问题的决定》中指出:"制定完善生态补偿和土壤、水、大气污染防治及海洋生态环境保护等法律法规,促进生态文明建设。"在这一理念的引领下,2016年 11 月,第十二届全国人大常委会第二十四次会议审议通过了《中华人民共和国海洋环境保护法》修正草案。该修正案加大了对污染海洋生态环境违法行为的处罚力度,将生态保护红线和海洋生态补偿制度确定为海洋环境保护的基本制度,并首次以法律形式明确海洋主体功能区规划的地位和作用。相比 2013 年《中华人民共和国海洋环境保护法》,2016年修正案是对我国推进生态文明建设和生态补偿制度建设的积极响应,标志着我国海洋生态环境保护法治进程有了重要的新发展。2017 年,全国人大再次对《中华人民共和国海洋环境保护法》进行修正,简化并规范了入海排污的相关程序。

4. 彰显生态民生情怀

随着人民生活水平的提高,老百姓不仅仅满足于吃饱穿暖,对于良好的生态环境如清新的空气、干净的水和食物、绿色休闲等更加重视,人民的需求从"温饱"转向"环保",从"生存"转向"生态"。海洋生态文明建设应坚持以人为本的原则,把民生需求放在第一位,提倡生态惠民、生态利民、生态为民。为此,要加快改善海洋生态环境质量,提供更多优质的海洋生态产品，不断满足人民日益增长的海洋生态环境需要。一段时间以来，受粗放型海洋经济发展模式的影响，近海污染日益加剧，海洋生物多样性锐减，海洋生态环境遭受严重威胁。海洋生态文明建设和海洋生态环境保护关系人民福祉，关乎民族未来，是功在当代、利在千秋的事业。海洋生态文明建设要始终围绕人民最关心、最迫切需要解决的问题来整体谋划。

2013 年 5 月 24 日，在第十八届中央政治局第六次集体学习会上，提出"环境保护和治理要以解决损害群众健康突出环境问题为重点，坚持预防为主、综合治理，强化水、大气、土壤等污染防治，着力推进重点流域和区域水污染防治"，这一观点充分彰显了以人民利益为重的生态民生情怀。2017 年 10 月，中国共产党第十九次全国代表大会再次强调要"加快水污染防治，实施流域环境和近岸海域综合治理"。推进重点流域和区域水污染防治，加快改善海洋生态环境质量，提供更多优质的海洋生态产品，不断满足人民日益增长的海洋生态环境需要，是海洋生态文明坚持"以人民为中心"的忠实体现。2022 年 10 月，党的二十大报告提出要"提升环境基础设施建设水平，推进城乡人居环境整治"，再次强调了以人为本的原则，是人与自然和谐共生这一理念的充分体现。

5. 倡导生态发展理念

我国已经进入新时代，社会主要矛盾发生了变化，人民群众对绿色产品和绿色服务的要求越来越高，需要着力转变粗放的经济发展方式，走出一条投入低、消耗低、排放少、能循环、可持续的绿色工业化道路，发展循环经济、低碳经济，大力发展绿色产业，不断增强绿色生态产品的供给能力。因此，海洋生态文明建设在继承前期"发展海洋经济与保护海洋环境相统一"的发展理念基础上，又有了新的内涵。绿色发展是关系海洋生态文明发展全局的一个重要理念，把科学发展摆在核心位置，最终实现海洋生态文明可持续发展的目标，将是指导我国在相当长一段时期内海洋生态文明建设的基本理念。海洋事业发展要在"增绿"和"护蓝"上下功夫，要坚持绿色发展道路，牢固树立海洋经济与海洋生态协同发展的理念，决不能以牺牲环境换取经济增长。落后和粗放的经济发展方式是造成生态环境危机的主要根源，而科学的开发方式就是减少污染、保护生态环境的关键举措。

2013 年 7 月，中共中央政治局就建设海洋强国进行第八次集体学习，会上指出"要保护海洋生态环境，着力推动海洋开发方式向循环利用型转变"，强调不能再走粗放型发展的老路，要转变经济发展方式，"要把海洋生态文明建设纳入海洋开发总布局之中，坚持开发和保护并重、污染防治和生态修复并举，科学合理开发利用海洋资源，维护海洋自然再生产能力"。海洋生态文明建设应将科学开发与海洋生态环境保护紧密结合，通过提高技术创新水平，提升海洋资源的利用效率，把海洋开发的科学技术手段有效地转化为生产力，实现海洋资源的可持续利用。

绿色可持续的海洋生态环境是实现海洋高质量发展的必要条件，而海洋新兴产业体现着一个国家或地区海洋经济的发展潜力和整体水平。近几年，海水淡化工程、海上风电、海洋生物医药等海洋科技的重大突破，既推动了海洋经济的发展，又促进了传统海洋产业的转型升级，充分体现了海洋生态文明建设中绿色、科学、可持续的发展理念。

6. 参与全球海洋环境治理

近年来，海洋溢油污染、海洋塑料垃圾污染、海平面上升、海洋生物多样性减少等全球性的海洋生态问题层出不穷。面对全球海洋生态危机，任何一个国家都无法置身事外、独善其身。

2013 年 10 月，中国提出"建设 21 世纪海上丝绸之路"合作倡议，得到了沿线国家的积极响应。通过与沿线参与国的战略对接，以发展蓝色经济为主线，在海洋环境保护、海洋科技创新与应用、海洋公共产品共享、海洋安全维护等领域开展全方位、深层次务实合作，倡导共建海洋生态文明，保护蓝色家园。多年来，中国在极地开发、海洋生物多样性保护、海洋垃圾污染治理等领域积极参与全球海洋生态文明建设，与世界其他国家一道共同面对海洋环境的挑战，共同承担海洋生态保护的责任。

三、中国海洋生态文明建设的主要内容

生态文明建设是中国特色社会主义事业的重要内容，关系人民福祉，关乎人民未来，事关"两个一百年"奋斗目标和中华民族伟大复兴中国梦的实现。海洋生态文明是人与海洋和谐发展所创造的物质文明和精神文明的总和，反映了人类社会发展与海洋生态系统之间的和谐程度。既不是人类社会的发展进步完全依赖于海洋的原始状态，也不是海洋的发展变化完全服从于人类社会的发展需求，而是形成一种人海和谐、可持续发展的平衡有序状态。将海洋生态文明理论践行于海洋生态环境治理过程，是一项艰巨的系统工程，需要全社会、各方位的共同努力。中国在吸取国外经验教训的基础上，从多角度共同推进海洋生态文明建设。

（一）维护海洋生态系统健康与安全

1. 保护海洋生物多样性

（1）大力推进海洋保护区网络建设

中国海洋资源丰富，海洋沿岸湿地是鸟类的重要栖息地，也是海洋生物的产卵场、索饵场和越冬场。建设海洋保护区是保护海洋生态系统的良好方式。

保护海洋生态系统，维护海洋生物多样性，需要优化自然保护区空间结构，科学构建生物多样性保护网络体系，大力推进海洋自然保护区、海洋特别保护区、海洋公园、水产种质资源保护区、海岸带保护区、海洋生态红线区建设。凡具有下列条件之一的，应当建立海洋自然保护区：典型的海洋自然地理区域、有代表性的自然生态区域，以及遭受破坏但经保护能恢复的海洋自然生态区域；海洋生物物种高度丰富的区域，或者珍稀、濒危的海洋生物物种的天然集中分布区域；具有特殊保护价值的海域、海岸、岛屿、滨海湿地、入海河口和海湾等；具有重大科学文化价值的海洋自然遗迹所在区域；其他需要予以特殊保护的区域。

（2）科学开展迁地保护

迁地保护是指通过引种、扩繁等手段将濒危野生动植物从原生地转移到条件良好的人工可控环境或适宜生境来实施保护的方式。迁地保护措施主要适用于对受到高度威胁的动植物种进行紧急拯救，防止其灭绝。对海洋生物采取迁地保护，可根据实际情况将濒危生物或其他海洋生物迁出原生地，移入动物园、植物园和濒危动物繁育中心，进行特殊的保护和管理；或构建海洋生物种质资源库，收藏大型海藻种质资源、海洋微生物菌种等。此外，对捕集的野生物种采取迁地保护措施，也有公共教育意义。

（3）推动海洋生物资源可持续利用

开发海洋资源，发展海洋经济已成为各国竞相发展的领域，而海洋生物资源并不是取之不尽、用之不竭的，海洋的自净力是有限的。为保护和持续利用生物多样性，一方面要制定国家战略、计划或方案，或为此目的变通现有战略、计划或方案，将生物多样性的保护和持续利用纳入有关部门或跨部门的计划和政策内。对海域的捕捞活动实施限制政策，如加强伏季休渔管理、合理安排入渔、控制捕捞强度。在今后一定时期内继续实行捕捞业"零增长"的方针。可能对生物多样性产生严重不利影响的拟议项目，要进行环境影响评估，以期避免或尽量减轻这种影响，并酌情允许公众参加此种程序；加大对破坏行为的处罚力度。通过维持生物资源赖以生存的海洋生境开展生物多样性保护。另一方面，应加大红树林、珊瑚礁、海草床等滨海湿地、河口和海湾典型生态系统，以及产卵场、索饵场、越冬场、洄游通道等重要渔业水域的保护力度，实施增殖放流，建设人工鱼礁。开展海洋生态补偿及赔偿等研究，实施海洋生态修复。认真执行围填海管制计划，严格围填海管理和监督，重点海湾、海洋自然保护区的核心区及缓冲区、海洋特别保护区的重点保护区及预留区、重点河口区域、重要滨海湿地区域、重要砂质岸线及沙源保护海域、特殊保护海岛及重要渔业海域禁止实施围填海，生态脆弱敏感区、自净能力差的海域严格限制围填海。严肃查处违法围填海行为，追究相关人员责任。将自然海岸线保护纳入沿海地方政府政绩考核。

（4）加强濒危物种保护，减少水族馆贸易误捕

濒危物种指所有由于物种自身的原因或受到人类活动、自然灾害的影响而导致其野生种群在不久的将来面临绝灭的概率很高的物种。一个关键物种的灭绝可能破坏当地的食物链，造成生态系统的不稳定，并可能最终导致整个生态系统的崩解。为保护濒危物种，维持生物多样性与海洋生态系统稳定，一方面应加强濒危物种调查评估，建立濒危物种种质库，保护珍贵的遗传资源；实施保护项目，加强濒危物种拯救和繁育；对濒危野生动植物实施抢救性保护，通过开展濒危物种繁育、扩大濒危物种种群、加强野外巡护栖息地恢复、实施放归自然等一系列保护措施，加大对濒危物种的保护力度。另一方面，需要建立政府、企业、公众之

间保护濒危物种的合作机制，完善政策法规，防治外来物种，禁止非法贸易，合理捕捞资源，减少误捕。目前在水族馆贸易过程中，经常出现误捕现象，导致许多海洋生物死亡，严重破坏海洋生物多样性和生命健康。因此，必须对水族馆贸易进行严格管控和标准制定，加强监督，减少误捕给海洋生物带来的威胁。

另外，在重要鱼虾贝藻类及其他重要水生生物的产卵场、索饵场、越冬场和洄游通道，规定禁渔区和禁渔期，禁止使用或者限制使用的捕捞工具和方法，以及最小网目尺寸和休渔期，等等。修筑海堤，在入海河口处兴建水利、航道、潮汐发电或者综合整治工程必须采取保持生态环境和渔业资源的措施。在鱼、虾、蟹、贝、藻的洄游通道建闸筑坝对渔业资源有严重影响的，必须建造过鱼设施或者采取其他补救措施。进行水下爆破、勘探、施工作业应采取措施防止或减少对渔业资源的损害。

2. 海洋生态整治与修复

（1）开展重点河湖及河口水生生态系统综合整治

中国河口管理的模式是以行业管理为基础，实施分工分类的行业管理。这种管理机制已经难以解决河口过度开发、环境恶化、资源开发利用与保护之间的矛盾等日益复杂的问题。因此，必须寻求河口管理的新途径——河口综合管理，以期实现河口资源、环境的持续利用和经济的持续发展这一总体目标。新型的河口管理模式是一种较为全面的跨学科管理方法，致力于建立综合管理体制。其中既考虑到各行业部门的各种活动对河口及其资源的需求以及可能造成的影响，同时也综合考虑社会、经济、环境和生态等问题，从而平衡和优化经济发展、公共利用和环境保护等各种社会需求，最终实现资源和环境的合理利用。河口管理牵涉面十分广泛，其中包括：诸多方面的问题及其起因；多种多样的目标以产生河口资源利用预期产出；河口区不同时空的生产能力；河口与其上游地区、海洋等区域的相互联系；各种各样的限制因素、利益相关者以及职责各异的管理机构；等等。因此，河口综合管理主要是规划和协调所涉及的河口开发、管理和资源保护问题，也就是说从可持续发展的角度来处理和协调河、海、陆界面的种种问题，这是它必将取代传统管理模式之关键所在。这种新型的管理是一种连续、反复、适应和参与的过程，其成功的关键是政府和利益相关者之间建立广泛的联系，而相关利益各方的参与恰恰是"河口综合管理"的特色。此外，河口综合管理的主要价值在于海陆一体化的认识。河口的海陆相互联系、密不可分，缺乏协调管理就谈不上河口资源的持续开发。河口综合管理的根本问题就是要认识到河口上游、陆上、海洋活动对河口存在着巨大的影响，反过来，河口的变迁又强烈地关联着陆地和海洋。河口综合管理的实施首先必须制定多部门、多地区和各利益主体的管理规划，使所有利益相关者和所有有关的政府机构都来参与，其次必须得到公众的广泛支持。

鉴于体制转变有一个过程，以及河口的特殊性，现阶段应积极创造条件，在适当时机成立综合协调机构，建立国家和地区的高层河口综合管理的协调机构，建立和巩固部门间和地区间稳定、有效的协调机制和协商制度，发展跨部门、跨地区的监测网、通信网、预警网、安全指挥系统等公益性生产、安全保障系统。这里，应处理好部门之间、地区之间的关系。推进水利、海洋、环保部门合作，防止对产卵场、洄游通道等重要栖息地的破坏，实施部分水坝拆除等工程，以便让鱼类（中华鲟、鳗鱼等）洄游。

（2）加强疏浚物管理，实现疏浚物有益利用

港口疏浚对海洋环境的影响主要包括两个方面，即疏浚运作的环境

影响及疏浚物倾抛处理后的环境影响。疏浚物倾抛的环境影响依赖于疏浚物的成分及海域处理区的自然条件。海域倾抛处理的环境影响可分为永久性作用与暂时性作用。永久性作用包括海底地形变化、底部沉积物变化以及由此引起的对海洋生物的影响。暂时性作用包括海水混浊度的增加、海水质量的下降及污染物的扩散。

随着经济发展，疏浚量日益增长，为将疏浚物对环境的不利影响降到最低，同时最大限度地发挥其利用价值，需要加强疏浚物管理，以实现疏浚物的有益利用。在栖息地营造、海滩养护、农业和水产养殖等方面开展大量利用，且可对部分受污染的疏浚物经处理后进行再利用。例如：栖息地恢复和发展；海滩养护；公园与娱乐休闲；农业、林业、园艺和水产养殖；露天矿回填与固体废物填埋；建筑和工业用途；多用途活动。疏浚物有时可以产生多种有益的用途，如海滩养护可同时兼具护岸和娱乐的功能。美国在疏浚物管理和实践方面积累了较为丰富的经验，疏浚物的处置方式是以减轻或避免不可接受的负面环境影响为首要原则的。中国可以借鉴其相关经验，对疏浚物开展诸如鸟类栖息地营造、湿地修复、土壤改良、露天矿回填覆盖等改善环境和生态方面的利用，同时加强利用疏浚物隔离储存区进行水产养殖、抛投疏浚物形成近海阶坎以改善海滩稳定性等创新性疏浚物利用方式。

（3）防止滨海生态景观建设走旅游景观化路子

滨海生态景观带是市民和游客休息娱乐、开展亲海活动的场所，同样也是地方特色生态景观的展现地。当前中国各沿海地区大力开展滨海生态景观建设，但与此同时，不少地区忽视滨海景观建设的生态服务功能，偏向滨海旅游景观建设。对此，中国提出加强滨海生态景观建设总体规划与设计。增加集聚区各类绿地指标，积极提倡多种绿化形式，坚持可持续发展原则，构建以岛屿、沿海防护林、道路绿地等生态廊道为基础的生态景观网络。

第一，保护大海的自然特征，使滨海生态景观与自然环境相得益彰。城市滨海区域往往拥有独特的景观元素，如礁石、沙滩、海浪、特有的动植物等，并可与海边的民俗风情、文物古迹、栈桥、沿岸建筑等相互交织，形成丰富的景观资源。大海的自然特征本身就体现了海洋文化及滨海区域的特色，对于滨海地区的城市特色设计，应充分保护和突出并强化大海的自然特征，让人工环境与自然环境融为一体。基于此，集聚区范围内的海洋景观元素应尽量保留原貌，在可持续发展的前提下加以合理的开发建设。第二，生态景观建设应因地制宜，尽量利用当地的环境。每个城市都有特殊的功能和地理条件，当地特有的建筑材料、气候及生活方式应予以重视，并且应当创造体现本地区民众喜好的城市风格。第三，增加乡土和适用植物，营建多样化生态景观。在生态景观建设中，应尽量增加乡土植物的比重，同时适当引进外来植物，营建多样化的生态景观。在集聚区（滨海堤坝区、重生湿地区、生活居住区等）各个区块，应根据不同的功能要求，选择不同的树种。具体实施过程中，可以分步进行，把特别耐盐碱、耐水湿、耐土壤瘠薄的树种作为先锋树种先行种植，待生态环境适当改善后，再增加其他植物种类。根据集聚区的具体情况，同时考虑市场供货可能，先选择容易采集或繁育的种类。

3. 建立海洋生态补偿机制

《国务院办公厅关于健全生态保护补偿机制的意见》强调，海洋是生态补偿的重点领域，并指出："完善捕捞渔民转产转业补助政策，提高转产转业补助标准。继续执行海洋伏季休渔渔民低保制度。健全增殖放流和水产养殖生态环境修复补助政策。研究建立国家级海洋自然保护区、海洋特别保护区生态保护补偿制度。"① 由此可见，海洋生态补偿机制涉及三个方面：一是减少生态损害而降低收入的经济主体；二是参与生态修复而付出更大代价的经济主体；三是从事生态保护而牺牲机会成本的经济主体。② 另外，海洋生态保护的复杂性大于陆上，海洋生态补偿的难度也大于陆上。这是因为海洋的公共性特征更加明显，生态产权的界定更加困难。而且，海洋生态损害、生态保护等所涉及的经济主体远远多于陆上。

　　海洋生态补偿是在海洋生态损害赔偿和生态保护补偿已经建立的基础上，提出的对受损海洋生物资源及生态功能的生态补偿制度，针对的是过程中的用海行为管制而非事后的过失惩罚，强调的是海洋生态环境保护而非责任方追责。与此同时，海洋生态损害补偿内化了海洋开发利用的生态环境代价，使得海域有偿使用不仅是海域空间有偿使用，更是海域生态环境有偿使用。当前对于海洋生态损害补偿标准主要存有两种认识：一是，海洋生态损害补偿是为了恢复受损海洋生态系统，而实现海洋生态系统服务"无净损失"是补偿的终点，据此形成基于生态修复的海洋生态损害补偿标准。二是，海洋生态损害补偿是建立在海洋生态损害评估基础上的一种综合补偿，不仅考虑受损海域的生态修复，还要考虑补偿成本、补偿能力等人为条件，从而形成了生态补偿调整系数。在一定程度上讲，生态补偿本质上是一种生态利益、经济利益和社会利益的重新分配机制。生态补偿方式是补偿得以实现的具体表现形式。从补偿实施内容上看，海洋生态补偿有经济补偿、资源补偿和生境补偿三种方式。经济补偿指收取资金以用于海洋生态修复，如通过政府补贴、财

---

① 曹寅白，韩瑞光. 京津冀协同发展中的水安全保障[J]. 中国水利，2015(01): 5-6.
② 沈满洪. 生态补偿机制建设的八大趋势[J]. 中国环境管理，2017, 9(03): 24-26, 45.

政援助、生态税和基金等方式进行。^①资源补偿主要是以人为的方式对海洋生态环境中缺失的生物资源以及其他资源进行数量补充，主要形式是人工的增殖放流技术。^②生境补偿主要是通过生态修复和生境建设等方式，对海洋环境和生态功能进行补偿，包括海岸带的湿地建设补偿、沙滩修复工程，以及人工鱼礁项目。

建立海洋生态补偿机制是完善海洋生态环境保护的法律体系，落实科学发展观、建立生态文明、构建和谐社会的重要举措。国家高度重视海洋生态建设和保护工作，制定和采取了一系列政策、措施，大大地改善了中国海洋生态环境。但是海洋生态环境保护的形势依然不容乐观，为防止海洋生态环境进一步恶化，鼓励海洋生态环境的保护与建设，建立完善的海洋生态补偿机制已成为中国海洋生态环境保护工作亟待完成的任务之一。采取生态补偿来干预、调整海洋资源开发中的各利益相关者的关系，使海洋生态破坏者和海洋生态保护的受益者支付相应的成本和代价，对海洋生态保护者和海洋生态破坏的受害者进行经济补偿，从而激励海洋生态保护行为、抑制海洋生态破坏行为，保持海洋生态保护与海洋经济发展的动态平衡，最终实现海洋可持续发展的战略目标。

（二）优化海洋空间开发布局

1. 全面实施海洋功能区划，形成基于生态系统的海洋功能区划体系

海洋空间开发失衡、区域发展不协调是造成中国生态环境持续恶化的重要根源^③，同样也是海洋生态环境恶化的重要原因。因此，开展海洋

---

① 陶涛，郭栋.中国开征生态税的思考[J].生态经济，2000(3): 35-37.

② 李继龙，王国伟.国外渔业资源增殖放流状况及其对中国的启示[J].中国渔业经济，2009(3): 111-123.

③ 黄勤，曾元，江琴.中国推进生态文明建设的研究进展[J].中国人口资源与环境，2015(2): 110-120.

生态文明建设，要尽快全面实施海洋功能区划，严格落实海洋功能区划开发保护方向和用途管制要求，逐步形成基于生态系统的海洋功能区划体系，实现与涉海规划、陆域规划的有效衔接，合理安排生产、生活、生态用海空间。目前，中国海洋开发布局不尽合理，局部开发过度与总体开发不足的矛盾仍将长期存在，海洋产业结构性矛盾突出，沿海地区间产业趋同性严重。海洋区域开发缺乏统筹安排和宏观调控，开发规划与布局缺乏战略性决策。海洋主体功能区规划是科学开发海洋国土空间的行动纲领和远景蓝图，是海洋国土空间开发的战略性、基础性和约束性规划，是建设美丽海洋的一项基础性制度。严格落实《全国海洋主体功能区规划》，做好陆海统筹规划，做好陆海发展定位、发展规划、资源有效利用、生态环境建设、陆海管理和防灾减灾体系相衔接，科学用海管海，引导陆海经济带空间发展布局优化，促进陆域经济与海洋经济良性互动。[①]根据陆地国土空间与海洋国土空间的统一性，以及海洋系统的相对独立性进行规划，促进陆地国土空间与海洋国土空间协调开发。在充分考虑维护中国海洋权益、海洋资源环境承载能力、海洋开发内容及开发现状，并与陆地国土空间的主体功能区相协调的基础上，加快完善中国海洋主体功能区规划制度，形成基于生态系统的海洋功能区划体系。

2. 建立全国性的海洋生态红线制度，将特殊海洋生态系统纳入红线管控范围

海洋生态红线制度是指为维护海洋生态健康与生态安全，将重要海洋生态功能区、生态敏感区和生态脆弱区划定为重点管控区域，实施严格分类管控的制度安排。例如，渤海海洋生态环境遭受严重破坏，海洋

---

① 许妍，梁斌，兰冬东，等. 中国海洋生态文明建设重大问题探讨[J]. 海洋开发与管理，2016(8)：26-30.

生态已不堪重负。为加强对渤海海洋保护区、重要滨海湿地、重要河口、重要旅游区和重要渔业海域等区域的保护，2012年海洋生态红线制度在渤海海域率先实施。渤海海洋生态红线制度的建立是加强中国海洋生态环境保护和管理的重要举措和创新，对维护渤海海洋生态安全、推动环渤海经济社会长远持续发展具有重要的作用。继续完善海洋生态红线制度，充分发挥渤海生态红线示范区的带动作用，在全海域实施海洋生态红线制度，提高海洋生态认识水平、自觉树立自然生态伦理观念、竭尽全力扼守海洋生态"红线"，确保海洋生态安全和人民生活幸福。

生态红线制度是国家生态文明建设确定的重要制度，在中共中央、国务院《关于加快推进生态文明建设的意见》《生态文明体制改革总体方案》中均提出了明确要求和部署。在海洋生态红线方面，国家海洋局在2012年10月印发了《关于建立渤海海洋生态红线制度的若干意见》，并配套印发了《渤海海洋生态红线划定技术指南》。截至2014年7月，环渤海三省一市全面建立了海洋生态红线制度，将渤海约37%的海域和31%的自然岸线划定为红线区域，并在红线区内实施了区域限批等开发限制性措施。生态红线制度建立实施以后，环渤海三省一市对不符合海洋生态红线区管控要求的用海项目不予受理，例如对2宗位于红线区、6宗可能对海洋生态红线区产生影响的用海项目未予以核准。此后，江苏、福建、广西、海南也基本建立了海洋生态红线制度。

海洋生态红线制度按照"国家指导监督、地方划定执行"方式实施，由沿海省（自治区、直辖市）按照国家下达的目标和要求，将本地区重要海洋生态功能区、敏感区和脆弱区划定为海洋生态红线区域，并根据红线区的不同类型分别实施禁止性或限制性管控措施，确保海洋生态红线"划得清、管得严、守得住"。

3. 调整海洋产业结构布局

从全球沿海地区重化产业发展趋势来看，随着市场成熟和技术进步，高新技术与产业转移成为发展方向。主要特点是：重化产业在兼并重组中走向集约化，因上下游逐步一体化使资源得到充分利用，因大型先进装置的应用使能耗降低，因污染集中治理提高了环境管理效能。重化产业发展呈现大型化、基地化和一体化趋势，产业链条不断延伸，重化工业园区成为产业发展的主要模式。同时，全球重化产业加快转移到市场潜力大、生产要素丰富的亚太地区。此外，清洁技术、清洁产品、生物技术、原材料多元替代等新的技术进步，将有利于减少污染排放和资源能源消耗。

改革开放以来，沿海地区始终是中国社会经济的率先发展区域。当前，中国沿海地区产业结构也正在进行复杂而深刻的调整：一些率先发展起来的发达城市实施"退二进三"战略，正在将滨海地区第二产业腾退出来进而发展以房地产、滨海旅游为主体的第三产业或高新技术产业；与此同时，其他一些后发沿海地区，则大力推进工业化进程，体现为"退一进二"，即将原来沿海渔业、海水养殖、盐田和种植业占有的滨海区域快速开发为以港口、能源、冶金、炼化、造船等重化工业为主的临港产业园区。随着产业布局的趋海性，人口就业和城镇建设也向滨海地区加速转移，多种产业结构在海岸带和近海区域交叉重叠，导致海洋环境压力和风险居高不下。

为有效优化海洋空间布局，必须顺应国内外沿海产业结构和布局调整的大趋势，顺势而为，加强宏观调控。依据沿海地区资源禀赋、环境容量和生态承载能力，综合利用投资财税、土地海域供给、环境保护审核等手段，从国家层面对沿海经济空间布局进行统一规划，推动海洋经济发展方式转变。要实施绿色产业政策，积极发展新型工业，实施区域产能总量控制，避免重复建设。要对不尽合理的沿海产业结构和布局进行梳理、调整和优化，统筹大型石化项目布局，推进钢铁产业集约发展，严控高污染、高能耗、高风险产业，淘汰落后产能，切实改变重化工业比重过大、在海岸带区域布局分散的局面，形成分工合理、节约高效、环境友好的沿海产业发展新格局。要构筑现代海洋产业体系，升级改造传统产业，积极推动新兴海洋战略性产业和海洋高新技术产业发展，大力发展新能源、新材料、高端装备制造业、生物产业、信息产业、生态旅游、文化创意等新兴海洋产业和现代海洋服务业，努力形成分工合理、资源高效、环境优化的沿海产业发展新格局。要积极发展循环经济和低碳经济，推动服务业及劳动力向沿海新型社区集中，引导国民绿色消费。要努力推动过剩产能走出去，特别是 21 世纪海上丝绸之路沿线国家是中国石化产品的重要原料来源国和产品出口的新兴市场，也是推动生产力全球布局的重要目的地，因此可以多领域、多角度开拓海外市场，将国内优势产能转移出去，缓解海岸带地区的环境压力。杜绝沿海地区无序开发和分散建设，推动渔业养殖业项目向规模经营集中。对于沿海布局的核电项目，要围绕核能与核技术利用安全和放射性污染防治，全面加强核安全技术研发，加强运行安全管理，切实保证核电安全。对于影响近海生态环境的海上石油勘探开发产业，在勘探过程中，要积极开发低噪声、低辐射、低扰动的勘探技术，减少对海洋生物及生态系统的影响；在开发过程中，要大力应用生产废水和泥浆钻屑减量化的清洁生产技术，提高溢油事故处置能力；在运输过程中，要开发油气泄漏检测预警技术和装置，减少海上溢油污染风险。

集中打造沿海地区重化产业园区。对沿海遍地开花的重化产业项目布局进行整合，构建分工明确、梯度有序、开放互通、优势互补、生态安全的临海产业园区，实施集约集聚发展，高污染、高环境风险产业必须入园入区。要从生产工艺角度开发和利用生物技术、清洁生产技术、循环经济技术，减少有毒、有害原料的使用，大力生产清洁产品。对产业园区制定实施污染风险防范管理措施，加强涉及有毒、有害污染物的处理和回收技术，提高园区总体污染控制水平。

鼓励海洋生态产业和服务业在沿海布局。探索创立海洋循环经济和生态经济模式，将循环经济的发展理念贯穿海洋经济发展和产品生产过程，努力促进"资源—产品—污染排放"的传统生产方式向"资源—产品—再生资源"的循环经济模式转变，降低产品能耗、物耗和水耗，最大限度地实现废物循环利用，减少废弃物排放，实现经济效益、社会效益和生态效益并重。利用生物技术发展海洋生物资源高新产业，建立海洋循环经济示范企业和产业园区，在滨海湿地、河口三角洲和海岛等特殊海洋生态区，发展高效海洋生态经济。推进海洋旅游业全方位快速发展，从传统的滨海旅游方式如沙滩休闲、游泳、游览海洋馆，向新兴旅游项目如潜水、浮潜、邮轮、游艇、帆船、海岛探险、休闲渔业、渔民风俗、海洋博物馆、海上丝绸之路——水下文物观赏等海洋文化游转变。同时，带动海洋食品、保健品、旅游纪念品、潜水设备、游艇、水上飞机等海洋产品制造和营销。要充分发挥滨海旅游资源优势和生态环境优势，加快发展滨海生态旅游业，突出海洋的蓝色生态旅游特色和森林的绿色生态旅游特色，以发展度假休闲旅游为主导，实现旅游产品结构由单纯的观光型向度假—观光复合型转化。科学评估滨海旅游环境容量，合理配置旅游资源，发展海洋生态文化产业。

开放海岸带休闲娱乐空间，保护和营造滨海生态景观。滨海景观是指临海的、海陆相互作用而产生的具有一定景观价值的带状区域。在海岸带开发中，探索实施重要湿地占补平衡，即占用一片湿地，就在附近区域人工营造一片同等面积和功能的湿地。要适当控制人工堤坝等"硬"护岸，建设人工湿地等"亲水"护岸，保持景观区块之间的自然连接。在海岸实施建设活动，要限制建筑物的容积率、高度以及与海岸线的距离，拆除不合理海滩建筑，使其与周围植被和景观相协调。综合运用自然恢复与人工措施，防治海岸侵蚀。开展海岸带清洁整治工程，清理海滩海底垃圾，防治海上漂流废弃物。开展浴场环境监测预报，实施生态浴场建设。通过人工沙滩养护、生态景观设计、滨海湿地公园建设，构建公众亲海空间，建设优美的滨海社区。

实施沿海产业环境分区管理。制定以海洋生态质量要求为约束的海洋环境保护规划，确定不同产业区域的海洋生态主导功能、环境质量目标和生态保护措施，并将这些目标和措施以地方海洋环境质量标准的形式予以规范化和合法化。在重化工产业项目周边设立生态缓冲区，对重要海洋生态功能区实施严格的边界控制，坚决维护生态用海的控制红线。对于有关产业目录中属于限制类的新建项目，严格环境准入标准。按照有关化解过剩产能的决策部署，禁止新增钢铁、煤炭、水泥、平板玻璃等产业项目。对确有必要建设的，要在区域治理水平、排放标准等方面提出严于国家标准的环境准入要求，特别是严格限制有色金属冶炼、化工、焦化、电镀、制革等行业准入。严格执行国家产业政策和相关产业调整振兴规划，发布落后淘汰海洋产业、工艺和设备目录，实行环境污染末位淘汰制度，杜绝企业利用新建项目使污染物排放转嫁进入海洋，防止高污染、高耗能的淘汰产业向沿海转移。将重金属等污染严重和排海较为集中的重点河口、港湾、城市近岸海域划定为重金属等污染重点防控海域，要制定限期治理措施，明确建设项目环境准入条件和污染控制目标，并且在这些海域不得新建重金属等污染企业。建立各门类海洋产业的环境绩效统计指标和考核体系，实施海洋工程超标排污限期治理制度，探索建立海洋环境认证制度。区域海洋生态质量目标一经确定，应当向社会公布实行，区域内各类建设项目，均应严格执行环境准入政策，拟投资建设或经营的主体应主动对照区域环境准入要求进行自查。对于区域生态质量持续改善的，环境准入要求可以"有增有减"，科学利用环境容量，推进产业升级发展。对于区域生态质量达不到预期目标的，在一定时期内暂停新建工业和城镇项目，控制发展规划，倒逼生态质量改善。

防范海洋环境污染损害事故和生态灾害。随着沿海地区加速发展重化工产业，要高度防范随之增加的重大海洋环境污染损害事故风险，建立完善沿海开发重点区域行业的环境突发事件应急机制。要加强建设项目环评阶段的海洋环境风险防控评价，分区分类做好环境风险预警管理。要建立完善海洋环境突发事件的监测、预警和应急响应机制和体系，提高现场数据实时自动采集能力及传输能力。在岸站、浮标、船舶、卫星遥感、航空遥感的基础上，建立多手段、高频率、高覆盖的全天候海洋灾害监测系统，实现数据采集自动化、数据传输程控化、数据处理电脑化，为准确、快速预报海洋环境灾害提供基础。要根据监测与评估结果，强化应急通报机制，建立重金属污染重点防控海域定期监测和报告制度。对海洋生态风险较大的区域、行业和污染物，要建立完善生态破坏突发事故风险管理和应急响应机制。对重金属污染排放及事故风险较大的涉海建设项目，要建立海洋生态隔离带。要加强海洋环境风险评估，组织开展海上石油勘探开发、沿海化工企业、危险化学品码头等环境风险源排查评估和风险区划，实施海洋环境风险管理。

（三）构建海洋生态文明制度体系

党的十七大首次提出建设生态文明的要求，党的十八大把生态文明建设纳入中国特色社会主义事业"五位一体"总体布局，党的十八届三中全会确立了生态文明制度体系。海洋生态文明制度体系建设从政治、经济、法律、教育等方面规划和约束人们用海、管海的行为，协调海洋生态保护中人与人的关系，创造性地回答了海洋经济发展与海洋资源环境的关系问题，为统筹人海和谐、推进海洋可持续发展指明了方向。

1. 加强海洋生态文明的顶层设计和战略规划

海洋生态文明制度体系建设就是要在将海洋生态文明理念融入国家经济、政治、文化和社会建设各个领域的基础之上，建立与海洋生态文明相适应的增长方式、产业结构、消费模式和制度体系，以及海洋生态文明建设所需要的高层协调机制。[①]只有搞好海洋文明建设的顶层设计和战略规划，才能加快构建系统完备、科学规范、运行有效的海洋生态文明制度体系。

一是加强顶层设计，设置相关机构，专门负责海洋生态文明体制改革的总体设计、战略规划、整体推进和顶层监督，着重研究海洋生态文明建设进程中存在的重大问题，整合各方资源，统筹国家发展与海洋环境保护之间的关系，进一步明确海洋生态文明体制改革的路线和进度。二是加快实施基于生态系统的海洋综合管理，建立以海洋生态系统为基础的海洋生态文明制度。以实现海洋生态系统的健康与稳定为目标，尊重海洋生态系统的完整性和系统性原则，减少人为"条块分割管理"以

---

① 郑苗壮, 刘岩. 关于建立海洋生态文明制度体系的若干思考[J]. 环境与可持续发展, 2016
(05): 76-80.

及各涉海部门之间的利益纠葛，从而提高海洋生态环境保护的力度和效率。三是加快制定国家海洋生态文明建设规划。海洋生态文明建设规划纲要的制定，要从全局出发，以生态文明建设"四个融入"的战略布局为指导，以海洋资源环境的保护为基础，根据海洋生态环境与国家发展的阶段性矛盾，切实做好海洋生态文明建设的长期规划和重大专项计划，构建海洋资源集约节约利用和海洋生态环境保护的空间格局、产业结构和生产生活方式，着力推进国家及沿海地区绿色发展、循环发展、低碳发展。

2. 完善海洋生态文明制度的法律体系

海洋生态文明建设是一项巨大而复杂的系统性工程，需要全面、系统、完整的法律体系提供支撑。建立完善海洋生态文明制度的法律体系，保护和改善生活环境和生态环境，促进经济社会全面协调可持续发展，全方位、多角度、立体化推进海洋生态文明建设。加快制定海洋基本法，把党的海洋生态文明政策和国家战略法律化，作为母法对其他海洋生态文明建设的相关及其配套立法进行统领和指导，逐步完善和发展现有的海洋资源环境的法律制度和立法。在海洋生态文明建设总目标下，充分发挥市场在海洋资源配置中的决定性作用，加快"源头、过程、后果"的全过程的制度建设，按照"源头严防、过程严管、后果严惩"的思路，构建海洋生态文明制度体系框架，以制度建设推进海洋生态文明建设。

3. 加快推进海洋生态文明体制改革试点

走向海洋生态文明的新时代，建设美丽海洋，是实现"两个一百年"奋斗目标的重要保障。然而，现行海洋生态文明制度难以对海洋生态文明建设进行科学合理的整体部署和设计，难以形成海洋生态文明的建设合力，迫切需要进行海洋生态文明体制改革试点，带动和引领海洋生态文明建设。在海洋生态文明示范区建设的基础上，围绕"美丽海洋"稳步开展海洋生态文明体制改革试点。综合海洋生态文明示范区建设经验、模式，评估建设成效，拓展海洋生态文明体制改革的思路。加强海洋生态文明的理论创新、制度创新，引导沿海地区正确处理经济发展与海洋生态环境保护的关系，推动各示范区充分发挥本地区海洋资源、环境和区位特点，突出地方特色，探索经济、社会、文化和生态全面、协调、可持续的发展模式，促进国家和沿海地区经济发展方式加速转型，实现人与海洋、经济社会和谐共生。

（四）增强海洋生态文明意识

海洋生态文明意识在海洋生态文明建设过程中发挥着关键作用，是中国建设海洋生态文明的历史要求、战略需要和核心动力。海洋生态文明意识是人类海洋事业发展、实现海洋强国目标、打造海洋生态文明的内在动力，海洋生态文明则是海洋生态文明意识发展程度的具体体现，是海洋生态文明意识在客观实践领域对认知的基本反映。增强海洋生态文明意识的目的就是让政府、企业、社会、公众等主体主动承担必要的社会责任，校正一部分短视和歪曲的海洋生态价值取向。

1. 政府及相关部门积极创建媒体平台，宣传海洋生态文明思想

政府部门作为海洋生态文明建设的主要实施者，应该在各涉海部门之间确立以海洋生态文明为核心的海洋生态发展观，强化各层面对海洋生态文明和海洋生态系统的认知，形成对海洋生态文明建设的必要性、重要性的共识。[①]要充分发挥"意识先行"的积极作用，利用自身优势面向全社会采取多种方式普及和宣传海洋生态文化，争取从根本上改变中国公民海洋生态意识落后的现状。利用电视、广播、报纸、互联网

---

① 鹿红. 中国海洋生态文明建设研究[D]. 大连: 大连海事大学, 2018.

等多种媒体形式积极宣传"规划用海""集约用海""生态用海""科技用海""依法用海"的海洋生态文明思想,使公民从心理上充分意识到保护海洋生态的重要性。打破传统地域限制造成的公民对于海洋生态文明建设"置身事外"的消极局面,使得内陆地区的居民能够在积极参与建设的同时共享海洋生态文明建设的成果。

2. 高校要加强海洋生态文明教育,增加海洋专业知识储备

对于涉海高校或者拥有海洋优势学科的高校来说,在研究海洋科学、培育海洋意识、继承和发展海洋文化以及建设海洋生态文明等方面有着不可推卸的历史责任。首先,在课程体系建设和专业设置方面,涉海高校应结合中国海洋生态文明建设总体要求,将海洋意识、海洋产业、海洋行为、海洋环境、海洋文化和海洋制度等领域的相关内容充分融入专业设置、课堂教学以及实践环节中,将海洋知识传授和海洋意识培养贯穿于整个大学教育中。[①]其次,涉海高校应主动与国际海洋领域的高校、科研机构以及社会团体开展交流与合作。这不仅有利于中国高校与世界高等教育接轨,更有利于涉海高校及时准确地掌握前沿的海洋科学文化知识,把握国际海洋开发与利用的策略与形势,丰富中国高校海洋意识培养的内涵。再者,涉海高校应积极主动地与国内其他普通高校开展教学、科研合作以及学生文化交流活动。这对提升中国高校海洋生态文明意识整体培育能力具有极大的促进作用。

对于非涉海高校来说,在课堂教学中始终贯穿海洋知识教育是不太可行的。但加强高校大学生海洋生态文明意识培养的途径和手段是多种多样的,非涉海高校可以根据自身的学科专业特点因地制宜地培养学生

---

① 高雪梅, 孙祥山. 海洋生态文明建设中高校海洋意识培养与教育策略[J]. 高等农业教育, 2016(6): 13-17.

的海洋意识，形成具有自身特色、系统丰富的海洋生态文明意识培育体系。首先，立足课堂教育与实践，充分渗透海洋生态文明意识培育内容。不同专业的学生接触的课程教学内容不尽相同，面对这种情况，高校在课程设置及培养方案上应与时俱进地进行修订，针对相关公共基础课进行海洋通识类内容调整，并适当增加海洋类专业的选修课程，丰富课堂中海洋知识的传播，为海洋意识的培养打下良好基础。其次，有计划地实施多种形式的海洋意识培育策略。学生的第二课堂也是开展海洋生态文明意识培养的有效阵地。随着信息化的不断深入，主流网络和各种信息平台对海洋生态文明意识教育内容的传播发挥着积极有效的作用。高校可以借此搭建网络专题模块或者网络交流平台，以更生动的画面、更多样的媒体效果加以呈现，进而激发大学生关注海洋的热情，培养学生文明的海洋意识。微信公众号也是一种十分有效的传播方式。各高校可以根据自身特点创建有关海洋生态文明建设的微信公众号，适时发布海洋知识、海洋热点问题、兴海强国策略、海洋文化分析等内容，丰富海洋生态文明意识的培养手段。

3. 引导企业树立和强化海洋生态责任意识

企业是海洋利益的直接受益者，也是海洋生态破坏的直接相关者。针对企业的这种双重身份，一方面，应该发挥中国市场经济的带动作用，通过公开竞标、广告招商等方式将中国海洋生态文明建设工作"外包"给有能力的企业和社会组织，积极引导社会力量参与其中；另一方面，必要时要对企业用海行为采取一定的奖惩机制，严格要求企业按照海洋生态文明标准进行生产，逐步培养各生产企业的海洋生态责任意识。另外，发挥企业科技创新的主体地位，建立和完善绿色产业发展机制。大力发展技术、资本密集型节能环保产业。建立和完善海洋生态文明建设科技创新成果转化机制，提高综合集成创新能力。强化企业技术创新主体地位，发挥市场对低碳绿色环保发展方向和技术路线选择的决定性作用。围绕提高近海资源利用水平和深海战略性资源的储备需求，加快重大技术的研发和装备制造，推进潮汐能、波浪能发电技术的应用，提高创新能力和产业化水平。

4. 发挥公众在海洋生态文明建设中的广泛作用

公众是生态文明建设的践行者，在很大程度上决定了政府部门、企业在海洋开发管理活动中的行为选择。因此，必须正确培育社会公众的海洋生态意识，通过广泛开展海洋环境保护宣传和海洋生态文明价值观教育，对人与海洋和谐共存观念、可持续发展理念进行广泛宣传，使公众形成良好的海洋生态文化和自觉的海洋生态文明意识，把对海洋生态系统的保护意识转化成一种自觉、本能的行为，营造全民关心、参与、支持海洋生态文明建设的良好氛围。另外，规范和完善公众的知情权、参与权和监督权，及时准确披露环境等社会责任信息，企业的环境信息必须公开透明，保护公众的海洋环境利益；深入开展海洋生态环境保护的基础教育，提高公众保护海洋生态环境的自觉性，鼓励社会各界参与海洋生态保护与建设。在建设项目立项、实施、后评价等环节，有序增强公众的参与度，建立公众否决建设项目的管理规定。引导海洋生态文明建设领域的各类现代社会组织健康有序发展，发挥民间环保组织和志愿者的作用。

四、小结

中国的海洋生态文明起源于传统文化中的生态哲学思想，在整个文明进程中不断发展，并在党的十八大后上升至国家战略高度。党的十九大以后，随着中国社会主要矛盾的转变，中国的海洋生态文明建设呈现出符合社会发展与人民期望的新发展理念。党的二十大更是将人与自然和谐共生放在了新的发展高度。随着这一趋势，中国的海洋生态文明建设也逐渐在维护海洋生态系统健康与安全、优化海洋空间开放格局、构建海洋生态文明制度体系、增强海洋生态文明意识等方面被赋予了新的时代内涵。

04

第四章

中国海洋生态文明体制建设

海洋生态文明建设是中国生态文明建设的重要步骤，而海洋生态文明体制建设，是保障海洋生态文明建设的重要基石。

　　海洋生态文明建设是一项巨大而复杂的系统性工程，需要全面、系统、完整的法律体系提供支撑。中国自1982年颁布《中华人民共和国海洋环境保护法》以来，已出台涉海资源环境保护相关法律法规100余部，为海洋环保工作提供了法律依据。但目前中国海洋环境保护法律体系总体上还不系统、不完备，特别是在海洋生态文明法律制度方面存在诸多空白，海洋生态保护缺乏刚性约束，依法治海亟待进一步加强。① 在中国全面推进依法治国的大背景下，当务之急要不断完善法规、制度体系，为海洋生态文明建设提供基本遵循依据。

---

① 王京东. 海洋生态文明建设新路径[EB/OL]（2016-06-13）[2022-11-09]. http://theory.people.com.cn/n1/2016/0613/c49154-28429227.html.

一、加快推进总体规划完善工作

在中国海洋生态文明制度体系建设过程中，党中央、国务院出台了一系列重大决策部署。2015 年 4 月，中共中央、国务院印发《中共中央 国务院关于加快推进生态文明建设的意见》，明确要使生态环境质量得到总体改善，生态文明重大制度自此基本确立。2015 年 9 月，中共中央、国务院印发了《生态文明体制改革总体方案》，要求到 2020 年，构建起由自然资源资产产权制度、国土空间开发保护制度、空间规划体系、资源总量管理和全面节约制度、资源有偿使用和生态补偿制度、环境治理体系、环境治理和生态保护市场体系、生态文明绩效评价考核和责任追究制度八项制度构成的产权清晰、多元参与、激励约束并重、系统完整的生态文明制度体系。同年，国家海洋局印发《国家海洋局海洋生态文明建设实施方案》（2015—2020 年），针对生态文明建设的海洋领域，做出了要求与指导，计划通过 5 年左右的努力，推动海洋生态文明制度体系基本完善，海洋管理保障能力显著提升，生态环境保护和资源节约利用取得重大进展。2021 年，《中华人民共和国国民经济和社会发展第十四个五年规划和 2035 年远景目标纲要》出台，再次强调要推进海洋生态文明建设，加快建设海洋强国。

（一）建立从全局到海洋的生态文明建设总体制度体系

1. 加快推进生态文明建设

2015 年 4 月，中共中央、国务院印发《中共中央 国务院关于加快推进生态文明建设的意见》，要求坚持把节约优先、保护优先、自然恢复为主作为基本方针；坚持把绿色发展、循环发展、低碳发展作为基本途径；坚持把深化改革和创新驱动作为基本动力；坚持把培育生态文化作为重要支撑；坚持把重点突破和整体推进作为工作方式。该意见明确了生态文明建设的阶段性主要目标，即到 2020 年，资源节约型和环境友好型社会建设取得重大进展，主体功能区布局基本形成，经济发展质量和效益显著提高，生态文明主流价值观在全社会得到推行，生态文明建设水平与全面建成小康社会目标相适应。该意见同时将海洋生态文明建设作为生态文明建设的重要部分纳入考虑范围，针对海洋生态文明建设也做出了要求。

该意见第七条指出，要"加强海洋资源科学开发和生态环境保护"，提出要根据海洋资源环境承载力，科学编制海洋功能区划，确定不同海域主体功能。同时指出要严格生态环境评价，严格控制陆源污染物排海总量，加强海洋环境治理、海域海岛综合整治、生态保护修复，有效保护重要、敏感和脆弱海洋生态系统，开展海洋资源和生态环境综合评估，实施严格的围填海总量控制制度、自然岸线控制制度，建立陆海统筹、区域联动的海洋生态环境保护修复机制，等等。

该意见第十、十四、十六、十九、二十一、二十七、二十九条分别从推进新能源应用、保护和修复自然生态系统、应对气候变化、健全自然资源资产产权制度和用途管制制度、严守资源环境生态红线、建立生态文明综合评价指标体系、提高全民生态文明意识角度出发，将海洋纳入考虑范围。

中共中央　国务院关于加快推进生态文明建设的意见（节选）

（2015 年 4 月 25 日）

二、强化主体功能定位，优化国土空间开发格局

（七）加强海洋资源科学开发和生态环境保护。根据海洋资源环境承载力，科学编制海洋功能区划，确定不同海域主体功能。坚持

"点上开发、面上保护",控制海洋开发强度,在适宜开发的海洋区域,加快调整经济结构和产业布局,积极发展海洋战略性新兴产业,严格生态环境评价,提高资源集约节约利用和综合开发水平,最大程度减少对海域生态环境的影响。严格控制陆源污染物排海总量,建立并实施重点海域排污总量控制制度,加强海洋环境治理、海域海岛综合整治、生态保护修复,有效保护重要、敏感和脆弱海洋生态系统。加强船舶港口污染控制,积极治理船舶污染,增强港口码头污染防治能力。控制发展海水养殖,科学养护海洋渔业资源。开展海洋资源和生态环境综合评估。实施严格的围填海总量控制制度、自然岸线控制制度,建立陆海统筹、区域联动的海洋生态环境保护修复机制。

三、推动技术创新和结构调整,提高发展质量和效益

(十)发展绿色产业。大力发展节能环保产业,以推广节能环保产品拉动消费需求,以增强节能环保工程技术能力拉动投资增长,以完善政策机制释放市场潜在需求,推动节能环保技术、装备和服务水平显著提升,加快培育新的经济增长点。实施节能环保产业重大技术装备产业化工程,规划建设产业化示范基地,规范节能环保市场发展,多渠道引导社会资金投入,形成新的支柱产业。加快核电、风电、太阳能光伏发电等新材料、新装备的研发和推广,推进生物质发电、生物质能源、沼气、地热、浅层地温能、海洋能等应用,发展分布式能源,建设智能电网,完善运行管理体系。大力发展节能与新能源汽车,提高创新能力和产业化水平,加强配套基础设施建设,加大推广普及力度。发展有机农业、生态农业,以及特色经济林、林下经济、森林旅游等林产业。

五、加大自然生态系统和环境保护力度，切实改善生态环境质量

（十四）保护和修复自然生态系统。加快生态安全屏障建设，形成以青藏高原、黄土高原—川滇、东北森林带、北方防沙带、南方丘陵山地带、近岸近海生态区以及大江大河重要水系为骨架，以其他重点生态功能区为重要支撑，以禁止开发区域为重要组成的生态安全战略格局。实施重大生态修复工程，扩大森林、湖泊、湿地面积，提高沙区、草原植被覆盖率，有序实现休养生息。加强森林保护，将天然林资源保护范围扩大到全国；大力开展植树造林和森林经营，稳定和扩大退耕还林范围，加快重点防护林体系建设；完善国有林场和国有林区经营管理体制，深化集体林权制度改革。严格落实禁牧休牧和草畜平衡制度，加快推进基本草原划定和保护工作；加大退牧还草力度，继续实行草原生态保护补助奖励政策；稳定和完善草原承包经营制度。启动湿地生态效益补偿和退耕还湿。加强水生生物保护，开展重要水域增殖放流活动。继续推进京津风沙源治理、黄土高原地区综合治理、石漠化综合治理，开展沙化土地封禁保护试点。加强水土保持，因地制宜推进小流域综合治理。实施地下水保护和超采漏斗区综合治理，逐步实现地下水采补平衡。强化农田生态保护，实施耕地质量保护与提升行动，加大退化、污染、损毁农田改良和修复力度，加强耕地质量调查监测与评价。实施生物多样性保护重大工程，建立监测评估与预警体系，健全国门生物安全查验机制，有效防范物种资源丧失和外来物种入侵，积极参加生物多样性国际公约谈判和履约工作。加强自然保护区建设与管理，对重要生态系统和物种资源实施强制性保护，切实保护珍稀濒危野生动植物、古树名木及自然生境。建立国家公园体制，实行分级、统

一管理，保护自然生态和自然文化遗产原真性、完整性。研究建立江河湖泊生态水量保障机制。加快灾害调查评价、监测预警、防治和应急等防灾减灾体系建设。

（十六）积极应对气候变化。坚持当前长远相互兼顾、减缓适应全面推进，通过节约能源和提高能效，优化能源结构，增加森林、草原、湿地、海洋碳汇等手段，有效控制二氧化碳、甲烷、氢氟碳化物、全氟碳、六氟化硫等温室气体排放。提高适应气候变化特别是应对极端天气和气候事件能力，加强监测、预警和预防，提高农业、林业、水资源等重点领域和生态脆弱地区适应气候变化的水平。扎实推进低碳省区、城市、城镇、产业园区、社区试点。坚持共同但有区别的责任原则、公平原则、各自能力原则，积极建设性地参与应对气候变化国际谈判，推动建立公平合理的全球应对气候变化格局。

六、健全生态文明制度体系

（十九）健全自然资源资产产权制度和用途管制制度。对水流、森林、山岭、草原、荒地、滩涂等自然生态空间进行统一确权登记，明确国土空间的自然资源资产所有者、监管者及其责任。完善自然资源资产用途管制制度，明确各类国土空间开发、利用、保护边界，实现能源、水资源、矿产资源按质量分级、梯级利用。严格节能评估审查、水资源论证和取水许可制度。坚持并完善最严格的耕地保护和节约用地制度，强化土地利用总体规划和年度计划管控，加强土地用途转用许可管理。完善矿产资源规划制度，强化矿产开发准入管理。有序推进国家自然资源资产管理体制改革。

（二十一）严守资源环境生态红线。树立底线思维，设定并严守资源消耗上限、环境质量底线、生态保护红线，将各类开发活动限制在资源环境承载能力之内。合理设定资源消耗"天花板"，加强能源、水、土地等战略性资源管控，强化能源消耗强度控制，做好能源消费总量管理。继续实施水资源开发利用控制、用水效率控制、水功能区限制纳污三条红线管理。划定永久基本农田，严格实施永久保护，对新增建设用地占用耕地规模实行总量控制，落实耕地占补平衡，确保耕地数量不下降、质量不降低。严守环境质量底线，将大气、水、土壤等环境质量"只能更好、不能变坏"作为地方各级政府环保责任红线，相应确定污染物排放总量限值和环境风险防控措施。在重点生态功能区、生态环境敏感区和脆弱区等区域划定生态红线，确保生态功能不降低、面积不减少、性质不改变；科学划定森林、草原、湿地、海洋等领域生态红线，严格自然生态空间征（占）用管理，有效遏制生态系统退化的趋势。探索建立资源环境承载能力监测预警机制，对资源消耗和环境容量接近或超过承载能力的地区，及时采取区域限批等限制性措施。

七、加强生态文明建设统计监测和执法监督

（二十七）加强统计监测。建立生态文明综合评价指标体系。加快推进对能源、矿产资源、水、大气、森林、草原、湿地、海洋和水土流失、沙化土地、土壤环境、地质环境、温室气体等的统计监测核算能力建设，提升信息化水平，提高准确性、及时性，实现信息共享。加快重点用能单位能源消耗在线监测体系建设。建立循环经济统计指标体系、矿产资源合理开发利用评价指标体系。利用卫星遥感等技术手段，对自然资源和生态环境保护状况开展全天候监测，健全覆盖所有资源环境要素的监测网络体系。提高环境风险防

控和突发环境事件应急能力，健全环境与健康调查、监测和风险评估制度。定期开展全国生态状况调查和评估。加大各级政府预算内投资等财政性资金对统计监测等基础能力建设的支持力度。

八、加快形成推进生态文明建设的良好社会风尚

（二十九）提高全民生态文明意识。积极培育生态文化、生态道德，使生态文明成为社会主流价值观，成为社会主义核心价值观的重要内容。从娃娃和青少年抓起，从家庭、学校教育抓起，引导全社会树立生态文明意识。把生态文明教育作为素质教育的重要内容，纳入国民教育体系和干部教育培训体系。将生态文化作为现代公共文化服务体系建设的重要内容，挖掘优秀传统生态文化思想和资源，创作一批文化作品，创建一批教育基地，满足广大人民群众对生态文化的需求。通过典型示范、展览展示、岗位创建等形式，广泛动员全民参与生态文明建设。组织好世界地球日、世界环境日、世界森林日、世界水日、世界海洋日和全国节能宣传周等主题宣传活动。充分发挥新闻媒体作用，树立理性、积极的舆论导向，加强资源环境国情宣传，普及生态文明法律法规、科学知识等，报道先进典型，曝光反面事例，提高公众节约意识、环保意识、生态意识，形成人人、事事、时时崇尚生态文明的社会氛围。

2. 大力推动生态文明体制改革

为加快建立系统完整的生态文明制度体系，加快推进生态文明建设，增强生态文明体制改革的系统性、整体性、协同性，2015年9月，中共中央、国务院印发《生态文明体制改革总体方案》，树立了"坚持发展是第一要务，必须保护森林、草原、河流、湖泊、湿地、海洋等自然生态""统筹考虑自然生态各要素、山上山下、地上地下、陆地海洋以及流域上下游，进行整体保护、系统修复、综合治理，增强生态系统循环能力，维护生态平衡"的改革理念。

海洋生态文明作为生态文明建设的重要组成部分，在该方案中也被明确列出。该方案指出，要健全自然资源资产产权制度，对滩涂也进行统一的确权登记，组建对全民所有的海域、滩涂等自然资源统一行使所有权的机构，并探索建立分级行使所有权的体制，由中央政府对海域、滩涂等直接行使所有权。

该方案在完善资源总量管理和全面节约制度、健全资源有偿使用和生态补偿制度方面也将海洋作为重要部分做出要求。其中，第二十四条明确指出，要"健全海洋资源开发保护制度。实施海洋主体功能区制度，确定近海海域海岛主体功能，引导、控制和规范各类用海用岛行为。实行围填海总量控制制度，对围填海面积实行约束性指标管理。建立自然岸线保有率控制制度。完善海洋渔业资源总量管理制度，严格执行休渔禁渔制度，推行近海捕捞限额管理，控制近海和滩涂养殖规模。健全海洋督察制度"。第三十条要求"完善海域海岛有偿使用制度"，指出要"建立海域、无居民海岛使用金征收标准调整机制。建立健全海域、无居民海岛使用权招拍挂出让制度"。

此外，在建立健全环境治理体系和生态文明体制改革的实施保障方面，该方案也将海洋纳入考量。

生态文明体制改革总体方案（节选）

一、生态文明体制改革的总体要求

（二）生态文明体制改革的理念。

树立尊重自然、顺应自然、保护自然的理念，生态文明建设不仅影响经济持续健康发展，也关系政治和社会建设，必须放在突出地位，融入经济建设、政治建设、文化建设、社会建设各方面和全过程。

树立发展和保护相统一的理念，坚持发展是硬道理的战略思想，发展必须是绿色发展、循环发展、低碳发展，平衡好发展和保护的关系，按照主体功能定位控制开发强度，调整空间结构，给子孙后代留下天蓝、地绿、水净的美好家园，实现发展与保护的内在统一、相互促进。

树立绿水青山就是金山银山的理念，清新空气、清洁水源、美丽山川、肥沃土地、生物多样性是人类生存必需的生态环境，坚持发展是第一要务，必须保护森林、草原、河流、湖泊、湿地、海洋等自然生态。

树立自然价值和自然资本的理念，自然生态是有价值的，保护自然就是增值自然价值和自然资本的过程，就是保护和发展生产力，就应得到合理回报和经济补偿。

树立空间均衡的理念，把握人口、经济、资源环境的平衡点推动发展，人口规模、产业结构、增长速度不能超出当地水土资源承载能力和环境容量。

树立山水林田湖是一个生命共同体的理念，按照生态系统的整体性、系统性及其内在规律，统筹考虑自然生态各要素、山上山下、地上地下、陆地海洋以及流域上下游，进行整体保护、系统修复、综合治理，增强生态系统循环能力，维护生态平衡。

二、健全自然资源资产产权制度

（五）建立统一的确权登记系统。坚持资源公有、物权法定，清晰界定全部国土空间各类自然资源资产的产权主体。对水流、森林、山岭、草原、荒地、滩涂等所有自然生态空间统一进行确权登记，逐步划清全民所有和集体所有之间的边界，划清全民所有、不同层级政府行使所有权的边界，划清不同集体所有者的边界。推进确权登记法治化。

（七）健全国家自然资源资产管理体制。按照所有者和监管者分开和一件事情由一个部门负责的原则，整合分散的全民所有自然资源资产所有者职责，组建对全民所有的矿藏、水流、森林、山岭、草原、荒地、海域、滩涂等各类自然资源统一行使所有权的机构，负责全民所有自然资源的出让等。

（八）探索建立分级行使所有权的体制。对全民所有的自然资源资产，按照不同资源种类和在生态、经济、国防等方面的重要程度，研究实行中央和地方政府分级代理行使所有权职责的体制，实现效率和公平相统一。分清全民所有中央政府直接行使所有权、全民所有地方政府行使所有权的资源清单和空间范围。中央政府主要对石油天然气、贵重稀有矿产资源、重点国有林区、大江大河大湖和跨境河流、生态功能重要的湿地草原、海域滩涂、珍稀野生动植物种和部分国家公园等直接行使所有权。

五、完善资源总量管理和全面节约制度

（十九）建立能源消费总量管理和节约制度。坚持节约优先，强化能耗强度控制，健全节能目标责任制和奖励制。进一步完善能源

统计制度。健全重点用能单位节能管理制度，探索实行节能自愿承诺机制。完善节能标准体系，及时更新用能产品能效、高耗能行业能耗限额、建筑物能效等标准。合理确定全国能源消费总量目标，并分解落实到省级行政区和重点用能单位。健全节能低碳产品和技术装备推广机制，定期发布技术目录。强化节能评估审查和节能监察。加强对可再生能源发展的扶持，逐步取消对化石能源的普遍性补贴。逐步建立全国碳排放总量控制制度和分解落实机制，建立增加森林、草原、湿地、海洋碳汇的有效机制，加强应对气候变化国际合作。

（二十四）健全海洋资源开发保护制度。实施海洋主体功能区制度，确定近海海域海岛主体功能，引导、控制和规范各类用海用岛行为。实行围填海总量控制制度，对围填海面积实行约束性指标管理。建立自然岸线保有率控制制度。完善海洋渔业资源总量管理制度，严格执行休渔禁渔制度，推行近海捕捞限额管理，控制近海和滩涂养殖规模。健全海洋督察制度。

六、健全资源有偿使用和生态补偿制度

（三十）完善海域海岛有偿使用制度。建立海域、无居民海岛使用金征收标准调整机制。建立健全海域、无居民海岛使用权招拍挂出让制度。

七、建立健全环境治理体系

（三十六）建立污染防治区域联动机制。完善京津冀、长三角、珠三角等重点区域大气污染防治联防联控协作机制，其他地方要结合地理特征、污染程度、城市空间分布以及污染物输送规律，建立区域协作机制。在部分地区开展环境保护管理体制创新试点，统一规划、统一标准、统一环评、统一监测、统一执法。开展按流域设置环境监管和行政执法机构试点，构建各流域内相关省级涉水部门参加、多形式的流域水环境保护协作机制和风险预警防控体系。建立陆海统筹的污染防治机制和重点海域污染物排海总量控制制度。完善突发环境事件应急机制，提高与环境风险程度、污染物种类等相匹配的突发环境事件应急处置能力。

十、生态文明体制改革的实施保障

（五十四）完善法律法规。制定完善自然资源资产产权、国土空间开发保护、国家公园、空间规划、海洋、应对气候变化、耕地质量保护、节水和地下水管理、草原保护、湿地保护、排污许可、生态环境损害赔偿等方面的法律法规，为生态文明体制改革提供法治保障。

3. 着力强化海洋生态文明建设

为推动《中共中央　国务院关于加快推进生态文明建设的意见》落实，2015 年，国家海洋局印发《国家海洋局海洋生态文明建设实施方案》（2015—2020 年）。该实施方案着眼于建立基于生态系统的海洋综合管理体系，坚持"问题导向、需求牵引""海陆统筹、区域联动"的原则，以海洋生态环境保护和资源节约利用为主线，以制度体系和能力建设为重点，以重大项目和工程为抓手，旨在通过 5 年左右的努力，推动海洋生态文明制度体系基本完善，海洋管理保障能力显著提升，生态环境保护和资源节约利用取得重大进展，海洋生态文明建设水平得到提高。

该实施方案从强化规划引导和约束、实施总量控制和红线管控、深化资源科学配置与管理、严格海洋环境监管与污染防治、加强海洋生态保护与修复、增强海洋监督执法、施行绩效考核和责任追究、提升海洋科技创新与支撑能力、推进海洋生态文明建设领域人才建设、强化宣传教育与公众参与 10 个方面推进海洋生态文明建设，共提出了 31 项主要任务，见表 4-1。

表 4-1 《国家海洋局海洋生态文明建设实施方案》（2015—2020 年）
提出 10 个方面 31 项主要任务

序号	推动方向	侧重目标	主要任务
1	强化规划引导和约束	从规划顶层设计的角度增强对海洋开发利用活动的引导和约束	（1）实施海洋功能区划 （2）科学编制"十三五"规划 （3）实施海岛保护规划
2	实施总量控制和红线管控	从总量控制和空间管控方面对资源环境要素实施有效管理	（1）实施自然岸线保有率目标控制 （2）实施污染物入海总量控制 （3）实施海洋生态红线制度
3	深化资源科学配置与管理	涵盖海域海岛资源的配置、使用、管理等方面内容，突出市场化配置、精细化管理、有偿化使用的导向	严格控制围填海活动等 5 个方面内容
4	严格海洋环境监管与污染防治	包括监测评价、污染防治、应急响应等海洋环境保护内容，突出提升能力、完善布局、健全制度	推进海洋环境监测评价制度体系建设等 5 个方面内容
5	加强海洋生态保护与修复	体现生态保护与修复整治并重，既注重加强海洋生物多样性保护，又注重实施生态修复重大工程	加强海洋生物多样性保护等 3 个方面内容
6	增强海洋监督执法	突出依法治海、从严从紧的方向	健全完善法律法规和标准体系的基础保障、建立督察制度和区域限批制度的制度保障以及严格检查执法的行动保障

续表

序号	推动方向	侧重目标	主要任务
7	施行绩效考核和责任追究	体现对海洋资源环境破坏的严厉追究	面向地方政府的绩效考核机制、针对建设单位和领导干部的责任追究和赔偿等内容
8	提升海洋科技创新与支撑能力	提升海洋科技创新对海洋生态文明建设的支撑作用	（1）强化科技创新 （2）培育壮大战略新兴产业
9	推进海洋生态文明建设领域人才建设	提升人才建设对海洋生态文明建设的推动作用	（1）加强监测观测专业人才队伍建设 （2）加强海洋生态文明建设领域人才培养引进
10	强化宣传教育与公众参与	重在为海洋生态文明建设营造良好的社会氛围	强化宣传教育和公众参与的系列举措

　　为推动主要任务的深入实施，该实施方案提出了 4 个方面共 20 项重大工程项目。其中，治理修复类工程项目以"蓝色海湾"综合治理工程、"银色海滩"岸滩修复工程、"南红北柳"湿地修复工程为代表；能力建设类工程项目侧重于海洋环境监测基础能力建设、海域动态监控体系建设、海岛监视监测体系建设工程；统计调查类工程项目中，共有海洋生态、第三次海洋污染基线、海域现状调查与评价、海岛统计 4 项专项调查任务，旨在摸清中国生态保护、海洋污染、海域使用和海岛保护开发的家底和状况；示范创建类工程项目中，重点建设国家级海洋生态文明建设示范区，为探索海洋生态文明建设模式提供有益借鉴。各主要任务具体侧重情况如表 4-2 所示。

表 4-2 《国家海洋局海洋生态文明建设实施方案》（2015—2020 年）
提出 4 个方面 20 项重大工程项目

项目分类	重大项目工程	侧重目标或方向
治理修复类	"蓝色海湾"综合治理工程	着重利用污染防治、生态修复等多种手段改善 16 个污染严重的重点海湾和 50 个沿海城市毗邻重点小海湾的生态环境质量

项目分类	重大项目工程	侧重目标或方向
治理修复类	"银色海滩"岸滩修复工程	通过人工补砂、植被固沙、退养还滩(湿)等手段,修复受损岸滩,打造公众亲水岸线
	"南红北柳"湿地修复工程	通过在南方种植红树林,在北方种植柽柳、芦苇、碱蓬,有效恢复滨海湿地生态系统
	"生态海岛"保护修复工程	采取制定海岛保护名录、实施物种登记、开展整治修复等手段保护修复海岛
能力建设类	海洋环境监测基础能力建设工程	针对环保、海域、海岛的监视监测工作,提出了扩展网络、丰富手段、增强信息化的建设方向
	海域动态监控体系建设工程	
	海岛监视监测体系建设工程	
	海洋环境保护专业船舶队伍建设工程	提出了近岸、近海、远海综合船舶监测能力的建设目标
	海洋生态环境在线监测网建设工程	在重点海湾、入海河流、排污口等地布设在线监测设备和溢油雷达
	综合保障基地建设工程	建设集监测观测、应急响应、预报监测等于一体的综合保障基地
	国家级海洋保护区规范化能力提升工程	每年支持 10 个左右的国家级保护区开展基础管护设施和生态监控系统平台建设
统计调查类	海洋生态专项调查	摸清中国生态保护、海洋污染、海域使用和海岛保护开发的家底和状况,为制定有针对性的政策措施提供重要决策支撑
	第三次海洋污染基线专项调查	
	海域现状调查与评价专项调查	
	海岛统计专项调查	
示范创建类	海洋生态文明建设示范区工程	新建 40 个国家级示范区,为探索海洋生态文明建设模式提供有益借鉴
	海洋经济创新示范区工程	在山东、浙江、广东、福建等海洋经济试点省份实施,进一步推动形成特色海洋产业集聚区

续表

项目分类	重大项目工程	侧重目标或方向
示范创建类	入海污染物总量控制示范工程	选取 8 个地方开展试点，尽快形成可复制、可推广的控制模式
	海域综合管理示范工程	选择 2 处地方开展海域综合管理试点，探索海岸带综合管理、海域空间差别化管控等制度
	海岛生态建设实验基地工程	建设 15 个基地，开展海岛生态修复、海岛建设监测等方面研究工作

此外，国家海洋局针对该实施方案的实施情况组织开展跟踪评价和督促检查，沿海各省（自治区、直辖市）也逐步加强海洋生态文明建设考核，共同形成海洋生态文明建设督促合力。

（二）海洋生态文明建设纳入新发展纲要

2020 年 7 月 30 日，中共中央政治局召开会议，决定 2020 年 10 月在北京召开中国共产党第十九届中央委员会第五次全体会议，研究关于制定国民经济和社会发展第十四个五年规划和 2035 年远景目标的建议。2021 年 3 月 11 日，十三届全国人大四次会议表决通过《关于国民经济和社会发展第十四个五年规划和 2035 年远景目标纲要的决议》。

《中华人民共和国国民经济和社会发展第十四个五年规划和 2035 年远景目标纲要》，根据《中共中央关于制定国民经济和社会发展第十四个五年规划和二○三五年远景目标的建议》编制，主要阐明国家战略意图，明确政府工作重点，引导规范市场主体行为，是中国开启全面建设社会主义现代化国家新政策的宏伟蓝图，是全国各族人民共同的行动纲领。

其中第三十三章对发展海洋事业，加快海洋生态文明建设做出了要求。第三十三章指出，要积极拓展海洋经济发展空间，坚持陆海统筹、人海和谐、合作共赢，协同推进海洋生态保护、海洋经济发展和海洋权益维护，加快建设海洋强国，并从建设现代海洋产业体系、打造可持续海洋生态环境、深度参与全球海洋治理三个方面进行了阐述。其中第二节"打造可持续海洋生态环境"明确指出，要"探索建立沿海、流域、海域协同一体的综合治理体系。严格围填海管控，加强海岸带综合管理与滨海湿地保护。拓展入海污染物排放总量控制范围，保障入海河流断面水质。加快推进重点海域综合治理，构建流域—河口—近岸海域污染防治联动机制，推进美丽海湾保护与建设。防范海上溢油、危险化学品泄漏等重大环境风险，提升应对海洋自然灾害和突发环境事件的能力。完善海岸线保护、海域和无居民海岛有偿使用制度，探索海岸建筑退缩线制度和海洋生态环境损害赔偿制度，自然岸线保有率不低于35%"。

中华人民共和国国民经济和社会发展
第十四个五年规划和2035年远景目标纲要（节选）

第九篇 优化区域经济布局 促进区域协调发展

深入实施区域重大战略、区域协调发展战略、主体功能区战略，健全区域协调发展体制机制，构建高质量发展的区域经济布局和国土空间支撑体系。

第三十三章 积极拓展海洋经济发展空间

坚持陆海统筹、人海和谐、合作共赢，协同推进海洋生态保护、海洋经济发展和海洋权益维护，加快建设海洋强国。

第一节 建设现代海洋产业体系

围绕海洋工程、海洋资源、海洋环境等领域突破一批关键核心技术。培育壮大海洋工程装备、海洋生物医药产业，推进海水淡化和海洋能规模化利用，提高海洋文化旅游开发水平。优化近海绿色养殖布局，建设海洋牧场，发展可持续远洋渔业。建设一批高质量海洋经济发展示范区和特色化海洋产业集群，全面提高北部、东部、南部三大海洋经济圈发展水平。以沿海经济带为支撑，深化与周边国家涉海合作。

第二节　打造可持续海洋生态环境

探索建立沿海、流域、海域协同一体的综合治理体系。严格围填海管控，加强海岸带综合管理与滨海湿地保护。拓展入海污染物排放总量控制范围，保障入海河流断面水质。加快推进重点海域综合治理，构建流域—河口—近岸海域污染防治联动机制，推进美丽海湾保护与建设。防范海上溢油、危险化学品泄露等重大环境风险，提升应对海洋自然灾害和突发环境事件能力。完善海岸线保护、海域和无居民海岛有偿使用制度，探索海岸建筑退缩线制度和海洋生态环境损害赔偿制度，自然岸线保有率不低于35%。

第三节　深度参与全球海洋治理

积极发展蓝色伙伴关系，深度参与国际海洋治理机制和相关规则制定与实施，推动建设公正合理的国际海洋秩序，推动构建海洋命运共同体。深化与沿海国家在海洋环境监测和保护、科学研究和海上搜救等领域务实合作，加强深海战略性资源和生物多样性调查评价。参与北极务实合作，建设"冰上丝绸之路"。提高参与南极保护和利用能力。加强形势研判、风险防范和法理斗争，加强海事司法建设，坚决维护国家海洋权益。有序推进海洋基本法立法。

二、健全自然资源资产产权制度

2016年12月，《自然资源统一确权登记办法（试行）》出台。该办法制定的总体思路是，以不动产登记为基础，构建自然资源统一确权登记制度体系，对水流、森林、山岭、草原、荒地、滩涂以及矿产资源等所有自然资源统一进行确权登记，逐步划清全民所有和集体所有之间的边界，划清全民所有、不同层级政府行使所有权的边界，划清不同集体所有者的边界，划清不同类型自然资源的边界，进一步明确国家不同类型自然资源的权利和保护范围等，推进确权登记法治化。该办法中虽未明确指出对海洋部分如何进行自然资源的统一确权登记，但将滩涂部分纳入了文本当中。由于滩涂是进行海洋生态文明建设必须考虑的一部分，因此本办法可视为对海洋生态文明制度建设有支撑作用。

该办法第一章第三条指出，"对水流、森林、山岭、草原、荒地、滩涂以及探明储量的矿产资源等自然资源的所有权统一进行确权登记，界定全部国土空间各类自然资源资产的所有权主体，划清全民所有和集体所有之间的边界，划清全民所有、不同层级政府行使所有权的边界，划清不同集体所有者的边界，适用本办法"。

三、建立国土空间开发保护制度

为建立国土空间开发保护制度，中国主要从建立和完善主体功能区制度、自然生态空间用途管制及建立国家公园制度三个方面进行。其中，完善主体功能区制度方面，在已有的《全国主体功能区规划》基础上，2012 年广东省人民政府正式印发《广东省主体功能区规划》，2017 年中共中央、国务院印发《关于完善主体功能区战略和制度的若干意见》，在海洋领域，则出台了《全国海洋功能区划》（2011—2020 年）；在自然生态空间用途管制方面，国土资源部会同国家发展改革委、财政部、环境保护部、住房和城乡建设部、水利部、农业部、国家林业局、国家海洋局、国家测绘地理信息局 9 个部门，研究制定了《自然生态空间用途管制办法（试行）》；在建立国家公园制度方面，则先后出台了《建立国家公园体制试点方案》和《建立国家公园体制总体方案》。

（一）完善主体功能区制度

1. 推进主体功能区建设

推进主体功能区建设，是党中央、国务院做出的重大战略部署。国家"十二五"规划将主体功能区建设上升到国家战略高度，2010年12月，国务院印发了《全国主体功能区规划》。2012年9月，广东省人民政府正式印发《广东省主体功能区规划》。2017年8月29日举办的中央全面深化改革领导小组第三十八次会议上通过了《关于完善主体功能区战略和制度的若干意见》。

主体功能区规划是战略性、基础性、约束性的规划，是其他规划在空间开发和布局方面的基本依据。主体功能区的基本含义是：一定的国土空间具有多种功能，但必有一种主体功能，或以提供工业品和服务产品为主体功能，或以提供农产品、生态产品为主体功能。区分主体功能并不排斥其他功能。推进形成主体功能区，就是对不同区域的主体功能进行划分。按照开发方式，可分为优化开发、重点开发、限制开发（广东省主体功能区规划称为生态发展）和禁止开发四类主体功能区域；按照开发内容，可分为城市化地区、农产品主产区和重点生态功能区三类。

《全国主体功能区规划》将湛江市列入国家重点开发区域。《广东省主体功能区规划》将赤坎、霞山、麻章、坡头、廉江、吴川等列入国家级重点开发区域，雷州、徐闻、遂溪等列入生态发展区域中的国家级农产品主产区，其中，雷州属粮食主产区，徐闻、遂溪两县均属甘蔗主产区。主体功能区规划的主要目标为到2020年，符合主体功能定位的县域空间格局基本划定，陆海全覆盖的主体功能区战略格局精准落地，"多规合一"的空间规划体系建立健全，基于不同主体功能定位的配套政策体系和绩效考核评价体系进一步健全。归纳来讲，主要包含三方面：第一，划定符合主体功能定位的县域空间格局；第二，开展"多规合一"工作，形成统一空间规划；第三，国家部委出台配套政策，各地组织开展绩效考核评价，建立主体功能区制度保障体系。

主体功能区规划的主要目标，充分强调了陆海全覆盖的重要性。对于湛江等海洋大市而言，陆海统筹发展极为重要。规划同时还要求健全各类主体功能区空间发展长效机制，对农产品主产区实施产业准入负面清单制度，保障农产品供给水平和质量，促进海洋生物资源可持续利用，确保国家粮食安全和食品安全。健全农业发展优先和提高农产品保障能力的绩效考核评价机制，对地方政府重点考核农业空间和海洋生物资源利用空间规模质量、农业综合生产能力、产业准入负面清单执行、农民收入、耕地质量、土壤环境治理等方面指标，不考核地区生产总值、固定资产投资、工业、财政收入和城镇化率等指标。加强海洋生物资源利用空间生态保护，增殖重要渔业资源，建设海洋牧场。开展集约化设施化健康养殖，降低近岸网箱养殖密度。对资源环境超载海域，加大减船转产力度，逐年削减近海捕捞总量。执行入海污染物特别排放限值。提升渔区海洋灾害和资源环境超载的预判预警服务能力。在保障措施方面，则包括了加强组织领导、强化人才保障、完善法律法规、加强督促落实几个方面：2017 年底前，国家发改委、国土资源部、财政部、环境保护部、农业部、国家海洋局分别牵头制定基于不同主体功能定位的配套政策。地方各级党委和政府建立健全主要领导同志负总责的协调机制，研究提出具体实施方案，共同编制统一的空间规划（就是指"多规合一"），实施差异化绩效考核评价机制，确保 2020 年前各县（市、区）精准落实主体功能区战略格局。最后，强调要加强督促落实，各级组织人事部门要将主体功能区绩效考核结果作为评价党政领导班子和领导干部的重要参考。

2. 完善海洋功能区划

（1）编制海洋功能区划

海洋功能区划最早于 1988 年提出，到 2002 年《中华人民共和国海域使用管理法》实施后，它作为法律确立的三项基本制度之一，也是《中华人民共和国海洋环境保护法》规定的海洋环境保护的科学依据。从海洋功能区划发展历程来看，总共经历三次较大的修编过程，国家海洋局分别于 1989—1993 年、1998—2001 年、2010—2012 年开展大规模海洋功能区划工作。国务院先后于 2002 年 8 月和 2012 年 3 月批准了《全国海洋功能区划》《全国海洋功能区划（2011—2020 年）》。此外，海洋功能区划逐步建立了相应的管理制度，有关部门制定出台了《海洋功能区划管理规定》《省级海洋功能区划审批办法》《海洋功能区划技术导则》等规章、标准。

目前，全国沿海正在实施的《全国海洋功能区划（2011—2020 年）》，对中国管辖海域（中国的内水、领海、毗连区、专属经济区、大陆架以及管辖的其他海域）的开发利用和环境保护做出全面部署和具体安排，是合理开发利用海洋资源、有效保护海洋生态环境的法定依据，是海洋空间开发、控制和综合管理的整体性、基础性、约束性文件，是编制地方各级海洋功能区划及各级各类涉海政策、规划，开展海域管理、海洋环境保护等海洋管理工作的重要依据。该区划的目标是到 2020 年，围填海等改变海域自然属性的用海活动得到合理控制，渔民生产生活和现代化渔业发展得到保障，海洋保护区、重要水产种质资源保护区得到保护，主要污染物排海总量制度基本建立，海洋环境灾害和突发事件应急机制得到加强，遭到破坏的海域海岸带得到整治修复，海洋生态环境质量明显改善，海洋可持续发展能力显著增强。

该区划科学评价了中国管辖海域的自然属性、开发利用与环境保护现状，统筹考虑国家宏观调控政策和沿海地区发展攻略，提出了指导思想、基本原则和主要目标，划分了农渔业、港口航运、工业与城镇用海、矿产与能源、旅游休闲娱乐、海洋保护、特殊利用、保留八类海洋功能区（见表4-3）。具体内容如下：①农渔业区主要指适于农业围垦、渔业基础设施建设、养殖增殖、捕捞和水产种质资源保护的区域。农渔业区开发要控制围垦规模和用途，合理布局渔港及远洋基地建设，稳定传统养殖用海面积，发展集约化海水养殖和现代化海洋牧场。要保护海洋水产种质资源，严格控制重要水产种质资源产卵场、索饵场、越冬场及洄游通道内各类用海活动。②港口航运区是开发利用港口航运资源，可供港口、航道和锚地建设的海域。港口航运区开发要深化整合港口岸线资源，优化港口布局，合理控制港口建设规模和节奏。维护沿海主要港口和航运水道水域功能，保障航运安全。③工业与城镇用海区是指适于发展临海工业与建设滨海城镇的海域，主要分布在沿海大、中城市和重要港口毗邻海域。重点保障社会公益项目用海，维护公众亲海需求。优先安排国家区域发展战略确定的建设用海，重点支持国家级综合配套改革试验区、经济技术开发区、高新技术产业开发区、循环经济示范区、保税港区等的用海需求。重点安排国家产业政策鼓励类产业用海，严格限制高耗能、高污染和资源消耗型工业项目用海。工业与城镇用海区开发应做好与土地利用总体规划、城乡规划等的衔接，合理控制围填海规模，优化空间布局，加强自然岸线和海岸景观的保护。新建核电站、石化等危险化学品项目应远离人口密集的城镇布局。④矿产与能源区是指适于开发利用海上矿产资源与能源的海域。重点保障沉积盆地等海域油气开采用海需求。矿产与能源区开发应加强海上石油开采环境管理,防范海上溢油等海洋环境突发污染事件。遵循深水远岸布局原则,科学论证与规划海上风电。禁止在海洋保护区、侵蚀岸段、防护林带毗邻海域开采海砂等固体矿产资源,防止海砂开采破坏重要水产种质资源产卵场、索饵场和越冬场。⑤旅游休闲娱乐区是指适于开发利用滨海和海上旅游资源的海域。重点保障现有城市生活用海和旅游休闲娱乐用海需求,优先安排国家级风景名胜区、国家级旅游度假区、国家5A级旅游景区、国家级地质公园、国家级森林公园等的用海需求。旅游休闲娱乐区开发要注重保护海岸自然景观和沙滩资源,禁止非公益性设施占用公共旅游资源,修复主要城镇周边海岸旅游资源。⑥海洋保护区是指专供海洋资源、环境和生态保护的海域。海洋保护区管理要注重维持、恢复和改善生态环境和生物多样性,保护自然景观。要加强新建海洋保护区建设,逐步建立类型多样、布局合理、功能完善的海洋保护区网络体系。⑦特殊利用区是指用于海底管线铺设、路桥建设、污水达标排放、倾倒等其他特殊用途排他使用的海域。特殊利用区开发要注重海底管线、道路桥梁和海底隧道等设施保护,禁止在上述设施用海范围内建设其他永久性建筑物。⑧保留区是指为保留海域后备空间资源,专门划定的在区划期限内限制开发的海域。包括由于经济社会因素暂时尚未开发利用或不宜明确基本功能的海域,限于科技手段等因素目前难以利用或不能利用的海域,以及从长远发展角度应当予以保留的海域。保留区应加强管理,严禁随意开发。

该区划根据划分的八类功能区及各海域实际情况,确定了渤海、黄海、东海、南海及台湾以东海域5大海区、29个重点海域的主要功能和开发保护方向（见表4-4）。在渤海海域，要求实施最严格的围填海管理与控制政策，限制大规模围填海活动，降低环渤海区域经济增长对海域资源的过度消耗，节约集约利用海岸线和海域资源；实施最严格的环境保护政策，坚持陆海统筹、河海兼顾，有效控制陆海污染源，实施重点海域污染物排海总量控制制度，严格限制对渔业资源影响较大的涉渔用海工程的开工建设，修复渤海生态系统，逐步恢复双台子河口湿地生态功能，改善黄河、辽河等河口海域和近岸海域生态环境；严格控制新建高污染、高能耗、高生态风险和资源消耗型项目用海，加强海上油气勘探、开采的环境管理，防治海上溢油、赤潮等重大海洋环境灾害和突发事件，建立渤海海洋环境预警机制和突发事件应对机制；维护渤海海峡区域航运水道交通安全，开展渤海海峡跨海通道研究。在黄海海域，要求优化利用深水港湾资源，建设国际、国内航运交通枢纽，发挥成山头等重要水道功能，保障海洋交通安全；稳定近岸海域、长山群岛海域传统养殖用海面积，加强重要渔业资源养护，建设现代化海洋牧场，积极开展增殖放流，加强生态保护；合理规划江苏沿岸围垦用海，高效利用淤涨型滩涂资源；科学论证与规划海上风电布局。在东海海域，要求充分发挥长江口和海峡西岸区域港湾、深水岸线、航道资源优势，重点发展国际化大型港口和临港产业，强化国际航运中心区位优势，保障海上交通安全；加强海湾、海岛及周边海域的保护，限制湾内填海和填海连岛；加强重要渔场和水产种质资源保护，发展远洋捕捞，促进渔业与海洋生态保护的协调发展；加强东海大陆架油气矿产资源的勘探开发；协调海底管线用海与航运、渔业等用海的关系，确保海底管线安全。在南海海域，要求加强海洋资源保护，严格控制北部沿岸海域特别是河口、海湾海域围填海规模，加快以海岛和珊瑚礁为保护对象的保护区建设，加强水生野生动物保护区和水产种质资源保护区建设；加强重要海岛基础设施建设，推进南海渔业发展，开发旅游资源；开展海洋生物、油气矿产资源调查和深海科学技术研究，推进南海海洋资源的开发和利用；开展琼州海峡跨海通道研究。

该区划同时也制定了保障实施的政策措施。这些实施保障措施包括以下七个方面：①发挥区划的整体性、基础性和约束性作用，强化海洋功能区划自上而下的控制性作用，加强海洋功能区划实施的部门协调，从严控制海洋功能区划的修改，编制实施海洋综合规划和专项规划。②全面提高海域使用管理水平，审批项目用海，必须以海洋功能区划为依据，严格执行建设项目用海预审制度，实施差别化的海域供给政策，完善海域权属管理制度。③创新和加强围填海管理，科学编制全国围填海计划，严格执行围填海计划，加强对集中连片围填海的管理，严格依照法定权限审批围填海项目，加强对围填海项目选址、平面设计的审查。④强化海洋环境保护和生态建设，坚持陆海统筹的发展理念，切实发挥海洋功能区划对海洋开发活动的控制作用，限制高耗能、高污染、资源消耗型产业在沿海布局，禁止利用新建项目使污染物排放转嫁进入海洋；各类海洋功能区应按照国家相关标准，明确海洋环境保护要求和具体管理措施，严格执行海洋功能区环境质量标准；大力推进海洋保护区网络建设，实施海洋保护区规范化建设和管理，海洋保护区周边的海洋开发活动不得影响保护区环境质量和保护区的完整性；切实保护海洋水生生物资源，保护渔业可持续发展。⑤加强区划实施的基础建设，推进海域管理科技创新与队伍建设，完善海域管理从业人员上岗认证和机构资质认证制度，切实提高海域管理技术和管理人才的专业素养，开展海域海岸带综合整治。⑥建立覆盖全部管辖海域的动态监管体系，全面推进国家、省、市、县四级海域动态监视监测体系建设，加强海洋行政执法和监督检查，加大对中国管辖海域开展巡航监视力度。⑦完善保障区划实施的法律制度和体制机制，按照全面推进依法行政、建设法治政府的要求，抓紧制定和修订相关法律法规，为海洋功能区划的实施提供更加完备、有效的法制保障；沿海县级以上地方人民政府要高度重视海洋功能区划的编制和实施工作，加强海洋管理队伍建设，严格实行行政责任追究制度；加强海洋意识宣传，为实施海洋功能区划营造良好的社会环境。

根据国务院要求，《全国海洋功能区划（2011—2020 年）》由国家海洋局会同有关部门和沿海各省、自治区、直辖市人民政府组织实施。目前，沿海省级海洋功能区划已经全面实施，一些省份正在组织开展新一轮修编。为落实好该区划，有关部门和各沿海地方要科学制订围填海计划并纳入国民经济和社会发展计划，严格执行建设项目用海预审和审批制度。要建立全覆盖、立体化、高精度的海洋综合管控体系，不断完善海域管理的体制机制，加大海洋执法监察力度，整顿和规范海洋开发利用秩序。

（2）编制海洋主体功能区规划

海洋国土空间在全国主体功能区中具有特殊性，相关部门专门编制了全国海洋主体功能区规划，作为全国主体功能区规划的重要组成部分。2015 年 8 月，国务院批准实施了《全国海洋主体功能区规划》，这标志着中国主体功能区战略和规划实现了陆域国土空间和海洋国土空间的全覆盖。

该规划是推进形成海洋主体功能区布局的基本依据，是海洋空间开发的基础性和约束性规划。编制该规划的主要目的是：①加快海洋经济发展方式转变，促进结构优化升级。海洋空间开发模式不合理是海洋过度开发和不可持续的重要原因。中国海洋开发还处于粗放型阶段，海洋产业多以资源开发和初级产品生产为主，"重规模，轻质量"的海洋经济发展方式，导致海洋产业结构低质化、海洋经济布局趋同化。高消耗的能源重化工产业向滨海集聚的趋势明显，围填海规模不断增加，海洋生态环境压力越来越大。因此，通过明确不同海域的主体功能定位和发展方向，有利于把加快转变经济发展方式和调整优化经济结构的要求落实到具体海洋空间上。②促进海洋空间协调发展，提高海洋资源开发能力。目前，中国绝大部分海洋开发利用活动发生在近岸海域，可利用岸线、滩涂空间和浅海生物资源日趋减少，近岸过度开发问题突出，但深远海开发不足的问题也比较突出。这不仅关系到海洋空间的可持续开发利用，也关系到中国海洋发展的未来。因此，在调整优化近岸海域开发模式的同时，在专属经济区和大陆架及其他管辖海域，培育发展若干资源条件优越、环境承载能力强的重点开发区域，促进深远海海洋资源勘探开发和部分边远岛礁及其周边海域开发，有利于促进海洋空间协调发展、提高海洋资源开发能力。③建设海洋生态文明，增强海洋可持续发展能力。中国近岸海域污染总体形势严峻，受全球气候变化、不合理开发活动等影响，近岸海域生态功能退化，海洋生态灾害频发，典型海洋生态系统受损严重，部分岛屿特殊生境难以维系。在推进形成海洋主体功能区过程中，一方面引导海洋开发活动向发展条件好的区域适度集聚，使集聚程度与资源环境承载能力相适应；另一方面，对传统海洋渔场、海洋各类保护区等涉及海洋生态安全的敏感区域进行保护，限制或禁止进行大规模高强度集中开发活动和对海洋生态环境有较大影响的沿岸开发活动，有利于进一步推动海洋生态文明建设、增强海洋可持续发展能力。

海洋主体功能区的形成,立足中国海洋空间的自然状况,坚持科学的海洋空间开发导向,遵循海洋经济发展规律,与海洋资源环境承载能力相适应。依据的基本理念包括:①符合海洋可持续开发利用的理念。不同海洋空间的自然状况不同,其资源环境承载力也不同。开发不当或过度开发导致的海洋生态损害需要较长时间才能恢复,甚至难以恢复。因此,要坚持敬畏、尊重和顺应自然,根据不同海域的自然属性和海洋资源环境承载力,科学确定不同海域的主体功能,控制海洋空间开发强度,合理安排开发内容、开发方式及开发时序,实现海洋可持续发展。②明确不同海域主体功能的理念。海洋开发具有多宜性,同一海域按照自然属性会有多种功能,也可以有多种开发方向,但必有一种主体功能。明确不同海域的主体功能,并据以确定发展的主体内容和主要任务,避免因主次功能不分带来的不良结果。符合主体功能定位或与主体功能相协调的功能可作为该主体功能区的次要或其他功能。同时,要根据主体功能定位配置公共资源,完善法律法规和政策,综合运用各种手段,引导开发主体根据不同海域的主体功能定位,进行控制或有序开发。③优化海洋空间布局的理念。海洋空间是滨海地区经济发展的载体。海洋空间布局调整对转变海洋经济发展方式、优化海洋资源配置、提高战略资源储备等具有重要作用。目前中国近海开发强度和规模已经很大,但深远海开发不足,不同沿海地区海洋产业结构趋同现象严重。要引导产业注重海洋生态效益,优化和规范近海开发活动,在坚持可持续开发理念的前提下,优先开展和重点支持深远海开发活动。④调控海洋开发强度的理念。中国高强度开发主要集中在海岸带城镇区、工业区、港口及其周边海域,大面积的海域利用包括海水养殖区、传统渔场、海洋保护区等,要以保障水产品安全供给或提供生态服务功能为主,严格控制开发强度和捕捞强度，必要时实施禁止性开发措施。即使适宜进行围填海、港口建设等高强度集中开发活动的海域，也要根据资源环境承载能力进行严格的生态环境评估，控制和减少对周边海域生态环境的负面影响。⑤强化海洋生态功能的理念。随着人们对生活质量要求的不断提高，对海洋生态环境的需求与日俱增，包括自然优美的海洋景观、舒适宜人的海洋气候等。近年来中国滨海地区不合理的海洋开发活动，已经导致海洋生态功能退化。必须坚持以人为本，把改善海洋生态环境作为提高居民生活质量的重要内容，把保障和增强海洋生态服务能力作为蓝色国土空间开发的重要任务，为子孙后代保留更多的自然海洋美景。

"主体功能区"就是强调一定的国土空间单元具有多种功能，主体功能虽然并不排斥其他从属功能，但必有一种主体功能。如重点生态功能区以提供生态产品为主体功能，但也可以适当从事资源开发和旅游开发等活动。该规划依据资源环境承载能力、现有开发强度和未来发展潜力，将海洋主体功能区按开发内容分为产业与城镇建设、农渔业生产、生态环境服务三种主体功能。产业与城镇建设功能主要是为产业和城镇建设提供空间和资源；农渔业生产功能主要是提供海洋水产品；生态环境服务功能主要是提供生活娱乐休闲的环境、保护生物多样性、调节气候、释氧固碳等。

该规划将中国海洋空间划分为优化开发、重点开发、限制开发和禁止开发四类区域。四类区域是基于不同海域的资源环境承载能力、现有开发强度和未来发展潜力，以是否适宜或如何进行高强度集中开发为基准划分的。①优化开发区域是指现有开发利用强度较高，资源环境约束较强，产业结构急需调整和优化的海域。该区域主要集中在海岸带地区，承载了绝大部分海洋开发活动，海洋生态环境问题日益突出，海洋资源供给压力较大，必须优化海洋开发活动，加快海洋经济发展方式的转变。②重点开发区域是指在沿海经济社会发展中具有重要地位，发展潜力较大，资源环境承载能力较强，可以进行高强度集中开发的海域。该区域包括国家批准的沿海区域规划所确定的用于城镇建设、港口和临港产业发展、海洋资源勘探开发、海洋重大基础设施建设的海域。高强度集中开发活动大多会改变海域的自然属性，或给海洋自然环境带来难以恢复的影响，因此应严格控制其规模和面积。③限制开发区域是指以提供海洋水产品为主要功能的海域，包括用于保护海洋渔业资源和海洋生态功能的海域。在该区域必须限制高强度的集中开发活动，但允许开展有利于提高海洋渔业生产能力和生态服务功能的开发活动。④禁止开发区域是指对维护海洋生物多样性、保护典型海洋生态系统具有重要作用的海域，包括海洋自然保护区、领海基点所在岛礁等。在该区域除法律法规允许的活动外，禁止其他开发活动。

该规划对中国已明确公布的38万平方千米的内水和领海的主体功能区进行了划分。其中，将渤海湾、长江口及其两翼、珠江口及其两翼、北部湾、海峡西部以及辽东半岛、山东半岛、苏北、海南岛附近海域列为优化开发区域；将城镇建设用海区、港口和临港产业用海区、海洋工程和资源开发区列为重点开发区域；将海洋渔业保障区、海洋特别保护区和海岛及其周边海域列为限制开发区域；将各级各类海洋自然保护区、领海基点所在岛礁等列为禁止开发区域。该规划同时还对中国专属经济区和大陆架及其他管辖海域进行了主体功能区划分。其中，将资源勘探开发区、重点边远岛礁及其周边海域列为重点开发区域；将除重点开发区域以外的其他海域列为限制开发区域。

此外，该规划还通过政策保障和规划实施与绩效评价来完善保障措施。在政策保障方面，通过财政政策、投资政策、产业政策、海域政策和环境政策对海洋主体功能区政策支撑体系进行完善，形成适用于海洋主体功能定位与发展方向的利益导向机制。在规划实施与绩效评价方面，由沿海省级人民政府负责编制省级海洋主体功能区划，并开展规划环境影响评价；国务院各有关部门负责落实保障政策，制定实施细则和具体措施；国家发展改革委负责规划实施的监督指导工作，并会同国家海洋局加快监测评估系统建设，对各类海洋主体功能区进行全面监测分析；国家海洋局负责会同有关部门对规划编制、政策制定、实施效果进行评价分析，定期形成评估报告并按程序向国务院报告。

该规划提出，到 2020 年主体功能区布局基本形成之时，形成"一带九区多点"海洋开发格局、"一带一链多点"海洋生态安全格局、以传统渔场和海水养殖区等为主体的海洋水产品保障格局、储近用远的海洋油气资源开发格局。具体内容是：①构建"一带九区多点"海洋开发格局。以海岸带为主要载体，调整优化由辽东半岛海域、渤海湾海域、山东半岛海域、苏北海域、长江口及其两翼海域、海峡西部海域、珠江口及其两翼海域、北部湾海域、海南岛海域九区组成的近岸海域空间布局，保障国家沿海发展战略所确定的重点城市、重点产业和重大基础设施建设的有效实施，形成中国海洋开发战略格局。②构建"一带一链多点"海洋生态安全格局。努力保护北起鸭绿江口，南到北仑河口，纵贯中国内水和领海、专属经济区和大陆架全部海域的生态环境，形成蓝色生态屏障；以遍布全海域的海岛链和各类保护区为支撑，加强沿海防护林体系建设，以保护和修复滨海湿地、红树林、珊瑚礁、海草床、潟湖、入海河口、海湾、海岛等典型海洋生态系统为主要内容，构建海洋生态安全格局。③构建以传统渔场和海水养殖区等为主体的海洋水产品保障格局。

以中国传统渔场、近岸养殖区和水产种质资源保护区为基础，控制近海捕捞强度，规范发展海水养殖，构建覆盖中国管辖海域、与生物多样性保护紧密结合的海洋水产品生产和供应保障格局。④构建储近用远的海洋油气资源开发格局。确保海洋生态环境安全和战略资源储备，合理控制近海油气资源开发规模，支持专属经济区和大陆架油气资源的勘探与开发，建设深远海海洋战略资源接续区，推进形成"储近用远"的海洋油气资源开发格局。

为落实该规划各项政策措施，有关部门对财税、投资、产业、海域和环境等政策进行进一步研究，制定实施细则和具体措施。沿海地方也结合自身实际，研究编制省级海洋主体功能区规划。同时，做好规划实施的监督指导，加快监测评估系统建设，对各类海洋主体功能区的功能定位、发展方向、开发和管制原则等落实情况进行全面监测分析，加强对规划实施过程中政策制定和实施效果的评价分析。

全国海洋主体功能区规划（节选）

三、内水和领海主体功能区

我国已明确公布的内水和领海面积 38 万平方公里，是海洋开发活动的核心区域，也是坚持陆海统筹、实现人口资源环境协调发展的关键区域。

（一）优化开发区域。包括渤海湾、长江口及其两翼、珠江口及其两翼、北部湾、海峡西部以及辽东半岛、山东半岛、苏北、海南岛附近海域。

该区域的发展方向与开发原则是，优化近岸海域空间布局，合理调整海域开发规模和时序，控制开发强度，严格实施围填海总量

控制制度；推动海洋传统产业技术改造和优化升级，大力发展海洋高技术产业，积极发展现代海洋服务业，推动海洋产业结构向高端、高效、高附加值转变；推进海洋经济绿色发展，提高产业准入门槛，积极开发利用海洋可再生能源，增强海洋碳汇功能；严格控制陆源污染物排放，加强重点河口海湾污染整治和生态修复，规范入海排污口设置；有效保护自然岸线和典型海洋生态系统，提高海洋生态服务功能。

辽东半岛海域。包括辽宁省丹东市、大连市、营口市、盘锦市、锦州市、葫芦岛市毗邻海域。加快建设大连东北亚国际航运中心，优化整合港口资源，打造现代化港口集群。开展渔业资源增殖放流和健康养殖，加强辽河口、大连湾、锦州湾等海域污染防治，强化陆源污染综合整治。

渤海湾海域。包括河北省秦皇岛市、唐山市、沧州市和天津市毗邻海域。优化港口功能与布局，推动天津北方国际航运中心建设。积极推进工厂化循环水养殖和集约化养殖。加快海水综合利用、海洋精细化工业等产业发展，控制重化工业规模。保护水产种质资源，开展海岸生态修复和防护林体系建设。加强海洋环境突发事件监视监测和海洋灾害应急处置体系建设，强化石油勘探开发区域监测与评价，提高溢油事故应急能力。

山东半岛海域。包括山东省滨州市、东营市、潍坊市、烟台市、威海市、青岛市、日照市毗邻海域。强化沿海港口协调互动，培育现代化港口集群。加快发展海洋新兴产业。建设具有国际竞争力的滨海旅游目的地。开展现代渔业示范建设。推进莱州湾、胶州湾等海湾污染治理和生态环境修复。有效防范赤潮、绿潮等海洋灾害对海洋环境的危害。

苏北海域。包括江苏省连云港市、盐城市毗邻海域。有序推进连云港港口建设，提升沿海港口服务功能。统筹规划海上风电建设。以海州湾、苏北浅滩为重点，扩大海洋牧场规模，发展工厂化、集约化生态养殖。加快建设滨海湿地海洋特别保护区，建成我国东部沿海重要的湿地生态旅游目的地。

长江口及其两翼海域。包括江苏省南通市、上海市和浙江省嘉兴市、杭州市、绍兴市、宁波市、舟山市、台州市毗邻海域。整合长三角港口资源，推动港口功能调整升级，发展现代航运服务体系，提高上海国际航运中心整体水平。发展生态养殖和都市休闲渔业。控制临港重化工业规模。严格落实长江经济带及长江流域相关生态环境保护规划，加大长江中下游水环境治理力度。加强杭州湾、长江口等海域污染综合治理和生态保护。严格海洋倾废、船舶排污监管，加强海洋环境监测，完善台风、风暴潮等海洋灾害预报预警和防御决策系统。

海峡西部海域。包括浙江省温州市和福建省宁德市、福州市、莆田市、泉州市、厦门市、漳州市毗邻海域。推进形成海峡西岸现代化港口群。发挥海峡海湾优势，建设两岸渔业交流合作基地。突出海洋生态和海洋文化特色，扩大两岸旅游双向对接。加强沿海防护林工程建设，构建沿岸河口、海湾、海岛等生态系统与海洋自然保护区条块交错的生态格局。完善海洋灾害预报预警和防御决策系统。

珠江口及其两翼海域。包括广东省汕头市、潮州市、揭阳市、汕尾市、广州市、深圳市、珠海市、惠州市、东莞市、中山市、江门市、阳江市、茂名市、湛江市（滘尾角以东）毗邻海域。构建布局合理、优势互补、协调发展的珠三角现代化港口群。发展高端旅游产业，加强粤港澳邮轮航线合作。加快发展深水网箱养殖，加强渔业资源养护及生态环境修复。严格控制入海污染物排放，实施区域污染联防机制。加强海洋生物多样性保护，完善伏季休渔和禁渔期、禁渔区制度。健全海洋环境污染事故应急响应机制。

北部湾海域。包括广东省湛江市（滘尾角以西）和广西壮族自治区北海市、钦州市、防城港市毗邻海域。构建西南现代化港口群。积极推广生态养殖，严格控制近海捕捞强度，合理开发渔业资源。依托民俗文化特色，发展具有热带气候、沙滩海岛、边关风貌和民族风情的特色旅游。推动近岸海域污染防治，强化船舶污染治理。加强珍稀濒危物种、水产种质资源及沿海红树林、海草床、河口、海湾、滨海湿地等保护。

海南岛海域。包括海南岛周边及三沙海域。加大渔业结构调整力度，实施捕养结合，加快海洋牧场建设。加强海洋水产种质资源保存和选育。有序推进海岛旅游观光，提高休闲旅游服务水平。完善港口功能与布局。严格直排污染源环境监测和入海排污口监管。加强红树林、珊瑚礁、海草床等保护。

（二）重点开发区域。包括城镇建设用海区、港口和临港产业用海区、海洋工程和资源开发区。

该区域的发展方向与开发原则是，实施据点式集约开发，严格控制开发活动规模和范围，形成现代海洋产业集群；实施围填海总量控制，科学选择围填海位置和方式，严格围填海监管；统筹规划港口、桥梁、隧道及其配套设施等海洋工程建设，形成陆海协调、安全高效的基础设施网络；加强对重大海洋工程特别是围填海项目的环境影响评价，对临港工业集中区和重大海洋工程施工过程实施严格的环境监控。加强海洋防灾减灾能力建设。

城镇建设用海区，是指拓展滨海城市发展空间，可供城市发展和建设的海域。城镇建设用海应符合海洋功能区划、防洪规划和城市总体规划等，坚持节约集约用海原则，提高海域使用效能和协调性，增强海洋生态环境服务功能，提高滨海城市堤防建设标准，做好海洋防灾减灾工作。

港口和临港产业用海区，是指港口建设和临港产业拓展所需海域。港口和临港产业用海应满足国家区域发展战略要求，合理布局，促进临港产业集聚发展。控制建设规模，防止低水平重复建设和产业结构趋同化。严格环境准入，禁止占用和影响周边海域旅游景区、自然保护区、河口行洪区和防洪保留区等。

海洋工程和资源开发区，是指国家批准建设的跨海桥梁、海底隧道等重大基础设施以及海洋能源、矿产资源勘探开发利用所需海域。海洋工程建设和资源勘探开发应认真做好海域使用论证和环境影响评价，减少对周围海域生态系统的影响，避免发生重大环境污染事件。支持海洋可再生能源开发与建设，因地制宜科学开发海上风能。

（三）限制开发区域。包括海洋渔业保障区、海洋特别保护区和海岛及其周边海域。

该区域的发展方向与开发原则是，实施分类管理，在海洋渔业保障区，实施禁渔区、休渔期管制，加强水产种质资源保护，禁止开展对海洋经济生物繁殖生长有较大影响的开发活动；在海洋特别保护区，严格限制不符合保护目标的开发活动，不得擅自改变海岸、海底地形地貌及其他自然生态环境状况；在海岛及其周边海域，禁止以建设实体坝方式连接岛礁，严格限制无居民海岛开发和改变海岛自然岸线的行为，禁止在无居民海岛弃置或者向其周边海域倾倒废水和固体废物。

海洋渔业保障区。包括传统渔场、海水养殖区和水产种质资源保护区。我国沿海有传统渔场 52 个，覆盖我国管辖海域的绝大部分。海水养殖区主要分布在近岸海域，面积约 2.31 万平方公里。我国现有海洋国家级水产种质资源保护区 51 个，面积 7.4 万平方公里。在传统渔场，要继续实行捕捞渔船数量和功率总量控制制度，严格执行伏季休渔制度，调整捕捞作业结构，促进渔业资源逐步恢复和合理利用；加强重要渔业资源保护，开展增殖放流，改善渔业资源结构。在海水养殖区，要推广健康养殖模式，推进标准化建设；发展设施渔业，拓展深水养殖，推进以海洋牧场建设为主要形式的区域综合开发。加强水产种质资源保护区建设和管理，在种质资源主要生长繁殖区，划定一定面积海域及其毗邻岛礁，用于保障种质资源繁殖生长，提高种群数量和质量。

海洋特别保护区。我国现有国家级海洋特别保护区 23 个，总面积约 2859 平方公里。加强海洋特别保护区建设和管理，严格控制开发规模和强度，集约利用海洋资源，保持海洋生态系统完整性，提高生态服务功能。在重要河口区域，禁止采挖海砂、围填海等破坏河口生态功能的开发活动；在重要滨海湿地区域，禁止开展围填海、城市建设开发等改变海域自然属性、破坏湿地生态系统功能的开发活动；在重要砂质岸线，禁止开展可能改变或影响沙滩自然属性的开发建设活动，岸线向海一侧 3.5 公里范围内禁止开展采挖海砂、围填海、倾倒废物等可能引发沙滩蚀退的开发活动；在重要渔业海域，禁止开展围填海及可能截断洄游通道等开发活动。适度发展渔业和旅游业。

海岛及其周边海域。加强交通通信、电力供给、人畜饮水、污水处理等设施建设，支持可再生能源、海水淡化、雨水集蓄和再生水回用等技术应用，改善居民基本生产、生活条件，提高基础教育、公共卫生、劳动就业、社会保障等公共服务能力。发展海岛特色经济，合理调整产业发展规模，支持渔业产业调整和结构优化，因地制宜发展生态旅游、生态养殖、休闲渔业等。保护海岛生态系统，维护海岛及其周边海域生态平衡。对开发利用程度较高、生态环境遭受破坏的海岛，实施生态修复。适度控制海岛居住人口规模，对发展成本高、生存环境差的边远海岛居民实施易地安置。加强对建有导航、观测等公益性设施海岛的保护和管理。充分利用现有科技资源，在具有科研价值的海岛建立试验基地。从事科研活动，不得对海岛及其周边海域生态环境造成损害。

（四）禁止开发区域。包括各级各类海洋自然保护区、领海基点所在岛礁等。

该区域的管制原则是，对海洋自然保护区依法实行强制性保护，实施分类管理；对领海基点所在地实施严格保护，任何单位和个人不得破坏或擅自移动领海基点标志。

海洋自然保护区。我国现有国家级海洋自然保护区34个，总面积约1.94万平方公里。在保护区核心区和缓冲区内不得开展任何与保护无关的工程建设活动，海洋基础设施建设原则上不得穿越保护区，涉及保护区的航道、管线和桥梁等基础设施经严格论证并批准后方可实施。在保护区内开展科学研究，要合理选择考察线路。对具有特殊保护价值的海岛、海域等，要依法设立海洋自然保护区或扩大现有保护区面积。

领海基点所在岛礁。我国已公布94个领海基点。领海基点在有居民海岛的，应根据需要划定保护范围；领海基点在无居民海岛的，应实施全岛保护。禁止在领海基点保护范围内从事任何改变该区域地形地貌的活动。

四、专属经济区和大陆架及其他管辖海域主体功能区

我国专属经济区和大陆架及其他管辖海域划分为重点开发区域和限制开发区域。

（一）重点开发区域。包括资源勘探开发区、重点边远岛礁及其周边海域。该区域的开发原则是，加快推进资源勘探与评估，加强深海开采技术研发和成套装备能力建设；以海洋科研调查、绿色养殖、生态旅游等开发活动为先导，有序适度推进边远岛礁开发。

资源勘探开发区。选择油气资源开采前景较好的海域，稳妥开展勘探、开采工作。加快开发研制深海及远程开采储运成套装备。

加强天然气水合物等矿产资源调查评价、勘探开发科研工作。

重点边远岛礁及周边海域。加快码头、通信、可再生能源、海水淡化、雨水集聚、污水处理等设施建设。开展深海、绿色、高效养殖，建立海洋渔业综合保障基地。根据岛礁自然特点，开辟特色旅游路线，发展生态旅游、探险旅游、休闲渔业等旅游业态。加强海洋科学实验、气象观测、灾害预警预报等活动，建设观测、导航等设施。

（二）限制开发区域。包括除重点开发区域以外的其他海域。该区域的开发原则是，适度开展渔业捕捞，保护海洋生态环境。

在黄海、东海专属经济区和大陆架海域加快恢复渔业资源。在南海海域适度发展捕捞业，鼓励和支持我国渔民在传统渔区的生产活动。加强对经济鱼类产卵场、索饵场、越冬场和洄游区域的保护，加强西沙群岛水产种质资源保护区管理。适时建立各类保护区，维护海洋生物多样性和生态系统完整性。

表4-3 《全国海洋功能区划(2011—2020年)》划分的八类海洋功能区

海洋功能区	含义	种类	分布及范围	管控要求
农渔业区	适于拓展农业发展空间和开发海洋生物资源，可供农业围垦、渔港和育苗场等渔业基础设施建设，以及重要渔业品种养护的海域	农业围垦区	江苏、上海、浙江及福建沿海	(1) 农业围垦要控制规模和用途，严格按照围填海计划和自然淤涨情况科学安排用海。(2) 渔港及远洋基地建设应合理布局，节约集约用海。(3) 确保传统养殖用海稳定，支持集约化海水养殖和现代化海洋牧场发展。(4) 加强海洋水产种质资源保护，严格控制重要水产种质资源产卵场、索饵场、越冬场及洄游通道内各类用海活动，筑坝以及妨碍鱼类洄游保护区的其他活动。(5) 防治海水养殖污染，防范外来物种入侵，保持海洋生态系统结构与功能的稳定。(6) 农业围垦区、养殖区、增殖区执行不劣于二类海水水质标准，捕捞区、水产种质资源保护区执行不劣于一类海水水质标准。
		渔业基础设施区	国家中心渔港、一级渔港和远洋渔业基地	
		养殖区	黄海北部、长山群岛周边、辽东湾、冀东、黄河口至莱州湾、烟台(台)海、威海近海、江苏海域、舟山群岛、闽浙沿海、粤东、北部湾、海南岛周边粤西、等海域	
		增殖区	福射沙洲、	
		捕捞区	渤海、舟山、石岛、吕泗、珠江外、闽中、闽南—台湾浅滩、江口、北部湾及东沙、西沙、中沙、南沙等渔场	
		水产种质资源保护区	双台子河口、莱州湾、黄河口、海州湾、乐清湾、台井洋、海陵湾北部海域、东海陆架区、西沙岛礁附近等海域	
港口航运区	适于开发利用港口航运资源，可供港口、航道和锚地建设的海域	港口区	大连港、营口港、秦皇岛港、唐山港、天津港、烟台港、青岛港、日照、连云港港、南通港、上海港、宁波—舟山港、温州港、福州港、厦门港、汕头港、深圳港、广州港、珠海港、湛江港、海口港、北部湾港等	(1) 深化港口岸线资源整合，优化港口布局，合理控制港口建设规模和节奏，重点安排全国沿海主要港口的用海。(2) 堆场、码头等集约利用岸线及临港配套设施建设用围填海应集约高效利用岸线和海域空间。(3) 维护沿海主要港口、航运水道和锚地水域功能，保障航运安全。

海洋功能区	含义	种类	分布及范围	管控要求
港口航运区	适于开发利用港口航运资源，可供港口、航道和锚地建设的海域	航道区	渤海海峡（包括老铁山水道、长山水道等），成山头附近海域、台湾海峡、长江口、琼州海峡、珠江口、舟山群岛海域等	（4）港口的岸线利用、集疏运体系等要与港口城市总体规划做好衔接。 （5）港口建设应减少对海洋水动力环境、岸滩及海底地形地貌的影响，防止海岸侵蚀。 （6）港口区执行不劣于四类海洋水质标准。 （7）航道、锚地和邻近水下野生动植物保护区、水产种质资源保护区等海洋生态敏感区的港区执行不劣于现状的港区海洋水质标准。
		锚地区	重点港口和重要航运水道周边邻近海域	
工业与城镇用海区	适于发展临海工业与城镇建设海域，包括工业用海区和城镇用海区	工业与城镇用海区	沿海大、中城市和重要港口毗邻海域	（1）工业和城镇建设围填海应做好与整治规划、城乡规划、河口防洪与综合整治规划等的衔接，突出节约集约用海原则，合理控制规模，提高海域空间资源的整体使用效能。 （2）优先安排国家级综合配套改革试验区、经济技术开发区、高新技术产业开发区、循环经济示范区等的用海需求。 （3）重点安排国家产业政策鼓励、资源消耗型工业项目用海。 （4）在适宜的海域，采取离岸、人工岛式围填海，减少对海洋水动力环境、岸滩及海底地形地貌的影响，防止海岸侵蚀。 （5）工业用海区应落实环境保护措施，严格实行污水达标排放，避免工业生产造成海洋环境污染，新建核电站、石化等危险化学品项目应远离人口密集的城镇。 （6）城镇用海区应保障社会公益项目用海，维护公众亲海需求，加强自然岸线和海岸景观的保护，营造宜居的海岸生态环境。 （7）工业与城镇用海区执行不劣于三类海洋水质标准。

海洋功能区	含义	种类	分布及范围	管控要求
矿产与能源区	适于开发利用海上矿产资源，可供油气等勘探、开采作业，以及盐田和可再生能源开发利用的海域	油气区	渤海湾盆地（海上）、北黄海盆地、南黄海盆地、东海盆地、台西盆地、台西南盆地、珠江口盆地、莺歌海盆地、北部湾盆地、琼东南盆地，南海南部沉积盆地等油气资源富集的海域	(1) 重点保障油气资源勘探开发的用海需求，支持海洋可再生能源开发利用。(2) 遵循深水远海开发布局原则，科学论证规划与海上风电，促进海上风电与其他产业协调发展。(3) 禁止在海洋保护区、侵蚀岸段、防护林区以及邻海水产种质资源产卵场、索饵场和越冬场等海域开采海砂资源，防止海砂开采破坏重要水产种质资源产卵场、索饵场、越冬场。(4) 严格执行海洋油气勘探、开采中的环境管理要求，防范海上溢油等海洋突发环境污染事件。(5) 油气区执行不劣于四类海水水质标准，固体矿产区执行不劣于二类海水水质标准，盐田和可再生能源区执行不劣于二类海水水质标准。
		固体矿产区		
		盐田区	辽东湾、长芦、莱州湾、淮北等盐业产区	
		可再生能源区	浙江、福建和广东等近海重点潮汐能的波浪能区，广东、浙江舟山群岛（龟山水道）、辽宁大三山岛、福建沙群岛附近海域的温差能区，以及海岸和近海风能分布区	
旅游休闲娱乐区	适于开发利用滨海和海上旅游资源，可供旅游景区开发和海上文体娱乐活动场所建设的海域	风景旅游区	沿海国家级风景名胜区、国家级旅游度假区、国家5A级旅游景区、国家级地质公园、国家级森林公园等的毗邻海域及其他旅游资源丰富的海域	(1) 旅游休闲娱乐区开发建设要合理控制规模，优化空间布局；严格利用海岸线、海湾、海岛等重要旅游资源；有序落实生态环境保护措施，保护沙滩资源和海岛，避免旅游活动对海洋生态环境造成影响。(2) 保障现有海岸城市生活用海和旅游娱乐用海，禁止非公益性设施占用公共海洋资源。(3) 开展城镇周边海域整治修复，形成新的旅游休闲娱乐区。(4) 旅游休闲娱乐区执行不劣于二类海水水质标准。
		文体休闲娱乐区		

续表

海洋功能区	含义	种类	分布及范围	管控要求
海洋保护区	专供海洋资源、环境和生态保护的海域	海洋自然保护区	鸭绿江口、辽东半岛西部、双台子河口、渤海湾、黄河口、山东半岛东北、苏北、长江口、杭州湾、舟山群岛、浙闽沿岸、珠江口、雷州半岛、北部湾、海南岛周边等邻近海域	(1) 依据国家有关法律法规进一步加强现有海洋保护区管理，严格限制保护区内影响、干扰海洋对象的用海活动，保护、维持、恢复、改善海洋生态环境和生物多样性，保护自然景观。 (2) 加强海洋特别保护区管理。 (3) 在海洋生物濒危、海洋生态系统典型、海洋地理条件特殊、海洋资源丰富的近海、远海和群岛海域，新建一批海洋自然保护区和海洋特别保护区，进一步增加海洋保护区面积。 (4) 近期拟选划为海洋保护区的海域应禁止开发建设。 (5) 逐步建立类型多样、布局合理、功能完善的海洋保护区网络体系，促进海洋生态保护与周边海域开发利用的协调发展。 (6) 海洋自然保护区执行不劣于一类海水水质标准，海洋特别保护区执行各使用功能相应的海水水质标准。
		海洋特别保护区		
特殊利用区	供其他特殊用途使用的海域	包括用于海底管线铺设、路桥建设、污水达标排放、倾倒等的特殊利用区		(1) 在海底管线、跨海路桥和隧道适用海范围内严禁建设其他永久性建筑物，从事海上活动必须保护好海底管线、道路桥梁和海底隧道。 (2) 合理选划一批海洋倾倒区、港口、河口航道建设和排放的疏浚物倾倒区，重点保护国家大中型港口、河口航道建设和排放的疏浚物倾倒需要。 (3) 对于污水达标排放和倾倒区周边海，要加强监测、监视和检查，防止对周边功能区环境质量严重产生影响。

续表

海洋功能区	含义	种类	分布及范围	管控要求
保留区	为保留海域后备空间资源，专门划定的在区划期限内限制开发的海域	包括由于经济社会因素暂时尚未开发利用或不宜开发利用的海域，限于科技手段等因素目前难以利用的海域，以及从长远发展角度应当予以保留的海域		(1)保留区应加强管理，严禁随意开发。确需改变海域自然属性进行开发利用的，应首先修改省级海洋功能区划，并按程序报批。 (2)保留区执行不劣于现状的海水水质标准。

表4-4 《全国海洋功能区划（2011—2020年）》划分海区及其主要功能

海区	重点海域	范围	主要功能	区域开发重点
渤海	辽东半岛西部海域	大连老铁山角至营口大清河口毗邻海域	渔业、港口航运、工业与城镇用海和旅游休闲娱乐	旅顺西部至金州湾沿岸重点发展滨海旅游、观保护与建设，适度发展滨海城镇建设，加强海岸景观保护与建设，维护海岸生态和城镇宜居环境；普兰店湾重点发展滨海港口航运和建设，开展海湾综合整治，维护海湾生态环境；长兴岛至营口北部重点发展港口南部海域发展装备制造，节约集约利用海域和岸线资源；瓦房店营口等海域综合整治海域，开展滨海旅游、渔业等产业，开展营口白沙湾口沙滩综合整治，推动现代海洋产业升级；仙人岛至大清河口海域保障港口航运用海，推动现代海洋产业升级；区域近海近岛屿周边海域加强保护邻近海的自然保护区等海洋保护区的建设与管理。
	辽河三角洲海域	营口大清河口至锦州小凌河口毗邻海域	海洋保护、矿产与能源开发、渔业	双台子河、大凌河口区域重点加强海洋保护区建设与管理，维护滩涂湿地自然生态系统，改善近岸生态系统，改善近岸海域水质，底质和生物环境质量，养护修复海翅碱蓬湿地生态系统；辽东湾顶部按照生态环境优先原则，稳步推进油气资源勘探开发和配套海域工业装备制造，并协调用海的关系，渔业用海以东海域适度发展海域工业建设，完善海洋服务功能；大辽河口附近及其东海域加强渔业资源发展功能；凌海海盆山浅海区域实施渔业资源总量控制制度。区域实施陆源污染物排海总量控制制度，改善各类海洋环境质量。

续表

海区	重点海域	范围	主要功能	区域开发重点
	辽西冀东海域	锦州小凌河口至唐山滦河口毗邻海域	旅游休闲娱乐、海洋保护、工业与城镇用海	锦州白沙湾、葫芦岛至菊花岛、龙湾至菊花岛，绥中西部，北戴河至昌黎等海域重点发展滨海旅游，维护六股河、滦河、滦河口等河口海域和典型砂质海岸区自然生态，严格限制建设用围填海，禁止岸水下沙滩采砂，积极开展砂质海岸的养护与修复。北戴河、绥中西部、绥中、秦皇岛南部海域，昌黎黄金海岸等重点海域建设滨海城镇，山海关至昌黎新开口海域建设滨海浴场风景海岸自然地貌，防止城镇建设破坏海岸海洋风景区海域环境质量安全。
渤海	渤海湾海域	唐山滦河口至冀鲁海域分界毗邻海域	港口航运、工业与城镇用海、矿产与能源开发	天津港、唐山港、黄骅港及周边港口等发展海上工业与航运。唐山曹妃甸新区、天津滨海新区、沧州渤海新区等区域积极维护、区域积极发展滩涂湿地、大港滨海湿地等滨海工业与港口区海洋环境治理，加强临海工业与港口区海洋生态系统、黄骅古贝天津古贝壳堤、唐山乐亭古石白坨诸多海洋湿地及浅海生态环境，积极推进多类海洋保护区壳堤、唐山乐亭古贝壳堤区规划与建设。稳定提高盐业、渔业等传统海洋资源利用效率，黄骅古贝壳堤区海洋保护地生态系统整治修复，提高海岸景观质量和滨海城镇区生态宜居水平。实施污染物总量控制制度，改善海洋环境质量。
	黄河口与山东丰岛西北部海域	冀鲁海域分界至山东半岛蓬莱角西北部海域	海洋保护、农渔业、旅游休闲娱乐、工业与城镇用海	黄河口海域主要发展海洋保护和重要海洋渔业，加强以国家重要湿地、国家地质公园、海洋特别保护区、国家级海洋生态建设为核心的海洋自然保护区、黄河入海口、国家级海洋生态建设以及重要水产种质资源保护区等典型地质保护古贝壳堤、大港滨海湿地。汉沽滨海湿地及浅海生态服务功能，促进生态环境改善，严格工业化工业限制开发滨州、东营、潍坊北部、莱州、龙口特色临港工业和高污染、高能耗维护生物多样性，维护海洋生物资源，发展滨海湿地旅游、海洋渔业，重点保护三山岛、风能等海洋生态型海洋保护产业，加强水产种质资源保护，重点保护三山岛防洪和防洪蓄滞相协调，黄河口至区域海洋开发应与黄河口地区域集中海洋旅游、海洋渔业，加强黄河三角洲滨海湿地，莱州湾海域北部蓬莱岛及成山角发展滨海旅游航运功能。开展黄河三角洲滨海湿地，加强黄河口滨海湿地，改善海洋群岛长山岛毗邻海域资源开发，区域实施污染物排海总量控制制度，莱州湾海域综合整治与修复。改善海洋环境质量。

海区	重点海域	范围	主要功能	区域开发重点
渤海	渤海中部海域	渤海中部	矿产与能源开发、渔业、港口航运	西南部、东北部海域重点发展油气资源勘探开发，协调好油气勘探、开采用海与航运用海之间的关系。区域积极探索风能、潮流能等可再生能源和海砂等矿产资源的调查、勘探与开发。合理利用渔业资源，开展重要渔业品种的增殖和恢复。加强海域生态环境质量监测，防治海洋环境灾害和灾害事件。
	辽东半岛东北部海域	丹东鸭绿江口至大连老铁山角毗邻海域	渔业、旅游休闲娱乐、港口航运、工业与城镇用海和海洋保护	鸭绿江口至大洋河口、城山头、老铁山附近海域重点发展旅游，维护鸭绿江口与大洋河口滨海湿地生态系统，长山群岛海洋生态系统，维护海岛生态系统，协调海岛旅游、滨海旅游与海岛保护；大连市南部海域主要发展海岸景观保护和滨海旅游，推动现代海洋城镇建设，保障海上交通运输安全；大东港西部海域，大东港现代海镇和现代化海洋港口航运、花园口、大小窑湾、大服务产业升级发展，重点发展滨海城镇和现代化海城连湾顶部老虎滩子湾、老虎滩大连湾等海洋生态系统。修复青堆子湾、大连湾等海洋生态系统。维护城山头、金石滩、大连湾大窑湾海域、小窑湾至大孤山沿海城镇、加强近岸海域环境保护与治理，大连湾综合整治。
黄海	山东半岛东北部海域	蓬莱角至威海成山头毗邻海域	渔业、港口航运、旅游休闲娱乐和海洋保护	蓬莱角至平畅河海域重点发展滨海旅游、海洋渔业；奈子湾至北部湾、芝罘湾海域主要发展滨海旅游与现代海洋渔业。烟台市区至成山头海域主要发展滨海旅游，烟台至威海近岸海域应协调海洋开发秩序，维护近岸山头水道，调整海湾近岸砂质海岸和采砂开采用海活动。区域重点保护严格禁止海砂开采、基岩海岸和现代化海洋港口维护刘公岛等海岸生态系统，重点保护双岛湾等海域综合整治。开发芝罘列岛、崆峒列岛、长岛、依岛、牟平海岸、千里岩岛等海洋生态系统，威海湾、乳山海湾、养马岛、刘公岛、金山岛等；成山头、金山港、庄河海等。
	山东半岛南部海域	威海成山头至苏鲁海域分界毗邻海域	海洋保护、旅游休闲娱乐、港口航运和工业与城镇用海	成山头至五垒岛湾海域主要发展海洋渔业，荣成近岸海域发展港口滨设和滨海旅游开发，适度发展临海工业；五垒岛湾至日照海域主要发展临海设和沙滩旅游岸业，建设生态宜居型海城镇，海湾等生态系统保护，千里岩岛等海洋岸，加强胶州湾等海湾自然保护区内自然保护区禁止破坏岩礁海岸、沙滩、旅游岸线，建设；青岛西南部，刘公岛等海洋生态系统保护，日照南部合理发展港口航运等海洋生物自然保护区，日照南部合理发展港口航运，开展石岛湾、丁字湾、胶州湾等海湾综合整治。

续表

海区	重点海域	范围	主要功能	区域开发重点
黄海	江苏沿岸海域	江苏省连云港、盐城和南通三市的毗邻海域	海洋保护、港口航运、工业与城镇用海、农渔业、矿产与能源开发	海州湾和灌河口以北海域重点依托连云港发展港口航运业，集聚布局滨海工业、城镇用海区和旅游休闲娱乐区，港口和临港工业；射阳河口至射阳港口和航运、工业；灌河口以南至启东角和辐射沙洲海域协调发展海水养殖与可再生能源开发等。区域加强海洋滩涂开发与管理，盐城丹顶鹤、麋鹿、斑海豹等海洋资源、大丰麋鹿、渔场水产种质资源等保护区建设与管理，实施射阳河口至东灶港浓涿岸段，吕泗渔场、黄河三角洲和东灶港至高桥港岸段的海岸侵蚀修复制度，改善海洋环境质量。废黄河三角洲和东灶港浓涿岸段，区域实施污染物排海总量控制。染物排海总量控制度，改善海洋环境质量。
黄海	黄海陆架海域	长山群岛以南，山东半岛和苏北海域外侧的陆架平原	海洋矿产与能源利用和海洋生态环境保护	本区应积极开展浅海和浅海陆架油气资源的勘探开发，合理开发渔业资源。积极推进黄海海洋生态系统的保护，加强对重要水产种质资源、索饵场、产卵场、越冬场和洄游通道的保护，扩大对虾和洄游性鱼类的增殖放流规模。
东海	长江三角洲及舟山群岛海域	长江口、杭州湾和舟山群岛毗邻海域	港口航运、渔业、海洋保护和旅游休闲娱乐	长江口毗邻海域重点发展以上海港为核心的港口航运服务业及海洋先进制造业，注重长江口航道维护，保障航运安全，适度开展农业、海岛开发，协调港口航运、河道整治与其他海洋开发活动的关系。杭州湾、宁波一舟山群岛港区发展港口航运业、临港工业，推进海岛开发，长江口北支海洋旅游和海洋渔业，支持浙江舟山海洋新区建设、推进海岛开发，长江口北支、九段沙湿地、五峙山、韭山列岛、东海带鱼气等矿产资源的勘探、开采。加强崇明东滩鸟类、杭州湾金山三岛、海岛和舟山渔场生态河口湿地，长江口中华鲟、保护河口、湿地、海岛、海湾，海岛和舟山渔场生态水产种质资源保护区建设，开展近岸受损湿地生态与修复，改善海洋环境环境，开展重点受损近岸湿地生态与修复，改善海洋环境质量。制度，改善海洋环境质量。

续表

海区	重点海域	范围	主要功能	区域开发重点
东海	浙中南海域	台州、温州毗邻海域	渔业、港口航运、工业与城镇用海	台州湾至乐清湾海域主要发展港口航运和临港产业,适度进行难涂围垦,建设滨海城镇,因地制宜开发海洋能,加强滨海湿地保护和鹿列岛、渔山列岛等海洋保护区建设;瓯江口至浙闽交界海域主要发展港口航运业和海洋旅游业,适度进行难涂围垦的保护与开发,积极发展近岸海岛旅游和滨海旅游,重点做好海岛资源的保护与开发,应注意重维护近岸海岛特色景观,保护海洋活动,恢复温台渔场、鱼山渔场,严格限制沿海重要渔场,温台渔场、鱼山渔场的围填海和受损岸岛生态系统。区域实施海洋污染物总量控制制度,改善海洋环境质量。
	闽东海域	闽浙交界至福州黄岐半岛的毗邻海域	海洋保护、工业与城镇用海和渔业	沙埕港至晴川湾海域主要发展渔业、工业与城镇,保护红树林生态系统和海洋珍稀水生生物,因地制宜开发海洋能;福宁湾海域主要发展渔业、三沙湾海域主要发展港口航运和临港工业、海水养殖、海洋保护等,罗源湾海域主要发展港口航运和临港工业。区内应严格控制围填海湾内围填海,节约集约用海,注重重要水产种质资源的保护。
	闽中海域	福州黄岐半岛至湄洲湾南岸的毗邻海域	工业与城镇用海和海洋保护	黄岐半岛到湄洲湾海域主要发展港口航运,工业与城镇,海水养殖,海洋保护区建设,因地制宜开发海洋能,保护和修复闽江口滨海湿地生态系统,长乐海蚌资源、平潭中国鲎自然保护区生态系统贝壳堤等生态系统;兴化湾海域主要发展港口航运和临港工业,合理开发港口和滨海旅游资源,加强湄洲岛海岛生态和滨海旅游资源的保护。
	闽南海域	湄洲湾南岸至闽粤海域分界的毗邻海域	港口航运、旅游休闲娱乐、渔业、工业与城镇用海	泉州湾海域主要以港口航运、海洋保护为主,旅游和海洋保护区建设及毗邻海域主要发展港口航运,滨海临港工业;泉州湾河口湿地建设,厦门及沿海重要港口航运,以厦门市为核心,积极发展滨海旅游和海洋文化旅游,支持海峡西岸城市群发展,以厦门口海洋珍稀物种,九龙江口红树林为核心以大力发展海岛特色旅游业,临港工业,东山岛为核心重要海洋生态系统,保护区建设,重点保护厦门湾交界厦门海域主要以发展海洋渔业,重点保护九龙江口红树林,以来屿列岛,东山珊瑚礁,东山珊瑚礁等海洋生态系统,改善海洋环境质量。区域实施海洋污染物排放总量控制制度,重点控制海洋排放量。

续表

海区	重点海域	范围	主要功能	区域开发重点
东海	东海陆架海域	上海、浙江、福建以东专属经济区和大陆架海域	海洋矿产与能源利用和海洋渔业资源利用	区域重点加强油气资源和浅海砂矿资源勘探开发，建设东海油气资源开采基地，加强传统渔业资源的恢复区资源合理利用，重点加强上升流区，鱼类产卵场、索饵场等重要渔业生态系统保护与管理。加强海洋环境监测，防止溢油等海洋环境灾害发生和发生。维护重要国际航运和海底管线水道和设施安全。
	台湾海峡海域	（略）		
	粤东海域	汕头、潮州、揭阳、汕尾等市毗邻海域	海洋保护、渔业、工业与城镇用海、港口航运	大埕湾至柘林湾重点发展渔业、港口航运，保护大埕湾中华白海豚和西施舌种质资源及海洋生态系统；南澳海域重点发展旅游业，维护海岛及周边海域的生物多样性，保护海岛自然属性，保护南澎列岛，勒门列岛及周边海域的生物多样性，港口航运，维持牛田洋、漯江等海域的水动力方案件和防洪纳潮能力；海门湾至神泉重点发展渔业、港口航运，工业与城镇，重点保护中国龙虾和中华乌贼产卵场，碣石湾至广澳重点发展渔业、保护碣石湾红海湾珊瑚礁生态系统，保护碣石海马资源，严格保护沿海礁盘生态多样性，海洋石碑山角领海基点、港口航运，维护南汇聚流海洋生态系统，维持海洋生态环境和生物多样性。
南海	珠江三角洲海域	广州、深圳、珠海、东莞、中山、江门毗邻海域	港口航运、工业与城镇用海、海洋保护、渔业和旅游休闲娱乐	大亚湾至大鹏湾重点海洋保护、港口航运，旅游休闲娱乐，重点保护红树林珊瑚礁及海龟等生物资源，保护针头岩头领海基点，清洁能源利用等重点，工业与城镇，旅游休闲娱乐，以及珊瑚礁岛领海基点，重点保护中华白海豚，狮子洋等海洋生物资源，狮子洋两岸严格控制填海造地，珠江口外至担杆列岛领海基点及领海基点，重点保护中华白海豚，保障防洪泄洪渔业，港口航运，旅游休闲娱乐，珠江口至上升流区产资源勘测，工业与城镇，渔业，黄茅海至广海重点海洋产资源勘测，重点安排横琴海岛，磨刀门至黄茅海等油气勘探开发，保护中华白海豚及周边海域红树林海草等生态系统；重点保护大帆石领海基点，保护中华白海豚及周边海域的整治修复。发展规划用海，工业与城镇，渔业，区域加强对海岸、海湾及周边海域污染物排海总量控制制度，改善海洋环境质量。

141

续表

海区	重点海域	范围	主要功能	区域开发重点
南海	粤西海域	阳江、茂名、湛江毗邻海域及涠洲岛	海洋保护、渔业、港口航运	海陵湾重点发展渔业、港口航运、海洋草床等海洋生态系统，重点保护临海工业用海需求，保障临海大树岛龙虾种质资源，博贺湾至水东湾重点保护海草床生态系统，围绕鸡笼海域发展现代化渔港中心渔港，保护博贺湾沿海礁盘生态系统和红树林文昌鱼自然资源；水东湾至湛江湾重点综合发展，港及临海产业湾的综合发展，保护湛江主根组港至临海产业沿海礁盘生态系统发展，保护东海岛海草床生态系统，涠洲岛周边海域红树林湿地生态，文昌鱼种资源的修复，保护东海岛附近海草床资源，重点保护至英罗港全港生态系统，开展海洋保护，保障海草床等生态系统；雷州湾，重点保护和修复红树林、渔业用海发展，渔草等海床污染物总量控制，重点保护白蝶贝、儒艮等生物资源，区域实施海洋污染物排海总量控制制度。中华白海豚，改善海洋环境质量。
	桂东海域	桂粤交界至大风江毗邻海域以及涠洲岛—斜阳岛周边海域	港口航运、旅游、休闲娱乐、保护和渔业、海洋	铁山港湾重点发展港口航运、临海工业，保护山口红树林和合浦儒艮生态系统及马氏珠母贝，方格星虫等重要水产种质资源；北海近岸海域重点发展旅游休闲娱乐，保障现有港口资源，开展银滩及其周工业基地发展，保护大珠海域近岸港口资源；廉州湾邻海域综合整治，滨海旅游和珊瑚礁生态系统，加强海岛资源勘探开与城镇，涠洲岛—斜阳岛油气资源，港口航运重点保护珊瑚礁生态系统，发展海岛旅游，区域实施海岸污染物排海总量控发和渔业资源开发，开展海域海岸带海洋质量。制度，改善海洋环境质量。
	桂西海域	大风江至中越边界毗邻海域	海洋保护、渔业、工业与城镇用海	大风江海湾重点保护红树林生态系统，保护中华白海豚，茅尾海域重点海洋生态和近江壮蛎水产种质资源，保障滨海新区建设，茅尾海开展滨海旅游，钦州湾外综合整治，重点发展港口航运和发展茅尾海旅游休闲娱乐；三娘湾海洋生态资源的综合利用；三娘湾海域重点发展旅游，珍珠湾防城港，推进渔业资源，江山半岛南部海域重点海洋生态整治；钦州湾外侧与滨海休闲娱乐，开展防城港口海域综合整治；江山半岛重点海洋渔业与滨海旅游，保护红树林生态系统以及北仑河口海域重要水产种质资源，开展京族三岛和北仑河口北岸的综合整治。

续表

海区	重点海域	范围	主要功能	区域开发重点
南海	海南岛东北部海域	海口市、临高县、澄迈市、文昌市和万宁市毗邻海域	港口航运、旅游、休闲娱乐、渔业	海口、文昌、澄迈、临高海洋渔业，优化传统港口航运和滨海旅游，加快发展新兴临海产业及河口区域围海造地，控制泻湖港湾养殖规模，严格限制珊瑚和临高和临海海洋保护，保护红树林生态系统和临海渔业；琼海、万宁海域主要发展滨海旅游，农渔业和远洋渔业，重点做好以博鳌为中心的滨海旅游相关产业开发，发展生态渔业和远洋渔业，发展潭门渔业基地建设，文昌麒麟菜、清澜港红树林和大洲岛生态系统保护。
	海南岛西南部南海海域	陵水县、三亚市、东方市、昌江县、儋州市毗邻海域	旅游休闲娱乐、渔业、海洋保护、矿产与能源开发	三亚、陵水和乐东海域主要发展滨海旅游和生态保护，优先安排海南国际旅游岛旅游用海，打造世界级热带滨海旅游城市，带动周边旅游产业发展。东方、昌江、儋州海域主要保护三亚红树林、珊瑚礁、海草床等海洋生态系统，入所港白蝶贝和临海洋牧场建设，推进临港产业发展以及油气资源勘探开发，重点发展港口航运与渔业，积极开发临港产业，发展远洋捕捞，保护北部湾海域琵琶鹭和儋州红树林海洋生态系统以及传统海洋产业升级改造，建设一批高标准旅游用海旅游，加速传统渔业生产布局，交通基础设施建设，提升海洋服务功能。
	南海北部海域	广东、广西、海南毗邻海域，至北纬18度附近的海域	矿产与能源开发、渔业、海洋保护	区域重点加强江口盆地，琼东南盆地、莺歌海盆地、北部湾盆地油气资源勘探开发，加强渔业资源利用和养护，加强水产种质资源保护区建设，保护重要海洋生态系统和海域生态环境。
	南海中部海域	南海中部	传统渔业利用区、海草床生态系统发育区	区域重点加强渔业资源的勘探开发，油气、交通、渔业等基础设施建设，开发海岛旅游，合理开发海岛旅游资源、珊瑚礁岛资源利用和养护，加强水产种质资源开发，加强海岛、珊瑚礁岛资源，合理开发西沙群岛珊瑚礁自然保护区。重点保护珊瑚礁一七连屿珊瑚岛礁旅游区，建设珊瑚礁海草床等生态系统保护。
	南海南部海域	南海南部	(略)	重点开展海洋渔业资源利用和养护，扶持发展热带岛礁渔业养殖，加强珍稀濒危野生动植物自然保护区和重要海洋种质资源保护区建设，保护珊瑚礁等海岛生态系统。
台湾以东海区	台湾以东海域	(略)	(略)	

143

（二）加强自然生态空间用途管制

2017年为加强自然生态空间保护，推进自然资源管理体制改革，健全国土空间用途管制制度，促进生态文明建设，按照《生态文明体制改革总体方案》要求，国土资源部会同国家发展改革委、财政部、环境保护部、住房和城乡建设部、水利部、农业部、国家林业局、国家海洋局、国家测绘地理信息局9个部门，研究制定了《自然生态空间用途管制办法（试行）》。其中，第二章第九条指出，国家在土地、森林、草原、湿地、水域、岸线、海洋和生态环境等调查标准基础上，制定调查评价标准，以全国土地调查成果、自然资源专项调查和地理国情普查成果为基础，按照统一调查时点和标准，确定生态空间用途、权属和分布。

（三）建立并完善国家公园制度

2015年5月8日，国务院批转国家发展改革委《关于2015年深化经济体制改革重点工作的意见》并提出，在9个省份开展"国家公园体制试点"。国家发展改革委同中央编办、财政部、国土部、环境保护部、住房和城乡建设部、水利部、农业部、国家林业局、国家旅游局、国家文物局、国家海洋局、法制办13个部门联合印发了《建立国家公园体制试点方案》。其中，对于明晰资源归属，该方案提出结合全民所有自然资源资产管理体制改革，对试点区内的水流、森林、山岭、草原、荒地、滩涂等自然生态空间进行统一确权登记。探索将试点区全民所有的自然资源资产委托给已经明确的管理机构负责保护和运营管理。

在此基础上，2017年9月26日，中共中央办公厅、国务院办公厅印发了《建立国家公园体制总体方案》，其中明确指出，国家公园是指由国家批准设立并主导管理，边界清晰，以保护具有国家代表性的大面积自然生态系统为主要目的，实现自然资源科学保护和合理利用的特定陆地或海洋区域。该方案第三部分要求建立统一事权、分级管理体制。其中第九条指出应分级行使所有权,按照自然资源统一确权登记办法,国家公园可作为独立自然资源登记单元,依法对区域内的水流、森林、山岭、草原、荒地、滩涂等所有自然生态空间统一进行确权登记。划清全民所有和集体所有之间的边界,划清不同集体所有者的边界,实现归属清晰、权责明确。该方案第六部分要求构建社区协调发展制度。其中第十八条指出要健全生态保护补偿制度。建立健全森林、草原、湿地、荒漠、海洋、水流、耕地等领域生态保护补偿机制,加大重点生态功能区转移支付力度,健全国家公园生态保护补偿政策。鼓励受益地区与国家公园所在地区通过资金补偿等方式建立横向补偿关系。加强生态保护补偿效益评估,完善生态保护成效与资金分配挂钩的激励约束机制,加强对生态保护补偿资金使用的监督管理。鼓励设立生态管护公益岗位,吸收当地居民参与国家公园保护管理和自然环境教育等。

四、建立空间规划体系

为贯彻落实党的十八届五中全会关于以主体功能区规划为基础统筹各类空间性规划、推进"多规合一"的战略部署,深化规划体制改革创新,建立健全统一衔接的空间规划体系,提升国家国土空间治理能力和效率,在市县"多规合一"试点工作基础上,2017 年 1 月 9 日,中共中央办公厅、国务院办公厅印发了《省级空间规划试点方案》。其中明确要求国家层面成立由国家发展改革委牵头的试点工作部际协调机制,成员由国家发展改革委、国土资源部、环境保护部、住房和城乡建设部、水利部、国家林业局、国家海洋局、国家测绘地理信息局等部门组成。各有关部门要在前一阶段工作基础上,统一思想、齐心协力、积极配合、密切协作,确保试点工作顺利进行。各试点省份党委和政府要高度重视,加强对试点工作的组织领导，建立健全相关工作机制，按照中央统一部署精心组织、细化方案，扎实高效推进各项工作。

五、完善资源总量管理和全面节约制度

在完善资源总量管理和全面节约制度方面，中国海洋生态文明制度建设主要围绕湿地保护、围填海管控、解决海洋督察暴露问题、海岸线保护与管理、渤海生态环境保护以及生态保护红线划定等方面进行建设与完善。在湿地保护方面，2016年国务院通过了《湿地保护修复制度方案》，同年，国家海洋局印发《关于加强滨海湿地管理与保护工作的指导意见》；在围填海管控方面，2017年国家海洋局、国家发展和改革委员会及国土资源部发布了《围填海管控办法》，同年，国家海洋局印发《贯彻落实〈围填海管控办法〉的指导意见》，并组建了第一批国家海洋督察组，开展以围填海为重点的专项督察，国务院则于2018年发布了《关于加强滨海湿地保护严格管控围填海的通知》；在海岸线保护与管理方面，国家海洋局于2017年出台了《海岸线保护与利用管理办法》，对全国及沿海各省、自治区、直辖市的自然岸线保有率目标做出了规定；在渤海生态环境保护方面，2017年国家海洋局印发了《关于进一步加强渤海生态环境保护工作的意见》；在生态保护红线划定方面，2017年，环境保护部办公厅与国家发展改革委办公厅、中共中央办公厅与国务院办公厅相继印发了《生态保护红线划定指南》和《关于划定并严守生态保护红线的若干意见》，就划定并严守生态红线提出了意见与要求。

（一）加强滨海湿地保护与修复

滨海湿地是中国海洋生态系统的重要组成部分，对促进沿海地区社会经济发展、保护生物多样性及应对气候变化具有重要支撑作用。湿地在涵养水源、净化水质、蓄洪抗旱、调节气候和维护生物多样性等方面

发挥着重要功能，是重要的自然生态系统，也是自然生态空间的重要组成部分。湿地保护是生态文明建设的重要内容，事关国家生态安全，事关经济社会可持续发展，事关中华民族子孙后代的生存福祉。多年来，各级海洋部门在滨海湿地管理与保护方面开展了大量工作，取得了一定成效。但由于长期以来对滨海湿地重要性认识不足、管理与保护措施缺乏针对性，滨海湿地管理与保护水平仍有待提高。

为加快建立系统完整的湿地保护修复制度，根据中共中央、国务院印发的《中共中央　国务院关于加快推进生态文明建设的意见》和《生态文明体制改革总体方案》要求，2016年11月国务院通过了《湿地保护修复制度方案》。该方案要求，全面贯彻落实党的十八大和十八届三中、四中、五中、六中全会精神，深入学习贯彻习近平总书记系列重要讲话精神，紧紧围绕统筹推进"五位一体"总体布局和协调推进"四个全面"战略布局，牢固树立创新、协调、绿色、开放、共享的发展理念，认真落实党中央、国务院决策部署，深化生态文明体制改革，大力推进生态文明建设。建立湿地保护修复制度，全面保护湿地，强化湿地利用监管，推进退化湿地修复，提升全社会湿地保护意识，为建设生态文明和美丽中国提供重要保障。

该方案指出，应坚持生态优先、保护优先的原则，维护湿地生态功能和作用的可持续性；坚持全面保护、分级管理的原则，将全国所有湿地纳入保护范围，重点加强自然湿地、国家和地方重要湿地的保护与修复；坚持政府主导、社会参与的原则，地方各级人民政府对本行政区域内湿地保护负总责，鼓励社会各界参与湿地保护与修复；坚持综合协调、分工负责的原则，充分发挥林业、国土资源、环境保护、水利、农业、海洋等湿地保护管理相关部门的职能作用，协同推进湿地保护与修复；

坚持注重成效、严格考核的原则，将湿地保护修复成效纳入对地方各级人民政府领导干部的考评体系，严明奖惩制度。

该方案针对完善湿地分级管理体系、实行湿地保护目标责任制、健全湿地用途监管机制、建立退化湿地修复制度、健全湿地监测评价体系、完善湿地保护修复保障机制等方面，提出应由国家林业局、国土资源部、环境保护部、水利部、农业部、国家海洋局等按职责分工负责，地方各级人民政府落实。

同年，为进一步加大滨海湿地管理与保护工作力度，提升滨海湿地管护水平，切实履行海洋行政主管部门的职责，落实国家关于划定并严守生态保护红线的有关要求，2016 年国家海洋局印发《关于加强滨海湿地管理与保护工作的指导意见》，提出要"全面提升我国滨海湿地管理与保护能力和水平，健全滨海湿地空间规划体系，明确滨海湿地的生产、生活、生态空间开发管制界限，落实用途管制、海洋功能区划和海洋生态红线制度。科学划定红树林、珊瑚礁、海岛、海湾、入海河口以及鸟类关键栖息地、重要水生生物的自然产卵场、繁殖场、索饵场等具有典型性、代表性的滨海湿地生态系统的生态红线，分类实施严格管控措施，力争到 2020 年，实现对典型代表滨海湿地生态系统的有效保护；新建一批国家级、省级及市县级滨海湿地类型的海洋自然保护区、海洋特别保护区（海洋公园）；开展受损湿地生态修复，修复恢复滨海湿地总面积不少于 8500 公顷"。

该意见指出了各级海洋部门在加强滨海湿地管理与保护工作方面的4 项主要任务：加强重要自然滨海湿地保护、开展受损滨海湿地生态系统恢复修复、严格滨海湿地开发利用管理、加强滨海湿地调查监测。该意见还从加强组织领导、完善科技支撑、加强执法监管、加大资金投入、开展公众教育五个方面对完善保障措施做出了要求。

关于加强滨海湿地管理与保护工作的指导意见（节选）

三、主要任务

（一）加强重要自然滨海湿地保护。加强重要自然滨海湿地保护、扩大湿地保护面积是当前滨海湿地管理与保护工作的首要任务。要通过建立海洋自然保护区、海洋特别保护区（海洋公园）等形式，将当前亟须保护的重要滨海湿地纳入保护范围，实行严格有效的保护。2017年12月底前，有关省级海洋部门要将辽宁大凌河口湿地、河北黄骅湿地、天津大港湿地、江苏如东湿地、浙江瓯江口湿地、福建东山湿地、广东大鹏湾湿地等选划建立为国家级海洋自然保护区、海洋特别保护区（海洋公园）。同时，各省海洋部门根据本地滨海湿地实际情况，选划建立一批地方级海洋自然保护区或海洋特别保护区（海洋公园），并于2017年12月底前报国家海洋局备案。对暂不具备条件划建保护区的，也要因地制宜，通过纳入海洋生态红线区范围等方式，对生态地位重要的滨海湿地进行抢救性保护。

对已经建立保护区的滨海湿地，在围绕主要保护对象开展管护工作的基础上，要加强滨海湿地生态系统管理与保护，采取有力措施强化对典型湿地生态系统、珍稀物种栖息地及迁徙洄游通道、经济物种索饵及繁殖区等生态环境敏感区域的有效保护，提高保护区综合管护能力。

（二）开展受损滨海湿地生态系统恢复修复。坚持自然恢复为主，与人工修复相结合的方式，按照先急后缓、突出重点、因地制宜、综合防治的原则，对集中连片、破碎化严重、功能退化的自然

湿地进行恢复修复和综合整治。坚持陆海统筹、河海兼顾，实施入海污染物总量控制。加强流域综合整治和沿海城镇截污、治污力度，通过源头控制改善滨海湿地环境质量。结合"蓝色海湾"综合治理、"南红北柳"湿地修复等重大工程，逐步恢复或改善滨海湿地生态系统的结构和功能，维持湿地生态系统健康。加强对修复工程实施区域的跟踪监测和效果评价，确保取得实效。

（三）严格滨海湿地开发利用管理。加强滨海湿地资源开发利用的监督管理。严格控制征占用滨海湿地的围填海工程，实施围填海总量控制制度，禁止在重要水生生物的自然产卵场、繁殖场、索饵场和鸟类栖息地进行围填海活动。

对于涉及滨海湿地的开发活动，要坚持科学论证、规范使用，在环境影响报告书中要专门分析工程建设对滨海湿地生态系统的影响，明确生态保护修复和补偿方案，提出加强工程对滨海湿地影响跟踪监测和后续评估的有关措施。

（四）加强滨海湿地调查监测。开展重要滨海湿地专项调查，针对重要滨海湿地生态系统和生物多样性优先保护区域，开展潜在生态风险评价；在依托现有海洋监测站点的基础上，进一步优化滨海湿地重点监控点位布局，提升滨海湿地监测能力；建立滨海湿地资源数据库，建立集监测、监控、管理等为一体的多功能滨海湿地综合管理平台，全面掌握我国滨海湿地的动态变化。

四、保障措施

（一）加强组织领导。各级海洋行政管理部门要依据《中华人民共和国海洋环境保护法》《中华人民共和国海域使用管理法》等法律法规的有关要求，把滨海湿地管理与保护纳入重要议事日程，科学开展滨海湿地保护，制定并落实滨海湿地管护的监管机制、考核机制、责任追究机制。

（二）完善科技支撑。加强滨海湿地保护与修复科学研究，开展恢复修复关键技术攻关。完善滨海湿地保护标准体系，制定滨海湿地类型保护区的建设和管理、湿地恢复修复和效果评价、湿地开发利用的生态影响评价及生态补偿等相关标准。

（三）加强执法监管。加大滨海湿地执法监管力度，严肃查处开（围）垦、填埋、排干湿地，超标排放污染物等随意侵占和破坏滨海湿地行为。要开展专项执法，对随意侵占、破化滨海湿地的情况进行检查，发现未经批准擅自开工建设的，应立即责令停止违法行为，并要求采取补救措施，努力恢复滨海湿地的自然属性和生态特征；造成滨海湿地生态严重破坏的，要依法追究责任并开展海洋生态损害索赔。

（四）加大资金投入。建立稳定长效的资金投入机制，加大海域使用金返还用于滨海湿地保护与修复的支持力度；鼓励引导企业和民间资本投入滨海湿地保护，建立多渠道、多元性、市场化的投融资机制；完善生态补偿机制，建立以政府为主体，开发者、受益者与保护者市场化补偿相结合的多元化补偿模式。

（五）开展公众教育。动员社会各界力量参与滨海湿地保护。把保护滨海湿地生态环境的法律法规和科学知识，纳入沿海各级政府干部轮训的重要内容；建立一批滨海湿地科普教育基地、大学生野外实习培训基地；结合"世界海洋日"等宣传活动，加大滨海湿地保护宣传力度；建立滨海湿地生态环境保护的网站，畅通公众参与渠道，鼓励公民、社会团体、企业等对滨海湿地管理与保护建言献策，接受社会公众对滨海湿地管理与保护的监督。

（二）强化围填海管控

为贯彻落实《中共中央　国务院关于加快推进生态文明建设的意见》《中共中央　国务院关于印发〈生态文明体制改革总体方案〉的通知》要求，加强和规范围填海管理，严格控制围填海总量，促进海洋资源可持续利用，2017年国家海洋局、国家发展和改革委员会及国土资源部发布了《围填海管控办法》。

该办法针对中国内水、领海范围内的围填海活动，具体是指筑堤围割海域并最终填成陆域的用海活动。该办法要求"按照保护优先、适度开发、陆海统筹、节约利用的原则，坚持依法治海、生态管海，对围填海活动实施有效管控，严格控制围填海活动对海洋生态环境的不利影响，实现围填海的经济效益、社会效益、生态效益相统一"，指出应由"国家海洋局定期组织开展海域使用统计，编制海域使用管理公报，公布围填海相关统计数据；省级海洋行政主管部门每季度将本辖区内海域使用审批情况、围填海计划执行情况、重大围填海项目施工情况，以及项目投资额度、预期新增就业岗位、预期产值利税等指标上报国家海洋局"。同时，该办法要求，在围填海问题上要严格控制总量、依法科学配置、集约节约利用并进行监督检查。

同年，国家海洋局印发《贯彻落实〈围填海管控办法〉的指导意见》和《贯彻落实〈围填海管控办法〉的实施方案》。该指导意见与实施方案是为深入贯彻实施《围填海管控办法》，落实围填海管控各项任务，到2020年实现围填海管控目标而制定的。

该指导意见指出，要充分发挥海洋主体功能区在推动海洋生态文明建设中的基础性作用和构建国家海洋空间治理体系中的关键性作用。加大海洋生态系统和环境保护力度，优化围填海空间布局，全面促进海域资源集约节约利用，切实加强海洋监督检查、督察追责，大力推进海洋经济绿色发展、循环发展、低碳发展。该指导意见提出了"坚持保护优先、节约优先，坚持绿色发展、转型升级，坚持改革创新、突出重点"三个原则，要求科学设定海洋资源消耗上限、海洋环境质量底线、海洋生态保护红线，严格限制海域资源开发活动，贯彻生态用海、生态管海理念，整体谋划海域空间，加强海域资源保护。

围填海管控办法（节选）

第二章 严格控制总量

第五条 国家定期组织开展海域资源基础调查，掌握海域自然条件、环境状况和开发利用现状，综合考虑海域和陆域资源环境承载力、工程技术条件、经济可行性和围填海项目的实施情况等因素，建立围填海总量控制目标和年度计划指标测算技术体系，科学确定海洋功能区划实施期限内全国围填海的适宜区域和总量控制目标。

第六条 编制省级海洋功能区划时，应根据全国围填海的适宜区域和总量控制目标，在与土地利用总体规划衔接的基础上，确定本省（自治区、直辖市）区划期内围填海总量控制目标，对围填海的规模、布局和时序提出严格的管制措施。

第七条 国家发展改革委会同国家海洋局以自然岸线保护要求、围填海总量控制目标为基础，依据国民经济和社会发展规划纲要、海洋主体功能区规划、海洋功能区划，结合相关行业规划和国防安全、地方经济发展需要，制订全国围填海五年计划。

第八条 国家海洋局根据全国围填海五年计划和经济社会发展、国防安全实际需要，提出全国围填海年度计划方案建议，并经征求

国土资源部和军队有关部门意见，送国家发展改革委。

国家发展改革委根据国家宏观调控和经济社会发展、国防安全的总体要求，经综合平衡后形成全国围填海年度计划草案，并按程序纳入国民经济和社会发展年度计划体系。全国围填海年度计划指标包括中央年度计划指标和地方年度计划指标。

第九条　全国围填海年度计划指标实行约束性管理，不得擅自突破。

围填海计划的编报、下达、执行、监督考核，按国家发展改革委会同国家海洋局制定的现行管理办法执行。

第三章　依法科学配置

第十条　围填海应当严格落实生态保护红线的管控要求。禁止在重点海湾、海洋自然保护区、水生生物自然保护区、水产种质资源保护区的核心区、海洋特别保护区的重点保护区及预留区、重点河口区域、重要滨海湿地、重要砂质岸线及沙源保护海域、特殊保护海岛及重要渔业海域实施围填海；严格限制在生态脆弱敏感区、自净能力差的海域实施围填海。

第十一条　围填海项目应当符合国家产业结构调整指导目录和国防安全、海洋产业发展政策要求。

重点保障国家重大基础设施、国防安全、重大民生工程和国家重大战略规划用海；优先支持海洋战略性新兴产业、绿色环保产业、循环经济产业发展和海洋特色产业园区建设用海。

禁止限制类、淘汰类项目和产能严重过剩行业新增产能项目用海；限制高耗能、高污染、高排放产业项目用海。

第十二条 沿海省(自治区、直辖市)人民政府应严格依照法定程序和权限审批围填海项目用海,严禁违反法定审批权限,将单个建设项目用海化整为零、拆分审批。

鼓励通过市场化方式出让围填海项目的海域使用权。经营性用海项目有两个或者两个以上用海意向人的,原则上应当通过招标、拍卖等市场化方式出让海域使用权。

第十三条 围填海项目应当依法编制海域使用论证报告和海洋环境影响报告。

海域使用论证应当重点对项目用海的必要性、海洋功能区划及相关规划符合性、开发利用协调性、用海选址、方式和面积合理性、自然岸线占用等进行综合分析,提出海域使用管控措施。

海洋环境影响报告应当重点就项目用海对海洋环境、海洋资源、邻近海域功能和其他开发利用活动可能造成的影响等进行综合分析、预测和评估,提出生态保护恢复措施。

第十四条 围填海项目审批过程中,海洋行政主管部门应当通过用海公示等方式,充分听取公众意见,接受社会监督,配合所在地人民政府做好利益相关者协调工作。

第四章 集约节约利用

第十五条 根据围填海总量控制和集约节约利用的原则,对在一定时期内需要在特定海域安排多个围填海项目进行连片开发的,沿海市、县级人民政府按照有关规定及技术规范要求,组织编制区域建设用海规划,并按程序报国家海洋局批准后实施。

建设项目用海一般应在区域建设用海规划范围内选址,重大建设项目、国防工程、防灾减灾设施、生态建设工程以及重大民生工程用海除外。

第十六条　国家海洋局制定建设项目用海控制标准。省级海洋行政主管部门可根据本地区情况，制定落实控制标准的具体措施，严格控制单体项目围填海面积和占用岸线长度。

第十七条　严格控制沿岸平推、截弯取直、连岛工程等方式的围填海，鼓励采用透水构筑物、浮式平台等用海方式。

围填海项目平面设计应综合考虑围填海区域自然条件和生态环境的适宜性、工程实施的经济性，优先采用人工岛、多突堤、区块组团等方式布局，减少对岸线资源的占用，保护海岸地形地貌的原始性和多样性。

第十八条　严格控制围填海对海洋生态环境、军事设施保护的影响，围填海项目应采用先围堰、后回填的施工方式，使用的回填材料应当符合有关环境保护的管理规定和技术要求。

围填海项目应注重生态和景观建设，科学设计生态廊道系统，建设生态化岸线、湿地和水系。填海新形成岸线的临水一侧，留出一定宽度的生态、生活空间并以适当方式向公众开放，须临水布置的项目或需要实施岸线安全隔离的项目除外。

第十九条　围填海项目竣工后，审批用海的海洋行政主管部门根据海域使用批复文件、海域使用测量报告，结合国家海域动态监视监测管理系统的监测数据，验收确认项目实际填海界址和面积、监管要求落实情况等事项。

围填海项目竣工验收后形成的土地，依法纳入土地管理，具体办法由国土资源部会同国家海洋局制定。

第二十条 国家建立围填海项目后评估制度，对围填海的经济社会效益、海域资源变化、生态环境影响等进行综合评价，为完善围填海管控措施和实施海域整治修复提供决策依据。

第二十一条 财政部会同国家海洋局建立健全海域使用金征收标准动态调整机制，利用经济杠杆，加强围填海规模管控。

第五章　监督检查

第二十二条 国家海洋局组织开展海域动态监视监测，及时掌握全国围填海活动状况；省级海洋行政主管部门组织市县海洋行政主管部门开展围填海现场巡查。对违法围填海行为应及时核实并依法处理。

第二十三条 国家海洋局定期组织围填海执法检查，严肃查处未批先用、少批多用、擅自改变用途等违法行为，对重大违法案件应当挂牌督办，依法追究相关单位和个人的法律责任。

第二十四条 国家海洋局负责对沿海地方人民政府围填海管控情况进行督察。对地方围填海监督管理与执法检查等职责履行不到位的，督促限期整改，对整改落实不力的，进行警示约谈。对超围填海计划指标审批、化整为零审批和越权审批的，进行通报批评、限期整改，并按照有关规定追究相关人员的责任。

第二十五条 对未完成围填海管控目标、严重破坏海洋生态环境的地区，依照法律规定，暂停受理和审批该区域新增围填海项目。

第二十六条 超计划指标进行围填海活动的地区，按所超计划指标的五倍扣减下一年度围填海计划指标，如果下一年度指标不足以扣减的，在后续年份继续扣减。

2018 年，为切实提高滨海湿地保护水平，严格管控围填海活动，国务院发布了《国务院关于加强滨海湿地保护严格管控围填海的通知》。该通知指出，进一步加强滨海湿地保护，严格管控围填海活动，有利于严守海洋生态保护红线，改善海洋生态环境，提升生物多样性水平，维护国家生态安全；有利于深化自然资源资产管理体制改革和机制创新，促进陆海统筹与综合管理，构建国土空间开发保护新格局，推动实施海洋强国战略；有利于树立保护优先理念，实现人与自然和谐共生，构建海洋生态环境治理体系，推进生态文明建设。该通知要求，坚持生态优先、绿色发展，坚持最严格的生态环境保护制度，切实转变"向海索地"的工作思路，统筹陆海国土空间开发保护，实现海洋资源严格保护、有效修复、集约利用，为全面加强生态环境保护、建设美丽中国做出贡献。

该通知在严控新增围填海造地、加快处理围填海历史遗留问题、加强海洋生态保护修复、建立长效机制、加强组织保障等方面均做出了要求。该通知指出，针对严控新增围填海造地，应严控新增项目，严格审批程序；针对围填海历史遗留问题，应全面开展现状调查并制定处理方案，妥善处置合法合规围填海项目，依法处置违法违规围填海项目；针对海洋生态保护修复，应严守生态保护红线，加强滨海湿地保护，强化整治修复；针对长效机制的建立，应健全调查监测体系，严格用途管制，加强围填海监督检查；针对组织保障，应明确部门职责，落实地方责任，推动公众参与。

国务院关于加强滨海湿地保护严格管控围填海的通知（节选）

国发〔2018〕24 号

二、严控新增围填海造地

（三）严控新增项目。完善围填海总量管控，取消围填海地方年度计划指标，除国家重大战略项目外，全面停止新增围填海项目审批。新增围填海项目要同步强化生态保护修复，边施工边修复，最大程度避免降低生态系统服务功能。未经批准或骗取批准的围填海项目，由相关部门严肃查处，责令恢复海域原状，依法从重处罚。

（四）严格审批程序。党中央、国务院、中央军委确定的国家重大战略项目涉及围填海的，由国家发展改革委、自然资源部按照严格管控、生态优先、节约集约的原则，会同有关部门提出选址、围填海规模、生态影响等审核意见，按程序报国务院审批。

省级人民政府为落实党中央、国务院、中央军委决策部署，提出的具有国家重大战略意义的围填海项目，由省级人民政府报国家发展改革委、自然资源部；国家发展改革委、自然资源部会同有关部门进行论证，出具围填海必要性、围填海规模、生态影响等审核意见，按程序报国务院审批。原则上，不再受理有关省级人民政府提出的涉及辽东湾、渤海湾、莱州湾、胶州湾等生态脆弱敏感、自净能力弱海域的围填海项目。

三、加快处理围填海历史遗留问题

（五）全面开展现状调查并制定处理方案。自然资源部要会同国家发展改革委等有关部门，充分利用卫星遥感等技术手段，在2018年底前完成全国围填海现状调查，掌握规划依据、审批状态、用海主体、用海面积、利用现状等，查明违法违规围填海和围而未填情况，并通报给有关省级人民政府。有关省级人民政府按照"生态优先、节约集约、分类施策、积极稳妥"的原则，结合2017年开展的围填海专项督察情况，确定围填海历史遗留问题清单，在2019年底前制定围填海历史遗留问题处理方案，提出年度处置目标，严格限制围填海用于房地产开发、低水平重复建设旅游休闲娱乐项目及污染海洋生态环境的项目。原则上不受理未完成历史遗留问题处理的省（自治区、直辖市）提出的新增围填海项目申请。

（六）妥善处置合法合规围填海项目。由省级人民政府负责组织有关地方人民政府根据围填海工程进展情况，监督指导海域使用权人进行妥善处置。已经完成围填海的，原则上应集约利用，进行必要的生态修复；在2017年底前批准而尚未完成围填海的，最大限度控制围填海面积，并进行必要的生态修复。

（七）依法处置违法违规围填海项目。由省级人民政府负责依法依规严肃查处，并组织有关地方人民政府开展生态评估，根据违法违规围填海现状和对海洋生态环境的影响程度，责成用海主体认真做好处置工作，进行生态损害赔偿和生态修复，对严重破坏海洋生态环境的坚决予以拆除，对海洋生态环境无重大影响的，要最大限度控制围填海面积，按有关规定限期整改。涉及军队建设项目违法违规围填海的，由中央军委机关有关部门会同有关地方人民政府依法依规严肃处理。

四、加强海洋生态保护修复

（八）严守生态保护红线。对已经划定的海洋生态保护红线实施最严格的保护和监管，全面清理非法占用红线区域的围填海项目，确保海洋生态保护红线面积不减少、大陆自然岸线保有率标准不降低、海岛现有砂质岸线长度不缩短。

（九）加强滨海湿地保护。全面强化现有沿海各类自然保护地的管理，选划建立一批海洋自然保护区、海洋特别保护区和湿地公园。将天津大港湿地、河北黄骅湿地、江苏如东湿地、福建东山湿地、广东大鹏湾湿地等急需保护的重要滨海湿地和重要物种栖息地纳入保护范围。

（十）强化整治修复。制定滨海湿地生态损害鉴定评估、赔偿、修复等技术规范。坚持自然恢复为主、人工修复为辅，加大财政支持力度，积极推进"蓝色海湾""南红北柳""生态岛礁"等重大生态修复工程，支持通过退围还海、退养还滩、退耕还湿等方式，逐步修复已经破坏的滨海湿地。

五、建立长效机制

（十一）健全调查监测体系。统一湿地技术标准，结合第三次全国土地调查，对包括滨海湿地在内的全国湿地进行逐地块调查，对湿地保护、利用、权属、生态状况及功能等进行准确评价和分析，并建立动态监测系统，进一步加强围填海情况监测，及时掌握滨海湿地及自然岸线的动态变化。

（十二）严格用途管制。坚持陆海统筹，将滨海湿地保护纳入国土空间规划进行统一安排，加强国土空间用途管制，提高环境准入门槛，严格限制在生态脆弱敏感、自净能力弱的海域实施围填海行为，严禁国家产业政策淘汰类、限制类项目在滨海湿地布局，实现山水林田湖草整体保护、系统修复、综合治理。

（十三）加强围填海监督检查。自然资源部要将加快处理围填海历史遗留问题情况纳入督察重点事项，督促地方整改落实，加大督察问责力度，压实地方政府主体责任。抓好首轮围填海专项督察发现问题的整改工作，挂账督改，确保整改到位、问责到位。2018年下半年启动围填海专项督察"回头看"，确保国家严控围填海的政策落到实处，坚决遏制、严厉打击违法违规围填海行为。

六、加强组织保障

（十四）明确部门职责。国务院有关部门要提高对滨海湿地保护重要性的认识，强化围填海管控意识，明确分工，落实责任，加强沟通，形成管理合力。自然资源部要切实担负起保护修复与合理利用海洋资源的责任，会同国家发展改革委等有关部门，建立部省协调联动机制，统筹各方面力量，加大保护和管控力度，确保完成目标任务。

（十五）落实地方责任。各沿海省（自治区、直辖市）是加强滨海湿地保护、严格管控围填海的责任主体，政府主要负责人是本行政区域第一责任人，要切实加强组织领导，制定实施方案，细化分解目标任务，依法分类处置围填海历史遗留问题，加大海洋生态保护修复力度。

（十六）推动公众参与。要通过多种形式及时宣传报道相关政策措施和取得的成效，加强舆论引导和监督，及时回应公众关切，提升公众保护滨海湿地的意识，促进公众共同参与、共同保护，营造良好的社会环境。

（三）着力解决海洋督察过程中发现的突出问题

2016年12月，国务院批准同意《海洋督察方案》。2017年，国家海洋局依据该方案组建了第一批国家海洋督察组，并于当年下半年分别进驻辽宁、河北、江苏、福建、广西、海南开展了第一批以围填海专项督察为重点的海洋督察，重点查摆、解决围填海管理方面存在的"失序、失度、失衡"等问题。2018年1月17日，国家海洋局召开新闻发布会，对中国首批国家海洋督察情况进行公布，并发布了"史上最严的围填海管控措施"。

海洋督察过程中发现的共性、突出问题主要集中在以下方面：

一是节约集约利用海域资源的要求贯彻不够彻底。部分地区脱离实际需求盲目填海，填而未用、长期空置，个别项目违规改变围填海用途，用于房地产开发，浪费海洋资源，损害生态环境。

二是违法审批，监管失位。有些地方从资源环境监管部门到投资核准部门，从综合管理部门到具体审批单位，责任不落实、履职不到位问题突出；违反海洋功能区划审批项目，化整为零、分散审批等问题频发；基层执法部门对于政府主导的未批先填项目制止难、查处难、执行难普遍存在；违法填海罚款由地方财政代缴，或者先收缴再返还给违法企业，行政处罚流于形式。

三是近岸海域污染防治不力。陆源入海污染源底数不清，局部海域污染依然严重；排查出的各类陆源入海污染源，与沿海各省报送入海排污口数量差距巨大。

督察组明确要求，对督察发现的问题，要切实整改，进一步深入调查，厘清责任，启动问责机制，公开处理，严肃问责。结合督察整改工作，国家海洋局聚焦"十个一律""三个强化"，采取"史上最严围填海管控措施"。

"十个一律"包括：

一是违法且严重破坏海洋生态环境的围海，分期分批，一律拆除；二是非法设置且严重破坏海洋生态环境的排污口，分期分批，一律关闭；三是围填海形成的、长期闲置的土地，一律依法收归国有；四是审批监管不作为、乱作为，一律问责；五是对批而未填且不符合现行用海政策的围填海项目，一律停止；六是通过围填海进行商业地产开发的，一律禁止；七是非涉及国计民生的建设项目填海，一律不批；八是渤海海域的围填海，一律禁止；九是围填海审批权，一律不得下放；十是年度围填海计划指标，一律不再分省下达。

"三个强化"是指：坚持"谁破坏，谁修复"的原则，强化生态修复；以海岸带规划为引导，强化项目用海需求审查；加大审核督察力度，强化围填海日常监管。

除了严控，国家海洋局还将在全国范围内积极开展海洋生态修复工作，进一步压实地方政府在海洋生态修复工作中的主体责任，并通过奖补资金等手段方式鼓励支持地方政府开展修复工程。计划到 2025 年，近岸海域水环境质量得到明显改善，生态功能和服务价值显著提升，生态环境整治修复能力全面提升，基本实现"水清、岸绿、滩净、湾美"的美丽海洋建设目标。

（四）重视海岸线保护与管理

2017 年，国家海洋局印发《海岸线保护与利用管理办法》，对海岸线的分类保护、节约利用、整治修复、监督管理等方面做出了规定。

该办法指出，应遵循保护优先、节约利用、陆海统筹、科学整治、绿色共享、军民融合原则，严格保护自然岸线，整治修复受损岸线，以达到至 2020 年全国自然岸线保有率不低于 35% 的目标。该办法中所述的自然岸线是指由海陆相互作用形成的海岸线，包括砂质岸线、淤泥质岸线、基岩岸线和生物岸线等原生岸线，以及整治修复后具有自然海岸形态特征和生态功能的海岸线。根据海岸线自然资源条件和开发程度，分为严格保护、限制开发和优化利用三个类别。该办法要求省级海洋行政主管部门根据海岸线保护与利用规划、海岸线开发利用现状和本省自然岸线保有率管控目标，制订自然岸线保护与控制的年度计划，并分解落实。严格限制建设项目占用自然岸线，严格执行建设项目用海控制标准，提高人工岸线利用效率，合理布局生产、生活和生态等岸线。

该办法提出，由国家海洋局负责编制全国海岸线整治修复五年规划及年度计划，省级海洋行政主管部门负责编制本行政区域内的五年规划及年度计划；由国家海洋局制定海岸线整治修复技术标准，中央财政海岛和海域保护专项资金支持开展海岸线整治修复；沿海地方各级人民政府应完善海岸线整治修复资金投入机制，积极引入社会资本参与；由国家海洋局组织开展海岸线动态监视监测，定期组织海岸线保护与利用专项执法检查；由省级海洋行政主管部门定期组织开展海岸线保护与利用情况现场巡查，并将自然岸线保护纳入沿海地方政府政绩考核。

海岸线保护与利用管理办法（节选）

第二章 岸线分类保护

第八条 国家对海岸线实施分类保护与利用。根据海岸线自然资源条件和开发程度，分为严格保护、限制开发和优化利用三个类别。

军队管理使用的海岸线，其保护利用纳入国家海岸线保护与利用范围。

第九条 自然形态保持完好、生态功能与资源价值显著的自然岸线应划为严格保护岸线，主要包括优质沙滩、典型地质地貌景观、重要滨海湿地、红树林、珊瑚礁等所在海岸线。

严格保护岸线按生态保护红线有关要求划定，由省级人民政府发布本行政区域内严格保护岸段名录，明确保护边界，设立保护标识。

除国防安全需要外，禁止在严格保护岸线的保护范围内构建永久性建筑物、围填海、开采海砂、设置排污口等损害海岸地形地貌和生态环境的活动。

第十条　自然形态保持基本完整、生态功能与资源价值较好、开发利用程度较低的海岸线应划为限制开发岸线。

限制开发岸线严格控制改变海岸自然形态和影响海岸生态功能的开发利用活动，预留未来发展空间，严格海域使用审批。

第十一条　人工化程度较高、海岸防护与开发利用条件较好的海岸线应划为优化利用岸线，主要包括工业与城镇、港口航运设施等所在岸线。

优化利用岸线应集中布局确需占用海岸线的建设项目，严格控制占用岸线长度，提高投资强度和利用效率，优化海岸线开发利用格局。

第十二条　国家海洋局会同有关部门制定海岸线保护与利用规划技术规范，指导监督省级海岸线保护与利用规划编制工作。

省级海洋行政主管部门会同有关部门组织编制海岸线保护与利用规划，报省、自治区、直辖市人民政府批准后实施。编制海岸线保护与利用规划应开展规划环境影响评价；涉及军事设施利用海岸线的，应当征求有关军事机关的意见。

土地利用总体规划、城乡规划、港口规划、流域综合规划、防洪规划、河口整治规划等涉及海岸线保护与利用的相关规划，应落实自然岸线保有率的管理要求。

第三章　岸线节约利用

第十三条　省级海洋行政主管部门应当根据海岸线保护与利用

规划、海岸线开发利用现状和本省自然岸线保有率管控目标，制订自然岸线保护与控制的年度计划，并分解落实。

第十四条 严格限制建设项目占用自然岸线，确需占用自然岸线的建设项目应严格进行论证和审批。海域使用论证报告应明确提出占用自然岸线的必要性与合理性结论。

不能满足自然岸线保有率管控目标和要求的建设项目用海不予批准。

第十五条 占用人工岸线的建设项目应按照集约节约利用的原则，严格执行建设项目用海控制标准，提高人工岸线利用效率。

第十六条 占用海岸线的建设项目应优先采取人工岛、多突堤、区块组团等布局方式，增加岸线长度，减少对水动力条件和冲淤环境的影响。新形成的岸线应当进行生态建设，营造植被景观，促进海岸线自然化和生态化。

第十七条 沿海地方人民政府应合理布局生产、生活和生态等岸线。除生产岸线、特殊利用岸线以及相关法律法规另有规定的岸线区域外，均应以适当方式向公众开放。

海洋休闲娱乐区、滨海风景名胜区、沙滩浴场、海洋公园等公共利用区域内的岸线，应由沿海地方人民政府向社会公布，未经批准不得改变公益用途。

第四章 岸线整治修复

第十八条 国家海洋局负责编制全国海岸线整治修复五年规划及年度计划，建立全国海岸线整治修复项目库；省级海洋行政主管部门负责编制本行政区域内的五年规划及年度计划，提出项目清单，纳入全国海岸线整治修复项目库。

第十九条　国家海洋局制定海岸线整治修复技术标准，海岸线整治修复项目重点安排沙滩修复养护、近岸构筑物清理与清淤疏浚整治、滨海湿地植被种植与恢复、海岸生态廊道建设等工程。

第二十条　中央财政海岛和海域保护专项资金支持开展海岸线整治修复。

沿海地方各级人民政府应当完善海岸线整治修复资金投入机制，开展海岸线整治修复，并积极引入社会资本参与。

第五章　监督管理

第二十一条　国家海洋局组织开展海岸线动态监视监测，及时掌握全国海岸线保护与利用动态信息。

省级海洋行政主管部门应定期组织开展海岸线保护与利用情况现场巡查，及时核查上报违法占用海岸线情况。

第二十二条　国家海洋局定期组织海岸线保护与利用专项执法检查，严肃查处占用海岸线的违法用海行为，对违法用海占用、破坏自然岸线等重大案件挂牌督办。

第二十三条　国家海洋局组织开展对沿海地方各级人民政府海岸线保护与利用情况督察，对地方海岸线保护与利用等监督管理职责履行不到位的，督促限期整改，对整改落实不力的，进行警示约谈。

第二十四条　将自然岸线保护纳入沿海地方政府政绩考核，对违规审批占用自然岸线用海项目、未完成自然岸线保有率管控目标的，进行通报批评、限期整改，并依法依规追究相关人员责任。

第二十五条　对自然岸线保有率不达标的地区，依照法律规定，实施项目限批，暂停受理和审批该区域新增占用自然岸线的用海项目。

附表

沿海省、自治区、直辖市自然岸线保有率管控目标（2020年）

省份	辽宁	河北	天津	山东	江苏	上海	浙江	福建	广东	广西	海南
保有率	≥35%	≥35%	≥5%	≥40%	≥35%	≥12%	≥35%	≥37%	≥35%	≥35%	≥55%

（五）加强渤海湾生态环境保护

近年来，渤海水质环境有所改善，但生态环境整体形势依然严峻，重点海湾污染未见好转，海洋资源利用方式仍显粗放，开发强度依然过大，环境风险压力有增无减，新的海洋生态问题不断出现，生态系统服务功能总体下降。为全面落实中央关于生态文明建设的一系列重要部署和要求，有力推进《海岸线保护与利用管理办法》《围填海管控办法》《海洋督察方案》的实施，2017年国家海洋局印发《国家海洋局关于进一步加强渤海生态环境保护工作的意见》，就进一步加强渤海生态环境保护工作提出意见与要求。

该意见指出，应加快编制和修订海洋空间规划，依据不同海域主体功能定位，统筹安排海洋空间利用活动；加强入海污染物联防联控，加快实施重点海域排污总量控制制度，强化与"河长制"的衔接联动；加强海洋空间资源利用管控，严格执行海洋生态管控措施，建立健全海洋开发利用活动生态补偿制度，暂停受理、审核渤海内围填海项目；加强海洋生态保护与环境治理修复，加快海洋保护区建设，强化自然岸线保护与修复，进一步落实海洋生态环境保护责任；加强海洋生态环境监测评价，加快推荐"一站多能"建设，实现海洋（中心）站建设标准化、规范化，开展渤海海洋生态本底调查和第三次环境污染基线调查，为制定渤海生态环境保护政策措施提供基础信息；加强海洋生态环境风险防控，严控渤海海上重大工程环境风险，全面排查环境风险隐患，加强海洋生态灾害形成机理及对生态环境的影响研究，完善应急监测体系和应急预案，提高海洋环境预警报和生态灾害的监测预警水平；实施国家海洋督察制度，加强海洋督察执法与责任考核，将自然岸线保护纳入政府政绩考核；依托国家海洋环境监测中心，加强渤海生态环境保护关键问题研究和技术攻关，打造渤海生态环境保护与治理研究平台。

国家海洋局关于进一步加强渤海生态环境保护工作的意见（节选）

（2017 年 5 月 18 日）

一、加快编制和修订海洋空间规划

按照以生态系统为基础的海洋综合管理的要求，依据不同海域主体功能定位，统筹安排海洋空间利用活动，优化调整海洋产业布局，构建陆海统筹、人海和谐的海洋空间开发格局。抓紧编制渤海省级海洋主体功能区规划，加快履行报批程序，同步制定海域空间资源利用、生态环境保护等差别化配套政策。率先启动渤海新一轮省级海洋功能区划修编，提高保护类、保留类海洋生态空间的占比和管理要求。开展渤海省级海岸带综合保护与利用总体规划试点。

二、加强入海污染物联防联控

加强海陆联动，全面开展环渤海入海排污口、入海河流等污染源排查工作，提出非法和设置不合理入海排污口（河）的清理整顿清单，形成集中排放、生态排放区域的选划建议，推动实施整改工作。

加快实施重点海域排污总量控制制度，强化与近岸海域水质考核目标的衔接，以天津为示范，逐步在环渤海区域全面落实以保护生态系统、改善环境质量为目标的总量控制制度。

强化与"河长制"的衔接联动，率先在秦皇岛开展"湾（滩）长制"试点工作，尽快形成可推广、可复制的模式，并在环渤海区域全面实施。

三、加强海洋空间资源利用管控

坚持生态用海，严格执行海洋主体功能区规划、海洋功能区划、海洋生态红线等管控措施，提高生态环境准入门槛，禁止严重过剩产能以及高耗能、高污染、高排放项目用海，推动海域资源利用方式向绿色化、生态化转变。建立健全海洋开发利用活动生态补偿制度。暂停选划临时性海洋倾倒区，启动倾倒区规划编制，按照科学合理经济安全的原则，调整完善海洋倾倒区布局，禁止倾倒除海上疏浚物外的废弃物。

暂停受理、审核渤海内围填海项目，暂停受理、审批渤海内区域用海规划，暂停安排渤海内的年度围填海计划指标，稳妥处理好政策衔接问题。深入开展渤海围填海项目后评估工作，重点对渤海围填海生态环境影响进行综合评价，为制定渤海生态环境综合整治和围填海管控措施提供依据。

四、加强海洋生态保护与环境治理修复

加快海洋保护区建设，尽快将滦南湿地、莱州湾湿地等重要生态区域选划为海洋保护区。加快建立海洋保护区分类管理制度，抓紧解决机构、人员、经费等瓶颈问题。全面开展保护区内开发活动的专项检查，限期清理违法违规开发利用活动。尽快出台渤海海岛保护名录。推动建立海洋生态保护补偿制度，加大对海洋生态红线区、保护区等重点生态区域工作的支持力度。

强化自然岸线保护与修复，严格落实自然岸线保有率管控目标，划定严格保护、限制开发和优化利用三类岸线，实施分类保护与管理。对不能满足自然岸线保有率管控目标的地区，必须加大海岸线整治修复力度。

进一步落实海洋生态环境保护责任，采取退养还滩（湿）、退堤还海等多种方式，着力做好"三湾两口"（辽东湾、渤海湾、莱州湾、辽河口、黄河口）等重点区域的环境治理与生态修复。编制"蓝色海湾""南红北柳""生态岛礁"的整治修复规划、项目库和年度计划，加快推进已批准修复项目的实施。

五、加强海洋生态环境监测评价

加快推进"一站多能"建设，实现海洋（中心）站建设标准化、规范化。加大建设力度，着力解决县级及以上海洋生态环境监测机构的人员、设备、经费不足的突出问题，完善环渤海海洋环境监测能力布局。重点在辽东湾、渤海湾、莱州湾和秦皇岛近岸海域等区域，建设海洋环境实时在线监控系统，2017年实现新建和在用设备联网，逐步建成渤海生态环境实时在线监测网。

开展渤海海洋生态本底调查和第三次环境污染基线调查，为制定渤海生态环境保护政策措施提供基础信息。拟订渤海差别化污染排放标准。完善海洋环境质量综合评价、生态系统健康评价、资源环境承载能力监测预警等方法。

六、加强海洋生态环境风险防控

从严管控渤海海上油气勘探开发、炼化、滨海核电等涉海重大工程环境风险，全面排查溢油、危险化学品泄漏、放射性污染等环境风险隐患，完善分类分级的海上应急监测及处置预案，在石化基地、油气平台、危化品储存区、滨海核电设施等邻近海域部署快速监测能力和应急处置物资设备。开展海洋环境突发事件风险评估和风险区划，构建风险信息库，建立信息共享机制。

加强赤潮（褐潮）、绿潮、水母旺发等海洋生态灾害形成机理以及海洋自然灾害对生态环境的影响研究，分区分级建设海洋生态灾害应急监测体系，完善海洋生态灾害应急预案，提高海洋环境预警报和生态灾害的监测预警水平。

七、加强海洋督察执法与责任考核

实施国家海洋督察制度，采取专项督察和常态化督察相结合的方式，对围填海管控措施、重点河口海湾治理、自然岸线管控目标、海洋生态红线制度等落实情况进行督察。及时依法制止、查处各类污染和损害海洋生态环境的违法违规行为。加快推进渤海近岸海域水质考核，建立分级考核目标体系和机制。建立自然岸线保有率管控目标责任制，将自然岸线保护纳入政府政绩考核。

八、加强渤海生态环境保护关键问题研究和技术攻关

汇集现有业务科研力量，发挥各自优势，依托国家海洋环境监测中心，打造渤海生态环境保护与治理研究平台，建立联合攻关机制，形成针对渤海资源环境关键问题的研究合力，尽快在生态环境保护理论、政策、制度和技术研究方面取得突破，为提升渤海生态环境保护的科学性和针对性提供有力支撑。

（六）启动生态红线划定工作

党中央、国务院高度重视生态环境保护，做出了一系列重大决策部署，推动生态环境保护工作取得明显进展。但是，中国生态环境总体仍比较脆弱，生态安全形势十分严峻。划定并严守生态保护红线，是贯彻落实主体功能区制度、实施生态空间用途管制的重要举措，是提高生态产品供给能力和生态系统服务功能、构建国家生态安全格局的有效手段，是健全生态文明制度体系、推动绿色发展的有力保障。

《中共中央　国务院关于加快推进生态文明建设的意见》提出，要"严守资源环境生态红线""科学划定森林、草原、湿地、海洋等领域生态红线"。根据海洋生态红线划定的要求，在系统总结渤海生态红线制度试点工作的基础上，2016年，国家海洋局印发《关于全面建立实施海洋生态红线制度的意见》，并配套印发《海洋生态红线划定技术指南》，指导全国海洋生态红线划定工作。该意见对海洋生态红线划定工作的基本原则、组织形式、管控指标和措施做出明确规定。该意见指出，海洋生态红线划定的基本原则是"保住底线、兼顾发展、分区划定、分类管理、从严管控"，海洋生态红线的管控指标包括海洋生态红线区面积、大陆自然岸线保有率、海岛自然岸线保有率、海水质量四个方面，管控措施包括严控开发利用活动、加强生态保护与修复、强化陆海污染联防联治三类。

《全国海洋生态红线划定技术指南》指出，海洋生态红线有3个指标：①红线区面积指标，将重要河口、重要滨海湿地、特殊保护海岛、海洋保护区、自然景观及历史文化遗迹、珍稀濒危物种集中分布区、重要滨海旅游区、重要砂质岸线和沙源保护海域、重要渔业水域、红树林、珊瑚礁及海草床12种类型区域纳入红线区，并将全国海洋生态红线区面积占管理海域面积的比例确定为不低于 30%，这一比例将细化到沿海各省（区、市）。②大陆自然岸线保有率控制指标，该指标不低于 35%，沿海各省（区、市）自然岸线的范围和保有率指标与国务院批复的省级海洋功能区划一致（部分地区包含修复岸线）。③海水质量指标，该指标明确全国近岸海域水质优良面积比例在 2020 年达到 70% 左右。

对于划定的海洋生态红线区，将采取以下三方面管控措施：①从严控制红线区开发利用活动。在红线区内实施严格的开发利用活动管控措施和海洋环境标准，根据海洋生态系统特征和实际情况，在红线区内分区分类实施开发活动管理：在海洋自然保护区的核心区和缓冲区、海洋特别保护区的重点保护区和预留区内实行禁止性措施，不得实施任何与保护无关的工程建设活动；在海洋自然保护区的实验区，海洋特别保护区的适度利用区和生态与资源恢复区，以及其他重要海洋生态功能区、生态敏感区和生态脆弱区内实行限制性措施，禁止开展挖采海砂、围填海等改变海域自然属性、破坏海洋生态系统功能的开发活动，并依据生态系统类型制定更为细化的开发利用活动管控措施。②深入推进红线区生态保护与整治修复。积极推进海洋保护区选划和规范化能力建设工作，健全完善海洋生态保护手段、政策和机制，切实控制人类干扰和破坏行为，有效维护红线区海洋生态环境。同时，按照海陆统筹、综合治理的原则，开展红线区海洋生态整治修复，有效恢复红线区受损退化生态系统。③切实强化红线区及周边区域污染联防联治。优化生态红线区及周边区域入海排污口布局，对设置不合理、超标排放污染物的陆源入海排污口，限期采取关停并转等措施予以整治，不得在红线区范围内新设陆源排污口。制定更加严格的陆源污染排放标准，加强红线区及周边区域排污口污染物排放监管，以实现达标排放。重点加强红线区内入海河流综合整治，有效降低入海河流陆源排污总量。合理布局海水养殖活动，控制海水养殖规模，有效减少养殖污染排放。严格监管红线区及周边区域各类船舶污染物和压舱水排放，开展海洋垃圾和无主漂油巡查清理工作。

2017 年 2 月，中共中央办公厅、国务院办公厅印发了《关于划定并严守生态保护红线的若干意见》，就划定并严守生态保护红线提出了意见。该意见指出，要以改善生态环境质量为核心，以保障和维护生态功能为主线，按照山水林田湖系统保护的要求，划定并严守生态保护红线，实现一条红线管控重要生态空间，确保生态功能不降低、面积不减少、性质不改变，维护国家生态安全，促进经济社会可持续发展。同时，应坚持科学划定、切实落地，坚守底线、严格保护，部门协调、上下联动的基本原则。科学划定、切实落地，即落实环境保护法等相关法律法规，统筹考虑自然生态整体性和系统性，开展科学评估，按生态功能重要性、生态环境敏感性与脆弱性划定生态保护红线，并落实到国土空间，系统构建国家生态安全格局；坚守底线、严格保护，即牢固树立底线意识，将生态保护红线作为编制空间规划的基础，强化用途管制，严禁任意改变用途，杜绝不合理开发建设活动对生态保护红线的破坏；部门协调、上下联动，即加强部门间沟通协调，国家层面做好顶层设计，出台技术规范和政策措施，地方党委和政府落实划定并严守生态保护红线的主体责任，上下联动、形成合力，确保划得实、守得住。该意见还指出，应依托"两屏三带"为主体的陆地生态安全格局和"一带一链多点"的海洋生态安全格局，采取国家指导、地方组织，自上而下和自下而上相结合，科学划定生态保护红线。

针对海洋生态保护红线的划定，该意见指出，鉴于海洋国土空间的特殊性，应由国家海洋局根据本意见制定相关技术规范，组织划定并审核海洋国土空间的生态保护红线，纳入全国生态保护红线；应按照陆海统筹、综合治理的原则，开展海洋国土空间生态保护红线的生态整治修复，切实强化生态保护红线及周边区域污染联防联治，重点加强生态保护红线内入海河流综合整治。

同年，为贯彻《中华人民共和国环境保护法》《中共中央关于全面深化改革若干重大问题的决定》，落实《关于划定并严守生态保护红线的若干意见》，指导全国生态保护红线划定工作，保障国家生态安全，环境保护部办公厅和发展改革委办公厅印发《生态保护红线划定指南》。该指南中，有关生态保护红线的定义将海洋也包含了进去，即生态保护红线是指在生态空间范围内具有特殊重要生态功能、必须强制性严格保护的区域，是保障和维护国家生态安全的底线和生命线，通常包括具有重要水源涵养、生物多样性维护、水土保持、防风固沙、海岸生态稳定等功能的生态功能重要区域，以及水土流失、土地沙化、石漠化、盐渍化等生态环境敏感脆弱区域。《生态保护红线划定指南》中其他相关术语的界定，如国土空间、生态空间等也将海洋纳入其中。

六、健全资源有偿使用和生态补偿制度

在健全资源有偿使用制度方面，中国主要从建立自然资源资产有偿使用制度及推行相关税法、补偿机制两方面进行建设与完善。在这两方面，中国相继出台了一系列政策法规。2017 年国务院印发了《关于全民所有自然资源资产有偿使用制度改革的指导意见》，提出要完善海域海岛有偿使用制度；同年，中央全面深化改革领导小组第三十五次会议通过了《海域、无居民海岛有偿使用的意见》；同年，国家发展改革委印发《关于全面深化价格机制改革的意见》，提出要创新和完善生态环保价格

机制，特别是完善生态补偿价格和收费机制；2016 年颁布的《中华人民共和国环境保护税法》和 1993 年颁布的《中华人民共和国资源税暂行条例》及其 2011 年修订意见中，也有针对海洋领域的相关表述。此外，在建立生态补偿制度方面，2016 年国务院办公厅印发了《国务院办公厅关于健全生态保护补偿机制的意见》，明确了建立健全生态保护补偿机制的主要目标和重点任务，并针对海洋领域提出了意见与要求。

（一）建立自然资源资产有偿使用制度

1. 建立全民所有自然资源资产有偿使用制度

全民所有自然资源是宪法和法律规定属于国家所有的各类自然资源，主要包括国有土地资源、水资源、矿产资源、国有森林资源、国有草原资源、海域海岛资源等。自然资源资产有偿使用制度是生态文明制度体系的一项核心制度。改革开放以来，中国全民所有自然资源资产有偿使用制度逐步建立，在促进自然资源保护和合理利用、维护所有者权益方面发挥了积极作用，但由于有偿使用制度不完善、监管力度不足，还存在市场配置资源的决定性作用发挥不充分、所有权人不到位、所有权人权益不落实等突出问题。按照生态文明体制改革总体部署，为健全完善全民所有自然资源资产有偿使用制度，2017 年 1 月，国务院印发《关于全民所有自然资源资产有偿使用制度改革的指导意见》。

该指导意见第九条指出，要完善海域海岛有偿使用制度。坚持生态优先，严格落实海洋国土空间的生态保护红线，提高用海生态门槛。严格实行围填海总量控制制度，确保大陆自然岸线保有率不低于 35%。完善海域有偿使用分级、分类管理制度，适应经济社会发展多元化需求，完善海域使用权出让、转让、抵押、出租、作价出资（入股）等权能。坚持多种有偿出让方式并举，逐步提高经营性用海市场化出让比例，明确市场化出让范围、方式和程序，完善海域使用权出让价格评估制度和技术标准，将生态环境损害成本纳入价格形成机制。调整海域使用金征收标准，完善海域等级、海域使用金征收范围和方式，建立海域使用金征收标准动态调整机制。开展海域资源现状调查与评价，科学评估海域生态价值、资源价值和开发潜力。完善无居民海岛有偿使用制度。坚持科学规划、保护优先、合理开发、永续利用，严格生态保护措施，避免破坏海岛及其周边海域生态系统，严控无居民海岛自然岸线开发利用，禁止开发利用领海基点保护范围内海岛区域和海洋自然保护区核心区及缓冲区、海洋特别保护区的重点保护区和预留区以及具有特殊保护价值的无居民海岛。明确无居民海岛有偿使用的范围、条件、程序和权利体系，完善无居民海岛使用权出让制度，探索赋予无居民海岛使用权依法转让、出租等权能。研究制定无居民海岛使用权招标、拍卖、挂牌出让有关规定。鼓励地方结合实际推进旅游娱乐、工业等经营性用岛采取招标、拍卖、挂牌等市场化方式出让。建立完善无居民海岛使用权出让价格评估管理制度和技术标准，建立无居民海岛使用权出让最低价标准动态调整机制。

第十二条指出，要统筹推进法治建设。立足生态文明体制改革全局，以完善全民所有自然资源资产使用权体系和有偿使用制度为重点，推进完善土地、水、矿产、森林、草原、海域、无居民海岛等全民所有自然资源资产有偿使用的法律法规体系。开展对全民所有自然资源资产有偿使用不规范行为的清理排查。对于法律制度完善的，要及时纠正不规范行为和违法行为。对于法律存在缺位或不完善的，各地区、各部门要在发现问题、总结经验的基础上，按程序推动相关法律法规立改废释。

2. 建立海域、无居民海岛有偿使用制度

海域、无居民海岛是全民所有自然资源资产的重要组成部分，是中国经济社会发展的重要战略空间。海域、无居民海岛有偿使用制度的建立实施，对促进海洋资源保护和合理利用、维护国家所有者权益等具有积极作用，但也存在市场配置资源决定性作用发挥不充分、资源生态价值和稀缺程度未得到充分体现、使用金征收标准偏低且动态调整机制尚未建立等问题。按照党中央、国务院关于生态文明体制改革和全民所有自然资源资产有偿使用制度改革总体部署，根据《中华人民共和国海域使用管理法》和《中华人民共和国海岛保护法》，为规范海域和无居民海岛合理开发利用，完善海域、无居民海岛有偿使用制度，保护海域、无居民海岛资源，2017 年 5 月 23 日，中央全面深化改革领导小组第三十五次会议通过了《海域、无居民海岛有偿使用的意见》。

该意见指出，应坚持保护优先、绿色利用，市场配置、健全规则，明确权责、加强监管的基本原则，到 2020 年，基本建立保护优先、产权明晰、权能丰富、规则完善、监管有效的海域、无居民海岛有偿使用制度。该意见明确，推行海域、无居民海岛有偿使用的阶段主要任务是：提高用海用岛生态门槛，建立健全海岛开发利用约束机制；完善用海用岛市场化配置制度，完善海域使用权转让、抵押、出租、作价出资（入股）等权能，鼓励金融机构开展海域、无居民海岛使用权抵押融资业务；建立使用金征收标准动态调整机制，由国家统一调整海域等别、无居民海岛等别、用岛类型和用岛方式，制定海域使用金征收标准、无居民海岛使用金征收最低标准，并定期调整和向社会公布；加强使用金征收管理，将海域使用金和无居民海岛使用金纳入一般公共预算管理；加强海域、无居民海岛有偿使用监管，并利用全国信用信息共享平台和企业信

用信息公示系统进行公示，接受社会监督。该意见同时也对海域、无居民海岛有偿使用的组织实施工作提出了要求，指出要加强组织领导，有序推进市场化出让工作，推动相关法律法规修订，做好舆论宣传。

海域、无居民海岛有偿使用的意见（节选）

二、主要任务

（四）提高用海用岛生态门槛。严守海洋国土空间生态保护红线，严格执行围填海总量控制制度，对生态脆弱的海域、无居民海岛实行禁填禁批制度，确保大陆自然岸线保有率不低于35%。严格执行海洋主体功能区规划，完善海洋功能区划和海岛保护规划，对优化开发区域、重点开发区域、限制开发区域的海域、无居民海岛利用制定差别化产业准入目录，实施差别化供给政策。将生态环境损害成本纳入海域、无居民海岛资源价格形成机制，利用价格杠杆促进用海用岛的生态环保投入。提高占用自然岸线、城镇建设填海、填海连岛、严重改变海岛自然地形地貌等对生态环境影响较大的用海用岛使用金征收标准。制定生态用海用岛相关标准规范，对不符合生态要求的用海用岛，不予批准。制定海洋生态保护补偿和生态环境损害赔偿制度。开展生态美、生活美、生产美的"和美海岛"建设。推进"蓝色海湾"、生态岛礁等海洋生态工程建设，加强海域海岸带和海岛整治修复。

建立健全海岛开发利用约束机制。制定发布海岛保护、可开发利用无居民海岛名录。禁止开发利用区域包括：领海基点保护范围内的海岛区域，海洋自然保护区内的核心区及缓冲区、海洋特别保护区内的重点保护区和预留区、具有特殊保护价值的无居民海岛。开展无居民海岛岸线勘测，严控海岛自然岸线开发利用，严守海岛自然岸线保有率，保持现有砂质岸线长度不变。开展海域、海岛生态系统本底调查和生态监测站点建设，加强对海岛岛体、岛基、岸线及其周边海域生态系统的保护，支持边远海岛基础设施建设。海岛保护法实施前的无居民海岛开发利用活动应依法纳入管理，对仍未取得合法手续的要依法予以处理。

（五）完善用海用岛市场化配置制度。进一步减少非市场化方式出让，逐步提高经营性用海用岛的市场化出让比例。制定海域、无居民海岛招标拍卖挂牌出让管理办法，明确出让范围、方式、程序、投标人资格条件审查等，鼓励沿海各地区在依法审批前，结合实际推进旅游娱乐、工业等经营性项目用岛采取招标拍卖挂牌等市场化方式出让。对于不宜通过市场化方式出让的项目用海用岛，以申请审批的方式出让。保障渔民生产生活用海需求。

按照海域使用管理法要求，不断完善用海的市场化出让配套措施。地方海洋行政主管部门编制用岛出让方案，应符合规划、国家产业政策和有关规定，明确申请人条件、出让底价、开发利用控制性指标、生态保护要求等，经省级政府批准后实施。竞得人或中标人应当与地方海洋行政主管部门签订出让合同，经依法批准后按照出让方案编制开发利用具体方案，缴纳无居民海岛使用金，并凭出让合同和缴纳凭证等办理不动产登记手续。出让合同主要包括无居民海岛开发利用面积和方式、生态保护措施、使用金缴纳、法定义务等。沿海各地区应当进一步完善无居民海岛开发利用申请审批的相关管理制度、标准、规范。

完善海域使用权转让、抵押、出租、作价出资（入股）等权能。

制定海域使用权转让管理办法，明确转让范围、方式、程序等，转让由原批准用海的政府海洋行政主管部门审批。研究建立海域使用权分割转让制度，明确分割条件，规范分割流程。转让海域使用权的，应依法缴纳相关税费。探索赋予无居民海岛使用权依法转让、抵押、出租、作价出资（入股）等权能。转让过程中改变无居民海岛开发利用类型、性质或其他显著改变开发利用具体方案的，应经原批准用岛的政府同意。

鼓励金融机构开展海域、无居民海岛使用权抵押融资业务。完善海域、无居民海岛使用权价值评估制度，制定相关评估准则和技术标准，加强专业人才队伍建设。将海域、无居民海岛使用权交易纳入全国公共资源交易平台。开展海域、海岛资源现状调查和评价，建立海域、海岛资源台账和海上构筑物信息平台，定期公布全国海域、无居民海岛使用权出让信息。开展用海项目和海岛地区经济运行、生态环境影响监测评估，适时发布评估报告以及海域价格、海岛生态和发展指数。

（六）建立使用金征收标准动态调整机制。国家统一调整海域等别，制定海域使用金征收标准，定期调整并向社会公布；沿海地方应根据本地区具体情况划分海域级别，制定不低于国家征收标准的地方海域使用金征收标准。申请审批方式出让海使用权的，执行地方征收标准，地方政府管理海域以外的项目用海执行国家征收标准。海域使用权市场化出让底价不得低于按照地方征收标准计算的海域使用金金额。

国家统一调整无居民海岛等别、用岛类型和用岛方式，制定无居民海岛使用金征收最低标准，定期调整并向社会公布。国家或省级海洋行政主管部门在最低使用金标准基础上，按照相关程序通过评估提出出让标准，作为无居民海岛市场化出让或申请审批出让的使用金征收依据。

（七）加强使用金征收管理。单位和个人使用海域、无居民海岛，应按规定足额缴纳使用金（包括招标拍卖挂牌方式出让的溢价部分）。对欠缴使用金的海域、无居民海岛使用权人，限期缴纳。限期结束后仍拒不缴纳的，依法收回使用权，并采取失信联合惩戒措施，建立用海用岛"黑名单"等制度，限制其参与新的海域、无居民海岛使用权出让活动。建立健全海域、无居民海岛使用金减免制度，细化减免范围和条件，严格执行减免规定，减免信息予以公示。国防、军事用海用岛依法免缴使用金。用海用岛项目已减免使用金的，其使用权发生转让、出租、作价出资（入股）或者经批准改变用途或性质的，应重新履行相关审批手续。制定养殖用海减缴或免缴海域使用金的标准。

海域使用金和无居民海岛使用金纳入一般公共预算管理。地方政府管理海域以外以及跨省（自治区、直辖市）管理海域的海域使用金全额缴入中央国库，由国家海洋局按照财政国库管理制度有关规定执行。养殖用海缴纳的海域使用金全额缴入同级市县地方国库。除上述两种情形外的海域使用金，以及无居民海岛使用金，合理确定中央和地方分成比例。地方分成的海域使用金和无居民海岛使用金在省、市、县之间的分配比例，由省级财政部门确定，报省级政府批准后执行。

（八）加强海域、无居民海岛有偿使用监管。各有关地区和部门要切实承担监管责任，强化协作配合，严格审查海域使用论证、海岛项目论证和开发利用具体方案等材料，加强用海用岛事中事后监管，开展用海用岛事后常态化评估。及时发现和严厉查处违法违规用海用岛行为，切实做到有案必查、违法必究。对造成海洋生态环境损害的，以损害程度等因素依法确定赔偿额度；对造成严重后果的，依法追究刑事责任。将海域、无居民海岛有偿使用制度贯彻落实情况作为海洋督察的重要内容，建立考核机制，严格责任追究。依托海域海岛动态监视监测系统，对出让、转让、使用金征收等实施动态监管，确保市场规范运行。利用全国信用信息共享平台和企业信用信息公示系统，依法公示海域、无居民海岛行政许可、行政处罚、使用金缴纳等信息并纳入诚信体系，接受社会监督。

三、组织实施

（九）加强组织领导。各有关地区和部门要牢固树立保护优先、绿色利用的理念，正确处理海域、无居民海岛资源保护与开发利用的关系，建立健全相关工作机制，确保各项任务落到实处。国家海洋局、财政部要统筹指导和督促落实海域、无居民海岛有偿使用制度改革工作，及时研究解决出现的新情况新问题，重大问题及时向党中央、国务院报告。

（十）有序推进市场化出让工作。坚持多种有偿出让方式并举，适应经济社会发展多元化需求，积极完善海域有偿使用制度。率先在浙江、广东省有序推进无居民海岛使用权市场化出让工作；在总结经验基础上，加快完善相关配套制度，到2019年全面推广实施。

（十一）推动相关法律法规修订。加快推进海域使用管理法、海岛保护法修订工作，做好海域、无居民海岛有偿使用管理规范性文件和标准的制定修订工作。各地应结合实际加强海域、无居民海岛有偿使用配套制度建设。

（十二）做好舆论宣传。加强对海域、无居民海岛有偿使用制度的舆论宣传，做好政策解读工作。充分发挥新闻媒体作用，加强信息共享与信息公开发布，积极回应社会关切，引导全社会树立保护海域、无居民海岛资源的意识，为改革营造良好舆论氛围和社会环境。

3. 全面深化价格机制改革

为深入贯彻落实党的十九大精神，进一步落实《中共中央 国务院关于推进价格机制改革的若干意见》要求，全面深化价格机制改革，推动供给侧结构性改革，更好服务决胜全面建成小康社会，2017年，国家发展改革委印发了《关于全面深化价格机制改革的意见》。

该意见第五部分指出，要创新和完善生态环保价格机制，坚持节约优先、保护优先、自然恢复为主的方针，创新和完善生态环保价格机制，推进环境损害成本内部化，促进资源节约和环境保护，推动形成绿色生产方式、消费方式。

第八条强调，要完善生态补偿价格和收费机制。按照"受益者付费、保护者得到合理补偿"原则，科学设计生态补偿价格和收费机制。完善涉及水土保持、渔业资源增殖保护、草原植被、海洋倾倒等资源环境有偿使用收费政策，科学合理制定收费办法、标准，增强收费政策的针对性、有效性。积极推动可再生能源绿色证书、排污权、碳排放权、用能权、水权等市场交易，更好发挥市场价格对生态保护和资源节约的引导作用。

（二）推行相关税法及补偿机制

1. 从法律角度规范环境和资源利用

为保护和改善环境，减少污染物排放，推进生态文明建设，1993 年 12 月 25 日中华人民共和国国务院令发布《中华人民共和国资源税暂行条例》。2011 年，根据《国务院关于修改〈中华人民共和国资源税暂行条例〉的决定》对原条例进行了修订。其中第一条规定，在中华人民共和国领域及管辖海域开采本条例规定的矿产品或者生产盐（以下称开采或者生产应税产品）的单位和个人，为资源税的纳税人，应当依照本条例缴纳资源税。

2016 年 12 月 25 日第十二届全国人民代表大会常务委员会第二十五次会议通过了《中华人民共和国环境保护税法》。其中第二条规定，在中华人民共和国领域和中华人民共和国管辖的其他海域，直接向环境排放应税污染物的企业事业单位和其他生产经营者为环境保护税的纳税人，应当依照本法规定缴纳环境保护税。第二十二条规定，纳税人从事海洋工程向中华人民共和国管辖海域排放应税大气污染物、水污染物或者固体废物，申报缴纳环境保护税的具体办法，由国务院税务主管部门会同国务院海洋主管部门规定。

2. 建立健全生态保护补偿机制

实施生态保护补偿是调动各方积极性、保护好生态环境的重要手段，是生态文明制度建设的重要内容。近年来，各地区、各有关部门有序推进生态保护补偿机制建设，取得了阶段性进展。但总体来看，生态保护补偿的范围仍然偏小、标准偏低，保护者和受益者良性互动的体制机制尚不完善，一定程度上影响了生态环境保护措施行动的成效。为进一步健全生态保护补偿机制，加快推进生态文明建设，2016 年国务院办公厅印发了《国务院办公厅关于健全生态保护补偿机制的意见》。

该意见明确了到 2020 年的目标任务，即到 2020 年，实现森林、草原、湿地、荒漠、海洋、水流、耕地等重点领域和禁止开发区域、重点生态功能区等重要区域生态保护补偿全覆盖，补偿水平与经济社会发展状况相适应，跨地区、跨流域补偿试点示范取得明显进展，多元化补偿机制初步建立，基本建立符合我国国情的生态保护补偿制度体系，促进形成绿色生产方式和生活方式。

该意见第二节对森林、草原、湿地、荒漠、海洋、水流、耕地领域健全生态保护补偿机制的重点任务做出了规定。其中，在湿地方面，该意见指出，应"探索建立湿地生态效益补偿制度，率先在国家级湿地自然保护区、国际重要湿地、国家重要湿地开展补偿试点"。在海洋方面，该意见指出，应"完善捕捞渔民转产转业补助政策，提高转产转业补助标准；继续执行海洋伏季休渔渔民低保制度；健全增殖放流和水产养殖生态环境修复补助政策；研究建立国家级海洋自然保护区、海洋特别保护区生态保护补偿制度"。

该意见第三节指出，要推进体制机制创新，将海洋也纳入考虑范围，要求"建立稳定投入机制，完善重点生态区域补偿机制，推进横向生态保护补偿，健全配套制度体系，创新政策协同机制，结合生态保护补偿推进精准脱贫，加快推进法制建设。

七、建立健全环境治理体系

中国海洋环境治理体系的建立与健全主要从实施污染控制和防治、推动海洋生态文明示范区建设及强化生态环境监测三方面进行，重点着眼于重点海域污染总量控制、近岸海域污染防治、海洋生态文明示范区建设、海洋环境监测改革以及生态环境监测网络建设方面。在重点海域污染总量控制方面，国家海洋局于 2018 年印发了《关于率先在渤海等重点海域建立实施排污总量控制制度的意见》，并配套印发《重点海域排污总量控制技术指南》，率先在重点海域建立排污总量控制试点；在近岸海域污染防治方面，环境保护部办公厅等单位于 2017 年印发了《近岸海域污染防治方案》，对近岸海域污染防治的目标、主要任务、保障措施方面做出了明确要求；在海洋生态文明示范区建设方面，国家海洋局于 2012 年 9 月编制、印发了《海洋生态文明示范区建设管理暂行办法》和《海洋生态文明示范区建设指标体系（试行）》；在海洋环境监测改革方面，中共中央办公厅、国务院办公厅于 2017 年印发了《关于深化环境监测改革提高环境监测数据质量的意见》；在生态环境监测网络建设方面，国务院办公厅于 2015 年印发了《生态环境监测网络建设方案》，要求全面设点、全国联网、自动预警、依法追责，健全生态环境监测制度与保障体系。

（一）实施污染控制和防治措施

1. 在重点海域建立实施污染总量控制制度

《中华人民共和国海洋环境保护法》对建立实施总量控制制度有着明确规定，《中共中央 国务院关于加快推进生态文明建设的意见》《生态文明体制改革总体方案》《水污染防治行动计划》等重要文件也提出了明确要求。为落实污染物总量控制的相关规定与要求，2018 年 1 月 4 日，国家海洋局印发《关于率先在渤海等重点海域建立实施排污总量控制制度的意见》，配套印发《重点海域排污总量控制技术指南》，率先在渤海等污染问题突出、前期工作基础较好以及开展"湾长制"试点的重点海域，建立实施总量控制制度，逐步在全国沿海全面实施。

该意见指出，要以着力解决突出环境问题为导向，充分发挥各级地方政府的主体责任和积极作用，按照质量改善、政府抓总、陆海统筹、分步实施的原则，依循"查底数、定目标、出方案、促落实"的推进思路和实施步骤，推动总量控制制度在部分重点海域率先建立实施，不断健全完善以保护生态系统、改善环境质量为目标的制度框架和标准规范，为在中国重点海域全面建立总量控制制度打下良好基础。

该意见明确，2018 年，率先在大连湾、胶州湾、象山港、罗源湾、泉州湾、九龙江—厦门湾、大亚湾等重点海湾，以及天津市、秦皇岛市、连云港市、海口市、浙江全省等地区，全面建立实施总量控制制度；渤海其他沿海地市全面启动总量控制制度建设。2019 年，渤海沿海地市全面建立实施总量控制制度。全国其他沿海地市全面启动总量控制制度建设。2020 年，全国沿海地市全面建立实施重点海域排污总量控制制度。

该技术指南则规范了总量控制区域边界确定、海域水质调查与评价、总量控制指标识别及水质目标制定、陆源及海上污染物入海总量调查评估、污染物允许排放量计算、污染物削减总量分配及总量控制成效考核等技术流程和方法，用于指导中国重点海域污染物排放总量控制工作。

2. 在近岸海域推动污染防治

近岸海域是陆地和海洋两大生态系统的交汇区域，陆地和海洋环境因素都对近岸海域环境质量有着十分重要而深远的影响。近岸海域环境质量状况及变化趋势，综合反映了各类涉海排污行为的强度和污染防治工作的成效。做好近岸海域污染防治工作，不仅可以改善海洋生态环境质量，而且能够促进陆域、海域产业结构和空间布局优化，带动各相关行业的生产技术和治污技术进步，有利于实现陆海统筹和区域间的均衡、协调、可持续发展。

海洋在海陆水循环中的作用，使其成为众多污染物的归宿。随着经济的快速发展和生活水平的提高，通过各种途径排入近岸海域的污染物总量居高不下，近岸海域的环境质量状况不容乐观。

为落实《水污染防治行动计划》，改善近岸海域环境质量状况，维护海洋生态安全，切实加强近岸海域环境保护工作，2017年，环境保护部办公厅等单位共同印发了《近岸海域污染防治方案》。

该方案指出，应坚持质量导向、保护优先，河海兼顾、区域联动，突出重点、全面推进，综合防治、精准施策的基本原则，以改善近岸海域环境质量为核心，加快沿海地区产业转型升级，严格控制各类污染物排放，开展生态保护与修复，加强海洋环境监督管理。2020年底前，沿海地级及以上城市根据地区环境容量、排污许可证发放情况等完成工业固定污染源总氮削减任务；海洋国土空间的生态保护红线面积占沿海各省（区、市）管辖海域总面积的比例不低于30%；全国大陆自然岸线保有率不低于35%，全国湿地面积（含滨海湿地）不低于8亿亩，湿地面积不减少；全国海水养殖面积控制在220万公顷左右。

该方案将现阶段的重点任务划分为促进沿海地区产业转型升级、逐步减少陆源污染排放、加强海上污染源控制、保护海洋生态、防范近岸海域环境风险五个方面。

针对促进沿海地区产业转型升级，该方案提出，应调整沿海地区产业结构，提高涉海项目环境准入门槛，严格污染物排放控制要求，严控围填海和占用自然岸线的建设项目。针对逐步减少陆源污染排放，该方案提出，应开展主要入海河流综合整治，明确入海河流整治目标和工作重点，编制入海河流水体达标方案；规范入海排污口管理，摸清入海排污口底数，清理非法和设置不合理入海排污口；加强沿海地级及以上城市污染物排放控制，科学确定污染物排放控制目标，加强沿海地级及以上城市各类污染源治理，加强污染物排放控制的监测监控与考核；严格控制环境激素类化学品污染，实施环境激素类化学品淘汰、限制、替代等措施。针对加强海上污染源控制，该方案提出，应加强船舶和港口污染防治，全面推进船舶和港口污染防治工作；加强海水养殖污染防控，依法科学划定养殖区、限制养殖区和禁止养殖区；加强海洋石油勘探开发污染防治，强化监督管理，防控海洋石油勘探开发污染。针对保护海洋生态，该方案提出，应划定并严守生态保护红线，严格控制围填海和占用自然岸线的开发建设活动，保护典型海洋生态系统和重要渔业水域，加强海洋生物多样性保护，加快推进海洋生态整治修复。针对防范近岸海域环境风险，该方案提出，应加强沿海工业企业环境风险防控，加强沿海环境风险较大的工业企业环境监管，编制重大突发环境事件应急预案，探索建立健全沿海环境污染责任保险制度；防范海上溢油及危险化学品泄漏对近岸海域的污染风险，开展海上溢油及危险化学品泄漏环境风险评估，健全海上溢油及危险化学品泄漏污染海洋环境应急响应机制。

此外，该方案还从加强组织领导、强化监督管理、发挥市场机制作用、强化科技支撑、加强公众参与五个方面对近岸海域污染防治的保障措施提出了要求。

近岸海域污染防治方案（节选）

三、重点任务

（一）促进沿海地区产业转型升级

1.调整沿海地区产业结构

结合"一带一路"建设、京津冀协同发展、长江经济带建设等国家重大战略，实施科技引领，加快沿海地区实现创新驱动发展和绿色发展转型。加快化解船舶、钢铁、水泥等行业过剩产能，推动产

业升级，引领新兴产业和现代服务业发展。加快构建沿海现代农业产业体系，优化海水养殖业空间布局。加强工业企业园区化建设，推进循环经济和清洁生产，积极建设生态工业园区，加强资源综合利用和循环利用，实施工业园区废水集中处理。

2.提高涉海项目环境准入门槛

（1）提高行业准入门槛。从严控制"两高一资"产业在沿海地区布局，严格执行环境保护和清洁生产等方面的法律法规标准和重点行业环境准入条件，从产业结构、布局、规模、区域环境承载力、与相关规划的协调性等方面，严格项目审批，提高行业准入门槛；依法淘汰沿海地区污染物排放不达标或超过总量控制要求的产能。

（2）严格污染物排放控制要求。针对当前海洋环境污染问题的特点，严格执行国家和地方污染物排放标准，强化工业企业总氮和总磷等污染物负荷削减。在超过水质目标要求、封闭性较强的海域，实行新（改、扩）建设项目主要污染物排放总量减量置换。

（3）严控围填海和占用自然岸线的建设项目。严格按照海洋主体功能区规划、海洋功能区划、近岸海域环境功能区划和生态保护红线要求，加强近岸海域建设项目环境准入管理，在环境影响评价、排污许可、入海排污口设置等方面，落实围填海、自然岸线和生态保护红线管控要求。

（二）逐步减少陆源污染排放

1.开展入海河流综合整治

（1）明确入海河流整治目标和工作重点。开展主要入海河流综合整治，到2020年，纳入《水污染防治行动计划》考核范围的入海河流达到水质目标要求（河流名单及水质目标见附1）；将水质劣于Ⅴ

类的入海河流作为各海区整治工作的重点，包括渤海海域的大旱河等6条河流、黄海海域的李村河等7条河流、东海海域的上塘河和南海海域的淡澳河等7条河流。除此之外，沿海各省（区、市）应对本行政区域内其他入海河流（包括季节性河流）情况进行全面调查、登记，开展入海断面水质监测，根据水环境功能要求，自行确定水质目标，明确环境质量责任。相关管理部门共享入海河流调查登记信息。

（2）编制入海河流水体达标方案。对入海监测断面水质尚未达到沿海省（区、市）《水污染防治目标责任书》水质目标要求的入海河流，沿海各省（区、市）应参照《水体达标方案编制技术指南》（环办污防函〔2016〕563号），编制本省（区、市）《入海河流水体达标方案》；对于其他入海河流，沿海各省（区、市）可视需要编制《入海河流水体达标方案》。入海河流水体达标方案要客观分析入海河流环境压力，识别主要环境问题，提出年度任务和年度目标，做好与流域控制单元污染防治工作的衔接。在有条件的情况下，可进行污染源—排污口—水体的输入响应分析，测算污染物允许排放量，结合水污染治理的技术经济可行性，明确阶段性污染负荷削减目标，提出切实可行的整治工程清单，实现"一河一策"精准治污。

（3）组织开展入海河流整治。全面落实河长制，从控源减污、内源治理、水量调控等方面，因地制宜地采取工程和管理措施，充分考虑与已批准的相关规划文件衔接。加强组织领导，加大环境监督管理力度，建立长效管理机制，确保入海河流水质逐步改善。在有条件的情况下，采用水环境模型预测污染治理措施的水质改善效果，优化工程项目布局与规模。

（4）时间进度安排。沿海各省（区、市）按照"一河一策"的原则，在调查研究基础上尽快编制完成《入海河流水体达标方案》。2018 至 2020 年，在《入海河流水体达标方案》实施过程中，沿海各省（区、市）逐年对入海河流水质状况、治理成效、工程项目建设与运行、环境监督管理、长效机制建设、投融资模式等情况进行总结分析，形成年度工作报告。

2. 规范入海排污口管理

（1）摸清入海排污口底数。清理入海排污口的范围，包括陆地和海岛上所有直接向海域排放污（废）水的排污口和排污沟（渠）。沿海各省（区、市）对本行政区域内已建成和在建的入海排污口进行全面调查，确定各个排污口的污染治理责任单位，并予以登记（登记表格式见附 2）；对近岸海域汇水区域内的城镇污水处理设施进行登记（登记表格式见附 3），判定非法和设置不合理入海排污口（判定条件见附 4）；在有条件的地方，可以入海排污口为起点，溯源排查管道布设情况。

（2）清理非法和设置不合理入海排污口。沿海各省（区、市）应编制非法和设置不合理排污口名录，确定各个排污口的具体整治要求，制定非法与设置不合理排污口清理工作方案，并组织开展整治工作，根据实际情况，依法处理。

（3）时间进度安排。2017 年 6 月底前，沿海各省（区、市）完成本行政区域内排污口摸底排查工作，制定非法与设置不合理排污口清理工作方案（含排污口名单），编制完成近岸海域汇水区域（沿海地级及以上城市）城镇污水处理设施清单。2017 年底前，完成非法与设置不合理入海排污口的清理工作。2018 年 2 月底前，沿海各省份编制完成入海排污口清理工作报告(含排污口名单)和近岸海域汇水区域内的城镇污水处理设施达标情况报告(含设施名单)。

3.加强沿海地级及以上城市污染物排放控制

(1)科学确定污染物排放控制目标。

"十三五"期间,沿海地级及以上城市根据近岸海域水质改善需求,结合水域纳污能力,围绕无机氮等首要污染物,因地制宜地确定污染物排放控制指标,并纳入污染物排放总量约束性指标体系。按照《控制污染物排放许可制实施方案》的要求,改变单纯的以行政区域为单元分解污染物排放总量指标的方式,通过差别化和精细化的排污许可证管理,落实企事业单位污染物排放总量控制要求,逐步实现由行政区污染物排放总量控制,向企事业单位污染物排放总量控制转变。

对于工业固定污染源,2017年底前,沿海地级及以上城市按照《控制污染物排放许可制实施方案》和环境保护部相关配套文件要求,结合本地区改善环境质量的需要,确定污染物许可排放浓度和排放量,将所有工业固定污染源污染物许可排放量总和作为该地区工业固定污染源污染物排放总量控制目标。控制指标按照国家排污许可和总量控制相关要求执行。

沿海省(区、市)制定或完善相关考核办法,在入海河流现有水质目标基础上,增加入海河流总氮水质目标,并根据入海河流浓度下降的阶段性目标要求,制订本地区工业固定污染源许可排放量年度削减计划,并在固定污染源排污许可证中予以明确。

(2)加强沿海地级及以上城市各类污染源治理。

通过排污许可严控工业固定污染源排放。环保部门应加强排污许可证实施监管，督促企业采取有效措施控制污染物排放，达到排污许可证规定的许可排放量削减要求；对建设项目实施污染物排放等量置换或减量置换。应当要求相关工业企业严格落实排污许可管理要求，通过加大环保投入、提升清洁生产水平和治污设施提标改造等措施，提高污染治理水平，确保污染物排放达到排污许可要求，并将污水治理措施向当地环境保护部门备案，定期向环境保护部门提交许可证执行报告，包括治污设施建设与运行情况、排污口设置，以及排放污染物的种类、浓度和排放量等。

加强工业集聚区污染治理和污染物排放控制。加强沿海经济技术开发区、高新技术产业开发区、出口加工区等工业集聚区污染治理。新建、升级工业集聚区应同步规划、建设污水集中处理设施或利用现有的污水集中处理设施，污水集中处理设施应具备脱氮除磷工艺，并安装自动在线监控装置。

提高城镇污水处理设施氮磷去除能力。加快现有城镇污水处理设施升级改造，到 2017 年近岸海域汇水区域内的城镇污水处理设施全面达到一级 A 排放标准。鼓励有条件的地区在城镇污水处理厂下游采取湿地净化工程等措施，进一步削减污染物入河量。推进城镇污水处理厂达标尾水的资源化利用，减少排入自然水体的污染物负荷。

加强畜禽养殖与农村面源污染控制。对于规模化畜禽养殖，通过加强畜禽养殖废弃物的综合利用和无害化处理等方式，推进畜禽养殖废弃物的减量化、资源化、无害化、生态化处理，减少污染物排放；对于小型分散畜禽养殖、农村生活、农业种植等面源，结合农村环境综合整治工作，通过建设分散型污水处理、生态拦截沟、湿地净化等工程措施，以及提高化肥利用率等途径，减少污染物排放。在具备条件的河口区域开展湿地建设，减少面源污染物入海量。

（3）加强污染物排放控制的监测监控与考核。

沿海地级及以上城市将总氮纳入地表水水质例行监测；环境保护部门在监督性监测过程中将总氮作为必测指标，确保有效掌握固定污染源总氮排放状况。相关排污单位应当按照排污许可证的规定，开展自行监测，保障数据合法有效并及时向社会公开。重点排污单位应当安装总氮、总磷自动在线监控装置，鼓励其他排污单位安装总氮、总磷在线监测设备，并与环境保护部门联网。

沿海省（区、市）将总氮纳入河流水质目标考核，并向社会公开。对于排放控制效果好、水质改善明显的地区，环境保护部优先支持该地区污染物减排工程项目纳入《水污染防治行动计划》国家项目库。对于入海河流和近岸海域污染物浓度不降反升、排放控制目标完成情况较差的地区，沿海各省（区、市）应通过区域限批、约谈、挂牌督办等方式督促并指导相关地市采取有效措施加以整改。

（4）时间进度安排。

2017年底前，沿海地级及以上城市确定工业固定污染源排放控制目标，提出各类污染源减排重点工程清单，完成《水污染防治行动计划》确定的十大重点行业排污许可证核发。2018年底前，按照国家排污许可证管理名录规定时限完成相关行业排污许可证核发，并严格按证监管，推动污染物减排重点工程建成投运，基本建成总氮监测监控体系。2018—2020年，沿海地级及以上城市全面开展污染物排放控制工作，进行污染物排放控制情况的年度考核。

4.严格控制环境激素类化学品污染

2017年底前，完成环境激素类化学品生产使用情况调查，监控评估水源地、农产品种植区及水产品集中养殖区风险，实施环境激素类化学品淘汰、限制、替代等措施。

（三）加强海上污染源控制

1.加强船舶和港口污染防治

发布《船舶水污染物排放标准》，按照《船舶与港口污染防治专项行动实施方案（2015—2020年）》相关要求，加快相关法规、标准规范的制修订，持续推进船舶结构调整，协同推进船舶污染物接收设施建设及其与城市公共处理设施的衔接，加强污染物排放监测和监管等，全面推进船舶和港口污染防治工作。

到2017年底，沿海港口、码头、装卸站、船舶修造厂具备船舶含油污水、化学品洗舱水、生活污水和垃圾等接收能力，并做好与市政公共处理设施的衔接，实现船舶污染物按规定处置。2020年底前，按照船舶污染物排放标准，完成现有船舶的改造，经改造仍不能达到要求的，依法限期予以淘汰。

2.加强海水养殖污染防控

沿海渔业重点县（市）组织编制《养殖水域滩涂规划》，依法科学划定养殖区、限制养殖区和禁止养殖区；完善水产养殖基础设施，推进水产养殖池塘标准化改造，鼓励沿海省（区、市）开展海洋离岸养殖，支持推广深水抗风浪养殖网箱。发展水产健康养殖，继续组织健康养殖示范创建活动；加强养殖投入品管理，落实《兽药抗菌药及禁用兽药五年专项治理计划》（农质发〔2015〕6号），加强水产养殖环节用药的监督抽查。

2017 年底前，沿海各省（区、市）编制完成并发布推进生态健康养殖工作方案。2018 年底前，沿海渔业重点县（市）发布县级《养殖水域滩涂规划》。沿海各级渔业主管部门推进水产养殖池塘标准化改造、近海养殖网箱环保改造、海洋离岸养殖和集约化养殖、新创建一批水产健康养殖示范场，加强养殖投入品管理。

3. 加强海洋石油勘探开发污染防治

严格按照《海洋环境保护法》《防治海洋工程建设项目污染损害海洋环境管理条例》《海洋石油勘探开发环境保护管理条例》等相关法律法规的要求，强化监督管理，防控海洋石油勘探开发污染。

（四）保护海洋生态

1. 划定并严守生态保护红线

在海洋重要生态功能区、海洋生态脆弱区、海洋生态敏感区等区域划定生态保护红线，合理划定纳入生态保护红线的湿地范围，明确湿地名录，并落实到具体湿地地块，明确生态保护红线管控要求，构建红线管控体系。沿海各地的海洋资源开发建设活动应严守生态保护红线；非法占用生态保护红线范围的建设项目应限期退出；导致生态保护红线范围内生态破坏的，应按照生态损害者赔偿、受益者付费、保护者得到合理补偿的原则，进行海洋生态补偿。

2. 严格控制围填海和占用自然岸线的开发建设活动

认真执行围填海管制计划，严格控制围填海规模，加强围填海管理和监督，制定并印发实施《建设项目用海控制标准》。重点海湾、自然保护区、海洋特别保护区的重点保护区及预留、重点河口区域、重要滨海湿地区域、重要砂质岸线及沙源保护海域、特殊保护海岛及重要渔业海域禁止实施围填海；生态脆弱敏感区、自净能力差的海域严格限制围填海；严肃查处违法围填海行为。近岸海域湿地的开发建设活动管理，应按照《湿地保护修复制度方案》（国办发〔2016〕89号）、《关于加强滨海湿地管理与保护工作的指导意见》（国海环字〔2016〕664号）等的规定予以落实。

3.保护典型海洋生态系统和重要渔业水域

加大红树林、珊瑚礁、海藻场、海草床、河口、滨海湿地、泻湖等典型海洋生态系统，以及产卵场、索饵场、越冬场、洄游通道等重要渔业水域的调查研究和保护力度，健全生态系统的监测评估网络体系，因地制宜地采取红树林栽种、珊瑚、海藻和海草人工移植、渔业增殖放流、建设人工鱼礁等保护与修复措施，切实保护水深20米以内海域重要海洋生物繁育场，逐步恢复重要近岸海域的生态功能。

4.加强海洋生物多样性保护

以生物多样性保护优先区域为重点，开展海洋生物多样性本底调查与编目。加强海洋生物多样性监测预警能力建设，提高海洋生物多样性保护与管理水平。对国家和地方重要湿地，要通过设立国家公园、湿地自然保护区、湿地公园、水产种质资源保护区、海洋特别保护区等方式加强保护，在生态敏感和脆弱地区加快保护管理体系建设。加强海洋特别保护区、海洋类水产种质资源保护区建设，强化海洋自然保护区监督执法，提升现有海洋保护区规范化能力建设和管理水平。定期开展海洋类型自然保护区卫星遥感监测。加大海洋保护区选划力度。开展海洋外来入侵物种防控措施研究。

5.推进海洋生态整治修复

根据《海洋生态修复项目管理办法》，围绕滨海湿地、岸滩、海湾、海岛、河口、珊瑚礁等典型生态系统，实施"南红北柳"湿地修复、"银色海滩"岸滩整治、"蓝色海湾"综合治理和"生态海岛"保护修复等工程，恢复海岸带湿地对污染物的截留、净化功能；修复鸟类栖息地、河口产卵场等重要自然生境。对位于候鸟迁飞路线上的国际和国家重要湿地、国家级自然保护区和国家湿地公园等予以恢复。在围填海工程较为集中的渤海湾、江苏沿海、珠江三角洲、北部湾等区域，实施生态修复工程。到2020年，恢复滨海湿地总面积不少于8500公顷，修复近岸受损海域40万公顷。实施沿海防护林体系建设工程，构筑坚实的沿海生态屏障。严格控制各种占用大陆和海岛自然岸线的建设活动，保护自然生境和自然岸线，到2020年，整治海岸线长度不少于1000公里。

6.时间进度安排

2016年底前，在海洋国土空间开展生态保护红线划定和管控工作，发布具有特殊用途或者特殊保护价值的海岛名录。2018年底前，建立海洋生态补偿相关标准和海洋生态补偿机制；启动建设"天地一体化"生态保护红线监管平台。

（五）防范近岸海域环境风险

1.加强沿海工业企业环境风险防控

加强沿海环境风险较大的工业企业环境监管。加强沿海工业开发区和沿海石化、化工、冶炼、石油开采及储运等行业企业的环境执法检查，提高环境违法行为的处罚力度，消除环境违法行为。

编制重大突发环境事件应急预案。提升船舶与港口码头污染事故应急处置能力，加强沿海地区突发环境事件风险防控。在沿海地区各级政府突发环境事件应急预案中，应完善陆域环境风险源和海上溢油及危险化学品泄漏对近岸海域影响的应急方案，完善风险防控措施，定期开展应急演练。加强有关部门环境应急能力标准化建设。探索建立健全沿海环境污染责任保险制度。

2.防范海上溢油及危险化学品泄漏对近岸海域污染风险

开展海上溢油及危险化学品泄漏环境风险评估。以渤海为重点，开展海上溢油及危险化学品泄漏污染近岸海域风险评估，防范溢油等污染事故发生。加强海上溢油及危险化学品泄漏对近岸海域影响的环境监测。

健全海上溢油及危险化学品泄漏污染海洋环境应急响应机制。针对可能污染近岸海域的海上溢油和危险化学品泄漏事故，明确近岸海域和海岸的污染治理责任主体，完善应急响应和指挥机制。按照"统一管理、合理布局、集中配置"原则，配置应急物资库，建设应急物资统计、监测、调用综合信息平台。

四、保障措施

黄河口、长江口、闽江口、珠江口、辽东湾、渤海湾、胶州湾、杭州湾、北部湾等海域周边的各省（区、市），应以改善海域环境质量状况为核心开展污染综合整治，探索实施海域网格化水质监测，进行河口海湾生态环境调查与评估诊断，有针对性地开展污染治理工作；试点开展重点海域污染物总量控制制度研究，结合"蓝色海湾"等重大工程的部署与安排，全面推进本方案确定的各项任务和措施的落实。

沿海各省（区、市）根据《中共中央 国务院关于加快推进生态文明建设的意见》《生态文明体制改革总体方案》《党政领导干部生态环境损害责任追究办法（试行）》《水污染防治行动计划》等文件精神，从组织领导、监管、资金、技术等方面对实施近岸海域污染防治工作予以充分保障，做好公众参与和社会监督工作。

（一）加强组织领导

强化地方政府近岸海域环境保护责任。沿海各省（区、市）要按照《水污染防治行动计划》有关分工和本方案的要求，于2017年底前，制定本省（区、市）近岸海域污染防治实施方案，并报环境保护部备案，同时抄送国务院其他相关部门。地方各级政府对本地区近岸海域环境保护负总责，要将实施方案的各项任务分解落实到各相关部门，确定各项任务的年度工作目标，做好水污染防治行动计划实施方案和本方案的衔接，确保完成各项任务。国务院各有关部门按照部门职责，对本方案的实施予以指导（分工方案见附5），加强部门协调，及时解决方案实施中出现的问题，适时向国务院报告方案实施情况。

2017年6月底前，沿海各省（区、市）编制完成清理非法和设置不合理入海排污口工作方案，报环境保护部备案，清理工作应于2017年底前完成。2018年至2021年，每年3月底前沿海各省（区、市）向环境保护部报送本省份近岸海域污染防治工作报告以及相关文件，同时抄送国务院其他相关部门。

（二）强化监督管理

国务院有关部门要进一步完善管控措施，建立并实施入海污染物排放总量制度，抓紧确定总氮等重点污染物排放总量和减排目标指标，制定减排方案和考核办法，同时，严格围填海管理，合理有序开发保护沿海滩涂，建立资源环境承载能力监测预警机制，深化规划环评，逐步提高重点产业资源环境效率准入门槛，倒逼沿海地区产业绿色发展。

加强近岸海域环境监测监控能力建设，进一步完善近岸海域、入海河流和直排海污染源监测监控体系，推进近岸海域环境信息共享。定期开展陆源污染与近岸海域环境形势分析，动态跟踪方案实施情况，进行近岸海域环境预警，及时发现和解决近岸海域突出环境问题。加强近岸海域环境保护监督执法能力建设，提高执法队伍素质，严格环境执法，加大执法力度，提高执法效率。实施考核评估，强化考核结果在中央资金分配、区域限批、责任追究等方面的作用。

（三）发挥市场机制作用

地方各级政府要加大资金投入，统筹近岸海域污染防治各项任务，提升资金使用绩效，确保实现方案目标。充分发挥市场机制作用，建立多元化筹资机制，推行环境污染第三方治理，推进市场化运营，逐步将近岸海域污染防治领域全面向社会资本开放，健全投资回报机制，以合作双方风险共担、利益共享、权益融合为目标，推广运用政府和社会资本合作（PPP）模式。

（四）强化科技支撑

国家和地方要加大对近岸海域污染防治相关科学研究的支持力度，以需求为导向，组织开展近岸海域污染防治共性、关键、前瞻技术研发，加强陆海统筹污染控制、滨海湿地生态保护与修复、近海资源环境承载力、沿海产业结构转型升级等理论和技术方法研究。加强科技成果共享和转化，推广成熟先进的污染治理和近岸海域生态修复等适用技术。

（五）加强公众参与

加强近岸海域环境信息公开和公众参与。按照相关规定公开近岸海域环境质量、海岸带开发利用等信息，组织公众参与海洋环境保护公益活动，提高公众保护海洋环境的意识。各级环境保护部门要按规定公开新建项目环境影响评价信息，重点排污单位要依法及时准确地在当地主流媒体上公开污染物排放、治污设施运行情况等环境信息，接受社会监督。通过公开听证、网络征集等形式，充分了解公众对重大决策和建设项目的意见。健全举报制度，充分发挥环保举报热线和网络平台作用，及时办理公众举报投诉的近岸海域环境问题。

五、附则

沿海各省（区、市）实施城镇污水处理设施限期达到一级 A 排放标准措施的近岸海域汇水区域范围如下：

（一）辽宁省：丹东市、大连市、锦州市、营口市、盘锦市、葫芦岛市；

（二）河北省：秦皇岛市、唐山市、沧州市；

（三）天津市全市范围；

（四）山东省：滨州市、东营市、潍坊市、烟台市、威海市、青岛市、日照市；

（五）江苏省：连云港市、盐城市、南通市；

（六）上海市全市范围；

（七）浙江省：杭州市、宁波市、温州市、嘉兴市、绍兴市、舟山市、台州市；

（八）福建省：福州市、厦门市、莆田市、宁德市、漳州市、泉州市、平潭综合试验区；

（九）广东省：广州市、深圳市、珠海市、汕头市、江门市、湛江市、茂名市、惠州市、汕尾市、阳江市、东莞市、中山市、潮州市、揭阳市；

（十）广西壮族自治区：北海市、防城港市、钦州市；

（十一）海南省：海口市、三亚市、三沙市、儋州市。

除以上行政区域外，沿海各省（区、市）可根据当地实际情况和工作需要，自行确定在本省份其他区域实施城镇污水处理设施限期达到一级A排放标准措施的范围。

（二）推动建设海洋生态文明示范区

推动海洋生态文明迈向新时代、加快建设美丽海洋，是实现"两个一百年"奋斗目标的重要保障。当前，迫切需要进行海洋生态文明体制改革试点，带动和引领海洋生态文明建设。在海洋生态文明示范区建设的基础上，海洋生态文明体制改革试点围绕"美丽海洋"稳步开展。要综合海洋生态文明示范区建设经验、模式，评估建设成效，拓展海洋生态文明体制改革的思路。要加强海洋生态文明的理论创新、制度创新，引导沿海地区正确处理经济发展与海洋生态环境保护的关系，推动各示范区充分发挥本地区海洋资源、环境和区位特点，突出地方特色，探索经济、社会、文化和生态全面、协调、可持续的发展模式，促进国家和沿海地区经济发展方式加速转型，实现人与海洋、经济社会和谐共生。

海洋生态文明示范区是海洋生态文明建设的重要载体，是深化海洋综合管理、促进海洋强国建设的重要抓手，对推动沿海地区经济社会发展方式转变、实现海洋生态环境融入沿海经济社会发展具有重要意义。

为科学、规范、有序地开展海洋生态文明示范区建设工作，提高海洋生态文明建设水平，国家海洋局在深入调查研究的基础上，于2012年9月编制、印发了《海洋生态文明示范区建设管理暂行办法》和《海洋生态文明示范区建设指标体系（试行）》。

《海洋生态文明示范区建设管理暂行办法》对国家级海洋生态文明示范区的申报、建设、考核、验收和管理做出了规范。

该办法指出，海洋生态文明示范区建设应当遵循统筹兼顾、科学引领、以人为本、公众参与、先行先试的原则，坚持在开发中保护、保护中开发，坚持规划用海、集约用海、生态用海、科技发展、依法用海，促进海洋资源环境可持续利用和沿海地区科学发展。

该办法要求，由创建国家级海洋生态文明示范区的沿海市、县（区）成立以政府主要领导为组长、各有关部门参与的建设领导小组，指定相应的职能部门参照《海洋生态文明示范区建设规划编制大纲》科学编制建设规划，并由沿海市、县（区）人民政府作为申报主体，按照自愿申报的原则逐级提出申请。

海洋生态文明示范区建设管理暂行办法

第一条　根据党中央、国务院关于生态文明建设的总体部署，为推进海洋生态文明建设，规范海洋生态文明示范区建设工作，制定本办法。

第二条　本办法适用于国家级海洋生态文明示范区的申报、建设、考核、验收和管理。

第三条　国家海洋局负责国家级海洋生态文明示范区建设工作的监督管理，制定实施海洋生态文明示范区建设指标体系和考核评估办法。

沿海省级海洋行政主管部门可参照本办法制定地方级海洋生态文明示范区的建设管理办法。

第四条 海洋生态文明示范区建设应当遵循统筹兼顾、科学引领、以人为本、公众参与、先行先试的原则。坚持在开发中保护、保护中开发,坚持规划用海、集约用海、生态用海、科技用海、依法用海,促进海洋资源环境可持续利用和沿海地区科学发展。

第五条 创建国家级海洋生态文明示范区的沿海市、县(区)应成立以政府主要领导为组长、各有关部门参与的建设领导小组,负责实施国家级海洋生态文明示范区建设工作。

第六条 创建国家级海洋生态文明示范区的沿海市、县(区)应指定相应的职能部门参照《海洋生态文明示范区建设规划编制大纲》,科学编制建设规划,由省级海洋行政主管部门组织评审,经示范区所在地人民政府批准,并向社会公示。

第七条 沿海市、县(区)人民政府作为国家级海洋生态文明示范区的申报主体,按自愿申报的原则,逐级提出申请。

省级海洋行政主管部门根据《海洋生态文明示范区建设指标体系(试行)》标准,对所辖区域的创建申报材料进行预评估,择优推荐本省前三名候选市、县(区),经省级人民政府同意后报国家海洋局。

第八条 申报国家级海洋生态文明示范区应当提交下列材料:

(一)示范区市、县(区)人民政府申请文件;

(二)《国家级海洋生态文明示范区申报书》;

(三)《海洋生态文明示范区建设规划》;

（四）《海洋生态文明示范区建设达标自评估报告》；

（五）省级海洋行政主管部门预评估意见与推荐意见；

（六）其他辅助材料。

第九条　国家海洋局成立国家级海洋生态文明示范区评审委员会，负责国家级海洋生态文明示范区的考核与评估。

国家级海洋生态文明示范区评审委员会由相关管理部门代表和相关领域专家等组成。

第十条　国家海洋局收到申报材料后，组织国家级海洋生态文明示范区评审委员会赴现场进行考察、考核和评估。

通过考察、考核和评估的沿海市、县（区），经国家海洋局研究审定，公示无异议后，命名为"国家级海洋生态文明示范市、县（区）"。

第十一条　国家级海洋生态文明示范区市、县（区）人民政府应将《国家级海洋生态文明示范区建设规划》的工作任务纳入当地经济社会发展规划，制定详细方案，强化组织实施，开展有效宣传，吸纳各方参与，确保国家级海洋生态文明示范区建设目标完成。

第十二条　国家海洋局对国家级海洋生态文明示范区实行鼓励政策，在海洋生态环境保护、海域海岛与海岸带整治修复及海洋经济社会发展等领域，优先给予政策支持与资金安排。

沿海各级政府及有关部门应积极扶持海洋生态文明示范区建设，加大对海洋环境保护、生态修复、能力建设等领域的政策支持和资金投入。

第十三条　各示范区市、县（区）人民政府应于每年 6 月 30 日前将上年度示范区建设工作总结报告，报送省级海洋行政主管部门和国家海洋局。

第十四条 建立长效的示范区建设管理机制。省级海洋行政主管部门应采取有效措施,加强对示范区建设工作监督检查。国家海洋局每五年开展一次重新评估,对重新评估结果不能满足要求的提出限期整改,并在国家海洋局网站向社会公布。

第十五条 国家级海洋生态文明示范区出现以下情况之一的,国家海洋局将撤销其示范区资格:

(一)在示范区内发生重大海洋环境污染和生态损害的责任事故;

(二)发生严重违反《海域使用管理法》《海岛保护法》和《海洋环境保护法》等相关法律法规的案件;

(三)重新评估提出限期整改仍不能满足建设指标和规划目标的;

(四)在申报和考核评估过程中有弄虚作假行为的;

(五)在示范区内因海洋管理缺失、应急处理不及时等,造成生命和财产重大损失的;

(六)其他不符合海洋生态文明建设要求情形的。

第十六条 本办法自发布之日起执行。

第十七条 本办法由国家海洋局负责解释。

同年印发的《海洋生态文明示范区建设指标体系(试行)》将海洋生态文明示范区建设指标体系分为海洋经济发展、海洋资源利用、海洋生态保护、海洋文化建设、海洋管理保障 5 个一级指标,在各一级指标下共细分出 15 个二级指标、33 个三级指标,同时,明确了各指标的建设标准及在评估中所占的分值。

海洋生态文明示范区建设指标体系（试行）					
类别		内容	指标名称	指标类型	建设标准	分值

	类别	内容	指标名称	指标类型	建设标准	分值
1	海洋经济发展	1.1 海洋经济总体实力	1.1.1 海洋产业增加值占地区生产总值比重	A	≥ 10%	5
			1.1.2 近五年海洋产业增加值年均增长速度	B	≥ 16.7%	3
			1.1.3 城镇居民人均可支配收入	B	≥ 2.33 万元 / 人	2
		1.2 海洋产业结构	1.2.1 近五年海洋战略性新兴产业增加值年均增长速度	B	≥ 30%	3
			1.2.2 海洋第三产业增加值占海洋产业增加值比重	B	≥ 40%	3
		1.3 地区能源消耗	1.3.1 地区能源消耗	A	≤ 0.9 吨标准煤 / 万元	4
2	海洋资源利用	2.1 海域空间资源利用	2.1.1 单位海岸线海洋产业增加值（大陆，X）或海岛单位面积地区生产总值贡献率（海岛，Y）	B	X ≥ 1.28 亿元 / 千米 Y ≥ 0.26 亿元 / 平方千米	4
			2.1.2 围填海利用率	A	100%	5
		2.2 海洋生物资源利用	2.2.1 近海渔业捕捞强度零增长	B	零增长	3
			2.2.2 开放式养殖面积占养殖用海面积比重	B	≥ 80%	4
		2.3 用海秩序	2.3.1 违法用海（用岛）案件零增长	A	零增长	4
3	海洋生态保护	3.1 区域近岸海域海洋环境质量状况	3.1.1 近岸海域一、二类水质占海域面积比重（X）或其变化趋势（Y）	A	X ≥ 70% Y ≥ 5%	5
			3.1.2 近岸海域一、二类沉积物质量站位比重	B	≥ 90%	2
		3.2 生境与生物多样性保护	3.2.1 自然岸线保有率	A	≥ 42%	3
			3.2.2 海洋保护区面积占管辖海域面积比率	B	≥ 3%	2

续表

	类别	内容	指标名称	指标类型	建设标准	分值
3	海洋生态保护	3.3 陆源污染防治与生态修复	3.3.1 城镇污水处理率（X）与工业污水直排口达标排放率（Y）	B	X ≥ 90% Y ≥ 85%	5
			3.3.2 近三年区域岸线或近岸海域修复投资强度	B	见评估指标解释	3
4	海洋文化建设	4.1 海洋宣传与教育	4.1.1 文化事业费占财政总支出的比重	B	不低于本省平均水平	3
			4.1.2 涉海公共文化设施建设及开放水平	B	见评估指标解释	3
			4.1.3 海洋文化宣传及科普活动	A	见评估指标解释	4
		4.2 海洋科技	4.2.1 海洋科技投入占地区海洋产业增加值的比重	A	≥ 1.76%	3
			4.2.2 万人专业技术人员数	B	≥ 174 人	3
		4.3 海洋文化传承与保护	4.3.1 海洋文化遗产传承与保护	B	见评估指标解释	2
			4.3.2 重要海洋节庆与传统习俗保护	B	见评估指标解释	2
5	海洋管理保障	5.1 海洋管理机构与规章制度	5.1.1 海洋管理机构设置	A	健全	2
			5.1.2 海洋管理规章制度建设	B	完善	1
			5.1.3 海洋执法效能	B	无上级部门督办的海洋违法案件	1
		5.2 服务保障能力	5.2.1 海洋服务保障机制建设	B	健全	1
			5.2.2 海洋服务保障水平	B	具备	1
			5.2.3 海洋环保志愿者队伍与志愿活动	B	见评估指标解释	1

续表

	类别	内容	指标名称	指标类型	建设标准	分值
5	海洋管理保障	5.3 示范区建设组织保障	5.3.1 组织领导力度	B	符合	1
			5.3.2 经费投入	B	符合	1
			5.3.3 推进机制	B	符合	1
备注		1.本体系中指标类型分为约束性指标（A）和参考性指标（B）。 2.本指标体系目标值总分为90分，问卷调查占10分（见附件）；国家级海洋生态文明示范区原则上总分应不低于85分。 3.示范区申报的基本要求，约束性指标分值不得低于30分。 4.建设标准具体内容详见《海洋生态文明示范区建设指标解释、计算和评分方法》。				

（三）强化生态环境监测

1. 深化环境监测改革

环境监测是保护环境的基础工作，是推进生态文明建设的重要支撑。环境监测数据是客观评价环境质量状况、反映污染治理成效、实施环境管理与决策的基本依据。当前，地方不当干预环境监测行为时有发生，相关部门环境监测数据不一致现象依然存在，排污单位监测数据弄虚作假屡禁不止，环境监测机构服务水平良莠不齐，导致环境监测数据质量问题突出，制约了环境管理水平的提高。为切实提高环境监测数据质量，2017年9月，中共中央办公厅、国务院办公厅印发了《关于深化环境监测改革提高环境监测数据质量的意见》。

该意见就坚决防范地方和部门不当干预、大力推进部门环境监测协作、严格规范排污单位监测行为、准确界定环境监测机构数据质量责任、严厉惩处环境监测数据弄虚作假行为及加快提高环境监测质量监管能力等方面做出了明确要求与规范。

其中第七条指出，要依法统一监测标准规范与信息发布，环境保护部依法制定全国统一的环境监测规范，加快完善大气、水、土壤等要素的环境质量监测和排污单位自行监测标准规范，健全国家环境监测量值溯源体系；会同有关部门建设覆盖中国陆地、海洋、岛礁的国家环境质量监测网络；各级各类环境监测机构和排污单位要按照统一的环境监测标准规范开展监测活动，切实解决不同部门同类环境监测数据不一致、不可比的问题。

2. 建设生态环境监测网络

生态环境监测是生态环境保护的基础，是生态文明建设的重要支撑。目前，中国生态环境监测网络存在范围和要素覆盖不全，建设规划、标准规范与信息发布不统一，信息化水平和共享程度不高，监测与监管结合不紧密，监测数据质量有待提高等突出问题，难以满足生态文明建设需要，影响了监测的科学性、权威性和政府公信力。为加快推进生态环境监测网络建设，2015 年国务院办公厅印发了《生态环境监测网络建设方案》。

该方案要求，全面设点，完善生态环境监测网络；全国联网，实现生态环境监测信息集成共享；自动预警，科学引导环境管理与风险防范；依法追责，建立生态环境监测与监管联动机制；健全生态环境监测制度与保障体系。其中第十六条指出，要健全生态环境监测法律法规及标准规范体系，研究制定环境监测条例、生态环境质量监测网络管理办法、生态环境监测信息发布管理规定等法规、规章；统一大气、地表水、地下水、土壤、海洋、生态、污染源、噪声、振动、辐射等监测布点、监测和评价技术标准规范，并根据工作需要及时修订完善；增强各部门生态环境监测数据的可比性，确保排污单位、各类监测机构的监测活动执行统一的技术标准规范。

八、健全环境治理和生态保护市场体系

为健全环境治理和生态保护市场体系，2018 年 3 月，财政部、国家海洋局印发了《关于调整海域无居民海岛使用金征收标准的通知》。该通知对《海域使用金征收标准》和《无居民海岛使用金征收标准》做了调整，并要求各沿海省、自治区、直辖市、计划单列市财政厅（局）、海洋厅（局）遵照财政部、国家海洋局调整后的《海域使用金征收标准》和《无居民海岛使用金征收标准》执行。

调整后的《海域使用金征收标准》中将海域等别划分为六等，并根据海域使用特征及对海域自然属性的影响程度，将用海方式界定为填海造地用海、构筑物用海、围海用海、开放式用海和其他用海，共计五大类 24 项。调整后的《海域使用金征收标准》对每种用海方式进行了具体界定，并根据海域的等别和用途制定了海域使用金的征收方式和征收标准。其中，对填海造地用海以及构筑物用海中的非透水构筑物用海和跨海桥梁、海底隧道用海进行一次性征收，构筑物用海中的透水构筑物用海以及围海用海、开放式用海、其他用海则根据征收标准按年度进行征收。

调整后的《无居民海岛使用金征收标准》同样将海岛等别划分为六等，并根据无居民海岛开发利用项目的主导功能定位，将用岛类型划分为旅游娱乐用岛、交通运输用岛、工业仓储用岛、渔业用岛、农林牧业用岛、可再生能源用岛、城乡建设用岛、公共服务用岛和国防用岛九类。调整后的《无居民海岛使用金征收标准》还根据用岛活动对海岛自然岸线、表面积、岛体和植被等的改变程度，将无居民海岛用岛方式划分为原生利用式、轻度利用式、中度利用式、重度利用式、极度利用式以及填海连岛与造成岛体消失的用岛六种。调整后的《无居民海岛使用金征收标准》根据各用岛类型的收益情况和用岛方式对海岛生态系统造成的

影响,在充分体现国家所有者权益的基础上,将生态环境损害成本纳入价格形成机制,确定无居民海岛使用权出让最低标准,并由国家每年对无居民海岛使用权出让最低标准进行评估及适时调整。

海域使用金征收标准

为贯彻落实《生态文明体制改革总体方案》以及《海域、无居民海岛有偿使用的意见》要求,充分发挥海域使用金征收标准经济杠杆的调控作用,提高用海生态门槛,引导海域开发利用布局优化和海洋产业结构调整,根据《中华人民共和国海域使用管理法》《中华人民共和国预算法》,现对海域使用金征收标准调整如下:

一、海域等别调整

根据沿海地区行政区划变化以及海域资源和生态环境、社会经济发展等情况,全国海域等别调整如下:

海域等别

一等:

上海:宝山区　浦东新区

山东:青岛市(市南区　市北区)

福建:厦门市(思明区　湖里区)

广东:广州市(黄埔区　番禺区　南沙区　增城区) 深圳市(福田区　南山区　宝安区　龙岗区　盐田区)

二等:

上海:金山区　奉贤区

天津:滨海新区

辽宁:大连市(中山区　西岗区　沙河口区)

山东：青岛市（黄岛区　崂山区　李沧区　城阳区）

浙江：宁波市江北区　温州市龙湾区

福建：泉州市丰泽区　厦门市（海沧区　集美区）

广东：东莞市　汕头市（龙湖区　金平区　潮阳区）中山市　珠海市（香洲区　斗门区　金湾区）

三等：

上海：崇明区

辽宁：大连市甘井子区　营口市鲅鱼圈区

河北：秦皇岛市（海港区　北戴河区）

山东：青岛市即墨区　胶州市　烟台市（芝罘区　福山区　莱山区）龙口市　蓬莱市　威海市环翠区　荣成市　日照市（东港区　岚山区）

浙江：宁波市（北仑区　镇海区　鄞州区）台州市（椒江区　路桥区）舟山市定海区

福建：福州市马尾区　福清市　厦门市（同安区　翔安区）泉州市（洛江区　泉港区）石狮市　晋江市

广东：汕头市（濠江区　潮南区　澄海区）江门市新会区　湛江市（赤坎区　霞山区　坡头区　麻章区）茂名市电白区　惠州市惠阳区　惠东县

海南：海口市（秀英区　龙华区　美兰区）三亚市（海棠区　吉阳区　天涯区　崖州区）

四等：

辽宁：大连市（旅顺口区　金州区）瓦房店市　长海县　营口

市（西市区　老边区）　盖州市　葫芦岛市（连山区　龙港区）　绥中县　兴城市

河北：秦皇岛市山海关区

山东：烟台市牟平区　莱州市　招远市　海阳市　威海市文登区　乳山市

江苏：连云港市连云区

浙江：慈溪市　余姚市　乐清市　海盐县　平湖市　玉环市　温岭市　舟山市普陀区嵊泗县

福建：福州市长乐区　惠安县　龙海市　南安市

广东：南澳县　台山市　恩平市　汕尾市城区　阳江市江城区

广西：北海市（海城区　银海区）

海南：儋州市

五等：

辽宁：大连市普兰店区　庄河市　东港市

河北：秦皇岛市抚宁区　唐山市（丰南区　曹妃甸区）　滦南县　乐亭县　黄骅市

山东：东营市（东营区　河口区）　长岛县　莱阳市　潍坊市寒亭区

江苏：南通市通州区　海安县　如东县　启东市　海门市　盐城市大丰区　东台市

浙江：宁波市奉化区　象山县　宁海县　温州市洞头区　瑞安市　岱山县　三门县　临海市

福建：连江县　罗源县　平潭县　莆田市（城厢区　涵江区　荔

城区　秀屿区）　漳浦县

广东：遂溪县　徐闻县　廉江市　雷州市　吴川市　海丰县　陆丰市　阳东县　阳西县　饶平县　揭阳市榕城区　惠来县

广西：北海市铁山港区　防城港市（港口区　防城区）　钦州市钦南区

海南：琼海市　文昌市　万宁市　澄迈县　乐东县　陵水县

六等：

辽宁：锦州市太和区　凌海市　盘锦市大洼区　盘山县

河北：昌黎县　海兴县

山东：东营市垦利区　利津县　广饶县　寿光市　昌邑市　滨州市沾化区　无棣县

江苏：连云港市赣榆区　灌云县　灌南县　盐城市亭湖区　响水县　滨海县　射阳县

浙江：平阳县　苍南县

福建：仙游县　云霄县　诏安县　东山县　宁德市蕉城区　霞浦县　福安市　福鼎市

广西：合浦县　东兴市

海南：三沙市　东方市　临高县　昌江县

二、海域使用金征收标准调整

根据国民经济增长、资源价格变化水平，并考虑海域开发利用的生态环境损害成本和社会承受能力，海域使用金征收标准调整如下：

海域使用金征收标准

单位：万元/公顷

用海方式			海域等别						征收方式
			一等	二等	三等	四等	五等	六等	
填海造地用海	建设填海造地用海	工业、交通运输、渔业基础设施等填海	300	250	190	140	100	60	一次性征收
		城镇建设填海	2700	2300	1900	1400	900	600	
	农业填海造地用海		130	110	90	75	60	45	
构筑物用海	非透水构筑物用海		250	200	150	100	75	50	
	跨海桥梁、海底隧道用海		17.30						按年度征收
	透水构筑物用海		4.63	3.93	3.23	2.53	1.84	1.16	
围海用海	港池、蓄水用海		1.17	0.93	0.69	0.46	0.32	0.23	
	盐田用海		0.32	0.26	0.20	0.15	0.11	0.08	
	围海养殖用海		由各省（自治区、直辖市）制定						
	围海式游乐场用海		4.76	3.89	3.24	2.67	2.24	1.93	
	其他围海用海		1.17	0.93	0.69	0.46	0.32	0.23	
开放式用海	开放式养殖用海		由各省（自治区、直辖市）制定						
	浴场用海		0.65	0.53	0.42	0.31	0.20	0.10	
	开放式游乐场用海		3.26	2.39	1.74	1.17	0.74	0.43	
	专用航道、锚地用海		0.30	0.23	0.17	0.13	0.09	0.05	
	其他开放式用海		0.30	0.23	0.17	0.13	0.09	0.05	
其他用海	人工岛式油气开采用海		13.00						
	平台式油气开采用海		6.50						
	海底电缆管道用海		0.70						
	海砂等矿产开采用海		7.30						
	取、排水口用海		1.05						
	污水达标排放用海		1.40						
	温、冷排水用海		1.05						

续表

用海方式		海域等别						征收方式
		一等	二等	三等	四等	五等	六等	
其他用海	倾倒用海	1.40						
	种植用海	0.05						

备注：1.离大陆岸线最近距离2千米以上且最小水深大于5米（理论最低潮面）的离岸式填海，按照征收标准的80%征收；2.填海造地用海占用大陆自然岸线的，占用自然岸线的该宗填海按照征收标准的120%征收；3.建设人工鱼礁的透水构筑物用海，按照征收标准的80%征收；4.地方人民政府管辖海域以外的项目用海执行国家标准，海域等别按照毗邻最近行政区的等别确定。养殖用海标准按照毗邻最近行政区征收标准征收。

三、用海方式界定

根据海域使用特征及对海域自然属性的影响程度，用海方式界定如下：

用海方式界定

编码		用海方式名称	界定
1		填海造地用海	指筑堤围割海域填成土地，并形成有效岸线的用海
	11	建设填海造地用海	指通过筑堤围割海域，填成建设用地用于工业、交通运输、渔业基础设施、城镇建设等的用海。工业、交通运输、渔业基础设施等填海是指主导用途用于工业、交通运输、渔业基础设施、旅游娱乐、海底工程、特殊用海等的填海造地用海；城镇建设填海是指除工业、交通运输、渔业基础设施等填海以外的其他填海造地用海
	12	农业填海造地用海	指通过筑堤围割海域，填成农用地用于农、林、牧业生产的用海
2		构筑物用海	指采用透水或非透水等方式构筑海上各类设施的用海
	21	非透水构筑物用海	指采用非透水方式构筑不形成有效岸线的码头、突堤、引堤、防波堤、路基、设施基座等构筑物的用海
	22	跨海桥梁、海底隧道用海	指占用海面空间或底土用于建设跨海桥梁、海底隧道、海底仓储等的用海
	23	透水构筑物用海	指采用透水方式构筑码头、平台、海面栈桥、高脚屋、塔架、潜堤、人工鱼礁等构筑物的用海

续表

编码		用海方式名称	界定
3		围海用海	指通过筑堤或其他手段，以完全或不完全闭合形式围割海域进行海洋开发活动的用海
	31	港池、蓄水用海	指通过修筑海堤或防浪设施圈围海域，用于港口作业、修造船、蓄水等的用海，含开敞式码头前沿的船舶靠泊和回旋水域
	32	盐田用海	指通过筑堤圈围海域用于盐业生产的用海
	33	围海养殖用海	指通过筑堤圈围海域用于养殖生产的用海
	34	围海式游乐场用海	指通过修筑海堤或防浪设施圈围海域，用于游艇、帆板、冲浪、潜水、水下观光、垂钓等水上娱乐活动的海域
	35	其他围海用海	指上述围海用海以外的围海用海
4		开放式用海	指不进行填海造地、围海或设置构筑物，直接利用海域进行开发活动的用海
	41	开放式养殖用海	指采用筏式、网箱、底播或以人工投苗、自然增殖海洋底栖生物等形式进行增养殖生产的用海
	42	浴场用海	指供游人游泳、嬉水，且无固定设施的用海
	43	开放式游乐场用海	指开展游艇、帆板、冲浪、潜水、水下观光、垂钓等娱乐活动，且无固定设施的用海
	44	专用航道、锚地用海	指供船舶航行、锚泊的用海
	45	其他开放式用海	指上述开放式用海以外的开放式用海
5		其他用海	指上述用海方式之外的用海
	51	人工岛式油气开采用海	指采用人工岛方式开采油气资源的用海
	52	平台式油气开采用海	指采用固定式平台、移动式平台、浮式储油装置及其他辅助设施开采油气资源的用海
	53	海底电缆管道用海	指铺设海底通信光（电）缆及电力电缆，输水、输气、输油及输送其他物质的管状输送设施的用海
	54	海砂等矿产开采用海	指开采海砂及其他固体矿产资源的用海
	55	取、排水口用海	指抽取或排放海水的用海
	56	污水达标排放用海	指受纳指定达标污水的用海
	57	温、冷排水用海	指受纳温、冷排水的用海
	58	倾倒用海	指向海上倾倒区倾倒废弃物或利用海床在水下堆放疏浚物等的用海
	59	种植用海	指种植芦苇、翅碱蓬、人工防护林、红树林等的用海

无居民海岛使用金征收标准

为贯彻落实《生态文明体制改革总体方案》和《海域、无居民海岛有偿使用的意见》，体现政府配置资源的引导作用，进一步发挥海岛有偿使用的经济杠杆作用，国家实行无居民海岛使用金征收标准动态调整机制，全面提升海岛生态保护和资源合理利用水平。根据《中华人民共和国海岛保护法》和《中华人民共和国预算法》，现将无居民海岛使用权出让最低标准调整如下：

一、无居民海岛等别

依据经济社会发展条件差异和无居民海岛分布情况，将无居民海岛划分为六等。

一等：

上海：浦东新区

山东：青岛市（市北区　市南区）

福建：厦门市（湖里区　思明区）

广东：广州市（黄埔区　南沙区）　深圳市（宝安区　福田区　龙岗区　南山区　盐田区）

二等：

上海：金山区

天津：滨海新区

辽宁：大连市（沙河口区　西岗区　中山区）

山东：青岛市（城阳区　黄岛区　崂山区）

福建：泉州市丰泽区　厦门市（海沧区　集美区）

广东：东莞市　中山市　珠海市（金湾区　香洲区）

三等:

上海:崇明区

辽宁:大连市甘井子区

山东:即墨市　龙口市　蓬莱市　日照市(东港区　岚山区)　荣成市　威海市环翠区　烟台市(莱山区　芝罘区)

浙江:宁波市(北仑区　鄞州区　镇海区)　台州市(椒江区　路桥区)　舟山市定海区

福建:福清市　福州市马尾区　晋江市　泉州市泉港区　石狮市　厦门市翔安区

广东:茂名市电白区　惠东县　惠州市惠阳区　汕头市(澄海区　濠江区　潮南区　潮阳区　金平区　龙湖区)　湛江市(赤坎区　麻章区　坡头区)

海南:海口市美兰区　三亚市(吉阳区　崖州区　天涯区　海棠区)

四等:

辽宁:长海县　大连市(金州区　旅顺口区)　瓦房店市　葫芦岛市市辖区　绥中县　兴城市

河北:秦皇岛市山海关区

山东:莱州市　乳山市　威海市文登区　烟台市牟平区　海阳市

江苏:连云港市连云区

浙江:海盐县　平湖市　嵊泗县　温岭市　玉环市　乐清市　舟山市普陀区

福建:福州市长乐区　惠安县　龙海市　南安市

广东：恩平市　南澳县　汕尾市城区　台山市　阳江市江城区

广西：北海市海城区

海南：儋州市

五等：

辽宁：东港市　大连市普兰店区　庄河市

河北：唐山市曹妃甸区　乐亭县

山东：长岛县　东营市（东营区　河口区）　莱阳市　潍坊市寒亭区

江苏：盐城市大丰区　东台市　如东县

浙江：岱山县　温州市洞头区　宁波市奉化区　临海市　宁海县　瑞安市　三门县　象山县

福建：连江县　罗源县　平潭县　莆田市（荔城区　秀屿区）　漳浦县

广东：海丰县　惠来县　雷州市　廉江市　陆丰市　饶平县　遂溪县　吴川市　徐闻县　阳东县　阳西县

广西：防城港市（防城区　港口区）　钦州市钦南区

海南：澄迈县　琼海市　文昌市　陵水县　乐东县　万宁市

六等：

辽宁：锦州市（凌海市）　盘锦市（大洼区　盘山县）

山东：昌邑市　广饶县　利津县　无棣县

江苏：连云港市赣榆区

浙江：苍南县　平阳县

福建：东山县　福安市　福鼎市　宁德市蕉城区　霞浦县　云霄

县　诏安县

广西：东兴市　合浦县

海南：昌江县　东方市　临高县　三沙市

我国管辖的其他区域的海岛

二、无居民海岛用岛类型

根据无居民海岛开发利用项目主导功能定位，将用岛类型划分
为九类。

类型编码	类型名称	界定
1	旅游娱乐用岛	用于游览、观光、娱乐、康体等旅游娱乐活动及相关设施建设的用岛
2	交通运输用岛	用于港口码头、路桥、隧道、机场等交通运输设施及其附属设施建设的用岛
3	工业仓储用岛	用于工业生产、工业仓储等的用岛，包括船舶工业、电力工业、盐业等
4	渔业用岛	用于渔业生产活动及其附属设施建设的用岛
5	农林牧业用岛	用于农、林、牧业生产活动的用岛
6	可再生能源用岛	用于风能、太阳能、海洋能、温差能等可再生能源设施建设的经营性用岛
7	城乡建设用岛	用于城乡基础设施及配套设施等建设的用岛
8	公共服务用岛	用于科研、教育、监测、观测、助航导航等非经营性和公益性设施建设的用岛
9	国防用岛	用于驻军、军事设施建设、军事生产等国防目的的用岛

三、无居民海岛用岛方式

根据用岛活动对海岛自然岸线、表面积、岛体和植被等的改变程度，将无居民海岛用岛方式划分为六种。

方式编码	方式名称	界定
1	原生利用式	不改变海岛岛体及表面积，保持海岛自然岸线和植被的用岛行为
2	轻度利用式	造成海岛自然岸线、表面积、岛体和植被等要素发生改变，且变化率最高的指标符合以下任一条件的用岛行为： 1）改变海岛自然岸线属性≤10%； 2）改变海岛表面积≤10%； 3）改变海岛岛体体积≤10%； 4）破坏海岛植被≤10%
3	中度利用式	造成海岛自然岸线、表面积、岛体和植被等要素发生改变，且变化率最高的指标符合以下任一条件的用岛行为： 1）改变海岛自然岸线属性>10%且<30%； 2）改变海岛表面积>10%且<30%； 3）改变海岛岛体体积>10%且<30%； 4）破坏海岛植被>10%且<30%
4	重度利用式	造成海岛自然岸线、表面积、岛体和植被等要素发生改变，且变化率最高的指标符合以下任一条件的用岛行为： 1）改变海岛自然岸线属性≥30%且<65%； 2）改变岛体表面积≥30%且<65%； 3）改变海岛岛体体积≥30%且<65%； 4）破坏海岛植被≥30%且<65%
5	极度利用式	造成海岛自然岸线、表面积、岛体和植被等要素发生改变，且变化率最高的指标符合以下任一条件的用岛行为： 1）改变海岛自然岸线属性≥65%； 2）改变岛体表面积≥65%； 3）改变海岛岛体体积≥65%； 4）破坏海岛植被≥65%
6	填海连岛与造成岛体消失的用岛	

四、无居民海岛使用权出让最低标准

根据各用岛类型的收益情况和用岛方式对海岛生态系统造成的影响，在充分体现国家所有者权益的基础上，将生态环境损害成本纳入价格形成机制，确定无居民海岛使用权出让最低标准。国家每年对无居民海岛使用权出让最低标准进行评估，适时调整。

无居民海岛使用权出让最低标准

单位：万元/（公顷·年）

等别	用岛类型	用岛方式					填海连岛与造成岛体消失的用岛
		原生利用式	轻度利用式	中度利用式	重度利用式	极度利用式	
一等	旅游娱乐用岛	0.95	1.91	5.73	12.41	19.09	2455.00万元/公顷，按用岛面积一次性计征
	交通运输用岛	1.18	2.36	7.07	15.32	23.56	
	工业仓储用岛	1.37	2.75	8.25	17.87	27.49	
	渔业用岛	0.38	0.75	2.26	4.90	7.54	
	农林牧业用岛	0.30	0.60	1.81	3.92	6.03	
	可再生能源用岛	1.04	2.08	6.25	13.54	20.83	
	城乡建设用岛	1.47	2.95	8.84	19.15	29.46	
	公共服务用岛	—	—	—	—	—	
	国防用岛	—	—	—	—	—	
二等	旅游娱乐用岛	0.77	1.54	4.62	10.00	15.38	1976.00万元/公顷，按用岛面积一次性计征
	交通运输用岛	0.95	1.90	5.69	12.33	18.97	
	工业仓储用岛	1.11	2.21	6.64	14.38	22.13	
	渔业用岛	0.30	0.61	1.83	3.95	6.08	
	农林牧业用岛	0.24	0.49	1.46	3.16	4.87	
	可再生能源用岛	0.84	1.68	5.04	10.91	16.78	
	城乡建设用岛	1.19	2.37	7.11	15.41	23.71	
	公共服务用岛	—	—	—	—	—	
	国防用岛	—	—	—	—	—	

续表

等别	用岛类型	用岛方式					填海连岛与造成岛体消失的用岛
		原生利用式	轻度利用式	中度利用式	重度利用式	极度利用式	
三等	旅游娱乐用岛	0.68	1.37	4.10	8.88	13.66	1729.00万元/公顷，按用岛面积一次性计征
	交通运输用岛	0.83	1.66	4.98	10.79	16.60	
	工业仓储用岛	0.97	1.94	5.81	12.59	19.36	
	渔业用岛	0.28	0.55	1.65	3.58	5.50	
	农林牧业用岛	0.22	0.44	1.32	2.86	4.40	
	可再生能源用岛	0.75	1.49	4.47	9.69	14.90	
	城乡建设用岛	1.04	2.07	6.22	13.48	20.75	
	公共服务用岛	—	—	—	—	—	
	国防用岛	—	—	—	—	—	
四等	旅游娱乐用岛	0.49	0.98	2.94	6.36	9.79	1248.00万元/公顷，按用岛面积一次性计征
	交通运输用岛	0.60	1.20	3.59	7.79	11.98	
	工业仓储用岛	0.70	1.40	4.19	9.08	13.98	
	渔业用岛	0.20	0.39	1.17	2.54	3.91	
	农林牧业用岛	0.16	0.31	0.94	2.03	3.13	
	可再生能源用岛	0.53	1.07	3.20	6.94	10.68	
	城乡建设用岛	0.75	1.50	4.49	9.73	14.97	
	公共服务用岛	—	—	—	—	—	
	国防用岛	—	—	—	—	—	
五等	旅游娱乐用岛	0.42	0.84	2.51	5.45	8.38	1056.00万元/公顷，按用岛面积一次性计征
	交通运输用岛	0.51	1.01	3.04	6.59	10.14	
	工业仓储用岛	0.59	1.18	3.55	7.69	11.83	
	渔业用岛	0.17	0.34	1.02	2.21	3.39	
	农林牧业用岛	0.14	0.27	0.81	1.76	2.71	
	可再生能源用岛	0.46	0.91	2.74	5.94	9.14	
	城乡建设用岛	0.63	1.27	3.80	8.24	12.68	
	公共服务用岛	—	—	—	—	—	
	国防用岛	—	—	—	—	—	

续表

等别	用岛类型	用岛方式					填海连岛与造成岛体消失的用岛
		原生利用式	轻度利用式	中度利用式	重度利用式	极度利用式	
六等	旅游娱乐用岛	0.37	0.75	2.24	4.86	7.48	927.00 万元/公顷，按用岛面积一次性计征
	交通运输用岛	0.45	0.89	2.67	5.79	8.90	
	工业仓储用岛	0.52	1.04	3.12	6.75	10.39	
	渔业用岛	0.15	0.31	0.93	2.01	3.09	
	农林牧业用岛	0.12	0.25	0.74	1.61	2.47	
	可再生能源用岛	0.41	0.82	2.45	5.30	8.16	
	城乡建设用岛	0.56	1.11	3.34	7.23	11.13	
	公共服务用岛	—	—	—	—	—	
	国防用岛	—	—	—	—	—	

最低价计算公式为"无居民海岛使用权出让最低价＝无居民海岛使用权出让面积×出让年限×无居民海岛使用权出让最低标准"。

无居民海岛出让前，应确定无居民海岛等别、用岛类型和用岛方式，核算出让最低价，在此基础上对无居民海岛上的珍稀濒危物种、淡水、沙滩等资源价值进行评估，一并形成出让价。出让价作为申请审批出让和市场化出让底价的参考依据，不得低于最低价。

九、完善生态文明绩效评价考核和责任追究制度

在完善生态文明绩效评价考核和责任追究制度方面，中国主要着眼于完善海洋督察和建立长效预警机制两方面。2016 年，国家海洋局印发《海洋督察方案》，提出由国家海洋局负责组织实施国家海洋督察制度，建立海洋督察工作机制，并对督察方式和督察程序做了规定；2017 年，中共中央办公厅、国务院办公厅印发了《关于建立资源环境承载能力监测预警长效机制的若干意见》，对海域管控做出了规定；同年，国家海洋

局提出了推动试点"湾长制"的设想，并起草印发了《关于开展"湾长制"试点工作的指导意见》。

（一）完善海洋督察

为全面推进海洋生态文明建设，切实加强海洋资源管理和海洋生态环境保护工作，强化政府内部层级监督和专项监督，健全海洋督察制度，根据《中华人民共和国海域使用管理法》《中华人民共和国海岛保护法》《中华人民共和国海洋环境保护法》和《中共中央　国务院关于加快推进生态文明建设的意见》《生态文明体制改革总体方案》等要求，2016 年 12 月 30 日，国家海洋局印发《海洋督察方案》，明确了海洋督察的对象、内容及实施。

该方案指出，要将海洋督察作为海洋生态文明建设和法治政府建设的重要抓手，推动地方政府落实海域海岛资源监管和海洋生态环境保护法定责任，加快解决海洋资源环境突出问题，促进节约集约利用海洋资源，保护海洋生态环境，推动建立有效约束开发行为和促进绿色低碳循环发展的机制，不断推进海洋强国建设。

该方案要求，由国务院授权国家海洋局代表国务院对沿海省、自治区、直辖市人民政府及其海洋主管部门和海洋执法机构进行监督检查，可下沉至设区的市级人民政府。

该方案明确，重点督察地方人民政府对党中央、国务院海洋资源环境重大决策部署、有关法律法规和国家海洋资源环境计划、规划、重要政策措施的落实情况。主要包括三方面：国家海洋资源环境有关决策部署贯彻落实情况，重点围绕《中共中央　国务院关于加快推进生态文明建设的意见》《生态文明体制改革总体方案》《全国海洋主体功能区规划》《水污染防治行动计划》《全国海洋观测网规划（2014—2020 年）》等文件中海洋资源环境有关要求的贯彻落实和执行情况进行督察；国家海洋资源环境有关法律法规执行情况，督察海域和海岛资源开发利用与保护、海洋生态环境保护、海洋防灾减灾等领域法律法规的执行和落实情况，重点督察相关法律法规确定的地方人民政府海域海岛资源监管和海洋生态环境保护等法定责任的落实情况；突出问题及处理情况，包括海洋环境持续恶化情况，严重污染、环境破坏、生态严重退化等区域性突出问题，群众反映强烈、社会影响恶劣的围填海、海岸线破坏等问题，以及突发环境灾害和重大海洋灾害处理情况。

该方案指出，由国家海洋局负责组织实施国家海洋督察制度，建立海洋督察工作机制，并对督察方式和督察程序做了规定。其中，海洋督察方式分为例行督察、专项督察和审核督察三类；督察过程按照督察准备、督察进驻、督察报告、督察反馈、整改落实、移交移送的程序进行。

该方案最后指出，海洋督察工作应坚持实事求是原则，深入调查研究，全面准确掌握情况，客观公正反映问题；督察机构应当主动向社会公布联系方式，接收群众提供的线索；被督察对象应自觉接受监督，积极配合开展工作，客观反映情况。

（二）建立长效预警监测机制

1. 建立资源环境承载能力监测预警长效机制

为深入贯彻落实党中央、国务院关于深化生态文明体制改革的战略部署，推动实现资源环境承载能力监测预警规范化、常态化、制度化，引导和约束各地严格按照资源环境承载能力谋划经济社会发展，2017 年 9 月 20 日，中共中央办公厅、国务院办公厅印发了《关于建立资源环境承载能力监测预警长效机制的若干意见》。

该意见第八条对海域管控措施做出了规定。对超载海域，属于空间资源超载的，依法依规禁止岸线开发和新上围填海项目，研究实施海岸建筑退缩线制度；属于渔业资源超载的，逐年降低近海捕捞和养殖总量限额，加大减船转产力度；属于生态环境超载的，大幅提高水质较差的入海河流断面水质考核要求，严格控制上游相关污染物入河量，依法禁止新增入海排污口和向海排放的污水处理厂，通过清理规范整顿，逐步减少现有入海排污口，暂停审批新建、改建、扩建海洋（岸）工程建设项目；属于无居民海岛资源环境超载的，禁止无居民海岛开发建设，限期开展生态受损无居民海岛整治修复。对临界超载海域，属于空间资源临界超载的，原则上不再审批新增占用自然岸线的用海项目和围填海项目；属于渔业资源临界超载的，强化海洋渔业资源养护和栖息地保护，引导近岸海水养殖区向离岸深水区转移；属于生态环境临界超载的，严格执行并逐步提高入海河流断面水质考核要求，严格控制向海排污的海洋（岸）工程建设项目；属于无居民海岛资源环境临界超载的，除国家重大项目建设用岛、国防用岛和自然观光科研教育旅游外，禁止其他开发建设。

该意见同时指出，要细化配套政策，加快出台土地、海洋、财政、产业、投资等细化配套政策，明确具体措施和责任主体，切实发挥资源环境承载能力监测预警的引导约束作用。

2. 开展"湾长制"试点工作

当前，中国海洋生态环境整体形势依然十分严峻，特别是部分重点海湾受陆源污染排放、湾内开发利用等因素影响，生态环境问题突出，治理修复难度较大，已经成为中央领导高度重视、社会各界深度关切的重点难点问题。近年来，中央全面深化改革领导小组先后审议通过《党政领导干部生态环境损害责任追究办法（试行）》《关于全面推行河长制的意见》等重要文件，将压紧压实党政领导干部的生态环境和资源保护职责作为生态文明制度建设的重要发力方向，为探索建立海洋环境治理新模式、系统解决海洋生态环境问题指明了努力方向。

2017年初，国家海洋局提出了试点推行"湾长制"的初步设想。在自主自愿、协商一致的前提下，在河北省秦皇岛市、山东省胶州湾、江苏省连云港市、海南省海口市和浙江全省开展了"湾长制"试点工作。各地的"湾长制"试行工作反映出，推行"湾长制"是落实中央新发展理念和生态文明建设要求的重要举措，是推动海洋生态文明建设、实施基于生态系统海洋综合管理的重要抓手，也是破解责任不明晰、压力不传导等海洋生态环境保护"老大难"问题的有效措施。为推动试点工作在更大范围内、更深层次上加快推进，建立健全陆海统筹、河海兼顾、上下联动、协同共治的治理新模式，国家海洋局组织起草并印发了《关于开展"湾长制"试点工作的指导意见》。

该指导意见以逐级压实地方党委政府海洋生态环境保护主体责任为核心，以构建长效管理机制为主线，以改善海洋生态环境质量、维护海洋生态安全为目标，并确定了"一个机制、一个清单、一个体系"的主体内容。具体如下：

第一，加快建立管理运行机制，立足于"管长远"。重点突出"分工明确、层次明晰、统筹协调"，从两个方面予以体现：一是逐级设立湾（滩）长，试点地区设立"总湾长"，并依据行政层级向下分级设立各级"湾长"，各级"湾长"原则上建议由本级地方党委或政府主要负责人兼任。二是建立专门议事机制和协调运行机制，建立"湾长"会议制度，审议部署重大任务，协调解决重大问题；同时构建多部门共同参与的协调运行机制，承担日常运转、信息通报、绩效考核等具体工作。

第二，加快制定职责任务清单，明确"干什么"。重点突出质量改善、系统施治、多措并举，从五个方面确定职责：

一是管控陆海污染物排放，组织开展陆源污染排查和整治，逐步推动集中排放、生态排放、深远海排放，推进实施污染物排海总量控制制度和排污许可证制度。

二是强化海洋空间资源管控和景观整治，严格控制新增围填海，保护自然岸线，清理整治沿岸私搭乱建和废弃工程，开展海漂垃圾、海滩垃圾和海底垃圾清理。

三是加强海洋生态保护与修复，强化海洋保护区、海洋生态红线区管控，实施"蓝色海湾""南红北柳""生态岛礁"等整治修复工程。

四是防范海洋生态环境灾害风险，加强海洋生态环境灾害和突发事件应急监测体系和能力建设，开展风险源排查。

五是强化执法监管，建立日常监管巡查制度和跨部门联合执法监管机制，组织开展定期和不定期的执法巡查、专项执法检查和集中整治行动。

第三，加快构建监督考评体系，确保"推得动"。重点突出"可监测、可量化、可考核"：

一是建立健全考核性监测制度，结合国家和地方已有监测计划，建立完善服务于监督考评的监测制度和预警通报制度。

二是建立考核督查制度，实施分级考核制度，考核结果纳入政绩考核评价体系，完善内部监督机制，定期和不定期开展监督检查工作。

三是建立社会监督机制，鼓励向社会公布各类监测、考核结果，定期开展工作满意度调查和意见征询。

为做好试点工作的组织协调和业务指导，国家海洋局成立"湾长制"

试点工作领导小组，研究审订重要文件、重大政策、工作方案，指导协调试点地区做好后续工作，推进"湾长制"的建立运行工作。同时，国家海洋局对开展试点的地区在"蓝色海湾"整治工程、"南红北柳"湿地修复工程、海洋经济示范区创建、海洋经济创新发展示范城市申报等方面予以支持和政策倾斜。国家海洋局局属有关单位对试点地区实施"一对一"的帮扶和业务指导，协助解决试点工作中的技术难题。

该指导意见明确，试点地区应本着海陆统筹、河海联动的原则，做好与"河长制"的衔接，构建河海衔接、海陆统筹的协同治理格局，实现流域环境质量和海域环境质量的同步改善。主要是从三个方面进行了细化明确：

一是强调试点地区的各级"湾长"既对本湾区环境质量和生态保护与修复负总责，也负责协调和衔接"湾长制"与"河长制"。

二是积极做好试点工作与主要入海河流的污染治理、水质监测等工作的衔接，注重"治湾先治河"，鼓励试点地区根据海湾水质改善目标和生态环境保护目标，确定入海（湾）河流入海断面水质要求和入海污染物控制总量目标。

三是强化与"河长制"的机制联动，建立"湾长""河长"联席会议制度和信息共享制度，定期召开联席会议，及时抄报抄送信息，同时在入海河流河口区域设置入海监测考核断面，将监测结果通报同级"河长"。

十、小结

党的十八大以来，中国着力推进海洋生态文明体制建设，在以《生态文明体制改革总体方案》为代表的各项总体规划指导下，陆续出台有针对性的政策或方案。已印发或实施的方案涵盖健全自然资源资产产权制度、建立国土空间开发保护制度、建立空间规划体系、完善资源总量管理和全面节约制度、健全资源有偿使用和生态补偿制度、建立健全环境治理体系、健全环境治理和生态保护市场体系以及完善生态文明绩效评价考核和责任追究制度八个方面，无一遗漏，形成中国海洋生态文明体制建设的基本框架。

05

第五章

中国海洋生态文明建设的实践与成效

党的十八大以来，中国海洋生态文明建设持续推进，各领域成果丰硕。近年来，中国海洋事业快速发展，海洋对国家经济社会可持续发展的支撑保障能力不断增强；海洋循环经济和蓝色低碳产业快速发展，海洋资源环境利用规模和效率不断提升，海洋经济向又好又快的方向发展；全民海洋意识不断增强，在全社会树立起海洋生态文明理念，促进海洋先进文化建设的行动正在有序开展，为海洋生态文明建设奠定了良好的基础。

一、国内总体实践

中国开展海洋生态文明建设以来，在海洋生态文明建设的地位、引领作用以及海洋生态文明建设实施等各个方面进行了诸多探索与实践，取得了大量优秀成果。

（一）从国家层面确立海洋生态文明建设的地位

党的十八大以来，党中央高度重视生态文明建设和海洋强国建设，提出了一系列新思想、新论断、新要求，逐步形成了关于海洋生态文明建设的系统部署，将中国的海洋生态文明建设和海洋强国建设推到了前所未有的历史高度。2013年7月，第十八届中央政治局第八次集体学习会上提出要采取措施，全力遏制海洋生态环境不断恶化趋势，让中国海洋生态环境有一个明显改观，让人民群众吃上绿色、安全、放心的海产品，享受到碧海蓝天、洁净沙滩。要把海洋生态文明建设纳入海洋开发总布局之中，坚持开发和保护并重、污染防治和生态修复并举，科学合理开发利用海洋资源，维护海洋自然再生产能力。2017年5月，第十八届中央政治局第四十一次集体学习会上提出，推动形成绿色发展方式和生活方式是贯彻新发展理念的必然要求，必须把生态文明建设摆在全局工作的突出地位。党和国家对海洋生态文明建设的关注和重要论述，使中国海洋生态文明建设的理论内涵得到了充实与发展，为中国海洋生态文明建设指明了方向，为中国海洋生态文明建设提出了更高的目标，也提振了海洋管理和科技工作者充分发挥潜力、建设海洋强国的信心。

2021年3月11日，十三届全国人大四次会议表决通过的《关于国民经济和社会发展第十四个五年规划和2035年远景目标纲要的决议》也指出，要积极拓展海洋经济发展空间，坚持陆海统筹、人海和谐、合作共赢，协同推进海洋生态保护、海洋经济发展和海洋权益维护，加快建设海洋强国。

（二）积极提升海洋生态文明建设宏观规划的引领作用

2012 年 2 月，国家海洋局发布了中国海洋生态文明建设重要的指导性和纲领性文件——《关于开展"海洋生态文明示范区"建设工作的意见》。同年 4 月，全国海洋生态文明示范区在广东创建，这是中国沿海各省（区、市）正式启动的第一个省级海洋生态文明示范区。2015 年 7 月，国家海洋局印发《国家海洋局海洋生态文明建设实施方案》（2015—2020年），提出从"加强海洋生态保护与修复"等 10 个方面推进海洋生态文明建设，分解为 31 项主要任务，并提出实施"蓝色海湾""南红北柳"等20 项重大工程项目，明确了"十三五"期间中国海洋生态文明建设的路线图和时间表。

2015 年，国务院印发《全国海洋主体功能区规划》，该规划成为海洋空间开发的基础性和约束性规划。该规划按主体功能划分为优化开发区域、重点开发区域、限制开发区域和禁止开发区域，提出优化开发渤海湾、长江口及其两翼、珠江口及其两翼、北部湾、海峡西部以及辽东半岛、山东半岛、苏北、海南岛附近海域，重点开发城镇建设用海区、港口和临港产业用海区、海洋工程和资源开发区，同时限制开发海洋渔业保障区、海洋特别保护区和海岛及其周边海域，禁止开发各级各类海洋自然保护区、领海基点所在岛礁等。

2017 年 2 月，中共中央办公厅、国务院办公厅印发《关于划定并严守生态保护红线的若干意见》，明确到 2020 年底前，全面完成生态保护红线划定，勘界定标，基本建立生态保护红线制度。2017 年，国家海洋局印发相关意见，成立"湾长制"试点工作领导小组，在浙江、秦皇岛、青岛、连云港、海口一省四市先期开展了"湾长制"试点工作。到 2017

年底,中国已在 11 个沿海省(自治区、直辖市)完成海洋红线划定工作,将全国 30% 以上的管理海域和 35% 以上的大陆岸线纳入红线管控范围。

(三)全面加强围填海管控

2017 年 10 月,国家海洋局印发《贯彻落实〈围填海管控办法〉的指导意见》和《贯彻落实〈围填海管控办法〉的实施方案》。2018 年,自然资源部会同国家发改委等有关部门起草并由国务院印发了《关于加强滨海湿地保护严格管控围填海的通知》。自 2018 年起,中国实施了最严格的围填海管控:取消区域建设用海、养殖用海规划制度,已批准的,停止执行;原则上不再审批一般性填海项目;强化海域管理和海岸线保护;制定海域使用权转让等管理办法;将自然岸线保有率纳入地方政府考核指标,不达标的省份一律不得新申请用海。

据自然资源部消息,2019 年一季度,中国涉嫌违法围填海的海域面积下降至 2 公顷以下。近年来,全国围填海总量下降趋势明显。数据显示,2013 年全国填海面积达到 15413 公顷,随后逐年下降,年均下降 22%。2017 年,填海面积 5779 公顷,比 2013 年降低 63%,与 2013 年前五年相比,全国围填海面积降幅超过 40%。

2020 年,辽宁省葫芦岛市认真贯彻落实国家、省关于严格管控围填海的工作部署,及时汇总上报围填海历史遗留问题处理进展情况 9 次;按时完成全市 26 个已批准尚未完成围填海项目用海主体性质的补充材料;进一步核实土地确权与历史遗留问题重叠情况,设计重叠面积 75 公顷;及时上报未批准已填已用区域具体处理方案 2 个,涉及未批已填成陆面积 82 公顷;投入生态保护修复资金 240 多万元,拆除未批准已填成陆图斑 13 个,恢复海域面积 8.2 公顷,拆除柳河河道内不合理构筑物,恢复自然岸线 150 米;投入资金 104.86 万元增殖放流,放流鱼苗 30

万尾。

2020 年 12 月 15 日，三亚市政府公示显示，三亚市已完成涉及肖旗港游艇码头改扩建、崖州中心渔港月亮岛和红塘湾等围填海历史遗留问题 8 个图斑的整改和生态恢复工作。对肖旗港游艇码头改扩建工程项目造成的岸滩侵蚀和淤积，相关责任企业已于 2018 年 12 月底前将淤积段泥沙回填，同时在完成后评估、编制完成修复方案并通过专家评审的基础上，于 2019 年 9 月下旬将肖旗港东堤淤积沙 5000 立方米转运至三亚湾海坡十六横路岸滩侵蚀段，形成补沙段面 255 米；对崖州中心渔港项目环境影响问题的整改，相关责任单位已于 2019 年 1 月底前将淤积段泥沙回填，2019 年 12 月底已修复西段岸线 800 米，修复东段岸线 400 米，人工补沙约 5.2 万立方米；对天涯区红塘湾海域的 6 个图斑的生态修复，相关责任单位于 2019 年 4 月编制完成《红塘湾围填海工程影响下岸滩修复与防护方案》，2019 年 12 月底前完成人工补沙修复岸滩 2.1 千米，设置离岸堤 2 段，新建拦沙堤 1 道，并完成验收；南山滚装码头围填海图斑的生态修复项目，2019 年 11 月被委托给海南省海洋与渔业科学院编制完成生态评估报告和修复方案，在生态评估报告和修复方案基础上完成施工；对海棠湾铁炉港围填海图斑的生态修复项目，相关责任单位于 2020 年 11 月在完成生态评估报告和修复方案的基础上，将水泥石块清除，恢复了海域原状；此外，铁炉港红树林自然保护区退塘还林还（湿）生态修复项目，从 2018 年 8 月开始分阶段进行养殖塘清退、整地、林地清理及造林，每个阶段建设期为 7—12 个月，2020 年 12 月前已基本完成该区域建设工作，目前正在组织开展铁炉港保护区整体验收工作。

（四）海洋生态文明示范区建设方兴未艾

海洋生态文明示范区是海洋生态文明建设的重要载体。2012 年，国家海洋局印发《关于开展"海洋生态文明示范区"建设工作的意见》，为推动海洋生态文明示范区建设提供了明确的目标方向。2013年，国家海洋局公布了首批12个市、县（区）国家级海洋生态文明建设示范区（其中包括作为地级市的威海、日照、厦门）。2015年12月，国家海洋局公布了第二批12个市（区）、县国家级海洋生态文明建设示范区（其中包括盘锦、青岛、烟台、南通、惠州、北海、三亚、三沙8个地级市）。

各地海洋生态文明建设积极推进，逐步向"水清、岸绿、滩净、湾美、物丰"的目标迈进。总体上看，这些国家级海洋生态文明建设示范区的自然禀赋和生态保护状况良好，海洋资源开发布局较为合理，海洋管理制度机制比较完善，海洋优势特色突出，区域生态文明建设发展水平整体较高。例如，深圳大鹏新区作为仅成立十多年的功能新区，因海洋生态环境良好而被誉为深圳"最后的桃花源"；辽宁省盘锦市实施辽河口西海岸8万亩退养还滩工程；大连旅顺口区城镇污水处理率超过90%；江苏省东台市推进国家级百万亩滩涂综合开发试验区建设，建成全国最大的生态渔业养殖基地，为全国沿海淤涨型海岸生态环境保护与滩涂开发利用做出良好的试验和示范。山东威海、浙江洞头、福建厦门等市、县（区）被评为首批国家示范区以后，首先调整了产业布局结构。例如浙江洞头实施截污纳管工程，投入4110万元铺设70余千米污水管网，实施城乡治水工程；福建东山针对传统捕捞和养殖渔业比重过大的实际，大力发展旅游业，同时发展绿色低碳深水网箱养殖；截至2017年初，福建厦门累计修复岸线30千米，红树林种植57万平方米，退垦还海8.58平方千米，累计完成清淤1.68亿立方米，在全国率先开展厦门湾口海砂开采工程环保监理试点，建立了海洋环保监理制度。

（五）海洋生态环境保护与修复成效显著

海洋生态环境保护与修复是中国海洋生态文明建设的重要实践。中国在海洋生态文明建设的探索过程中，在海洋生态环境保护与修复方面取得了显著成效。

1. 推动海洋生态环境监测布局优化和能力提升

2015 年 2 月，国家海洋局印发《关于推进海洋生态环境监测网络建设的意见》，明确到 2020 年，基本实现全国海洋生态环境监测网络科学布局，全面建成协调统一、信息共享、测管协同的全国海洋生态环境监测网络。该意见实施后，中国海洋环境监测评价业务体系不断发展完善，逐步形成了覆盖国家、省、市、县四级的海洋环境监测机构体系。到 2017 年，新建海洋环境监测机构 30 个，全国海洋环境监测机构总数达到 235 个。

2. 海洋保护地建设力度不断加大

海洋保护地可以对重要海洋自然生态系统、自然遗迹、自然景观及其所承载的自然资源、生态功能和文化价值实施长期保护，守住海洋生态安全底线、增进惠民福祉，是实现海洋可持续发展的重要途径。中国海洋保护地分为海洋自然保护区和海洋特别保护区两类。海洋自然保护区是指以海洋自然环境和资源保护为目的，依法把包括保护对象在内的一定面积的海岸、河口、岛屿、湿地或海域划分出来，进行特殊保护和管理的区域。海洋特别保护区是指具有特殊地理条件、生态系统、生物与非生物资源及海洋开发利用特殊要求，需要采取有效的保护措施和科学的开发方式进行特殊管理的区域。

党的十八大以来，中国大力推动海洋保护区建设工作，先后批准建立多个国家级海洋保护区及生态文明示范区。截至 2019 年底，中国共建立各级各类海洋保护地 271 个，大多分布在近海海域，总面积约 12.4 万平方千米，占主张管辖海域面积的 4.1%，其中，国家级海洋保护区数量增加到 50 个以上。

3. 部分地区的海洋生态系统的退化趋势得到基本遏制

各级政府部门和科研机构通过加强对红树林、珊瑚礁和海草床生态系统的保护研究，对破坏行为实施有效管理并引用人工移植技术，促进海洋生态系统状态好转。例如，海南万宁大洲岛活珊瑚覆盖率从 2007 年的 19.34% 上升到 2017 年的 28.5%，海南三亚蜈支洲部分海域活造礁珊瑚覆盖率高达 80%。海草床的恢复工作也在积极开展中，在广西合浦儒艮国家级自然保护区约 32 公顷的生境保护恢复喜盐藻，3 个月后恢复区的海草覆盖度由 1% 提高到 2%。

4. 滨海湿地的管理与保护取得一定成绩

滨海湿地是中国海洋生态系统的重要组成部分，对促进沿海地区社会经济发展、保护生物多样性及应对气候变化具有重要支撑作用。滨海湿地生物多样性丰富，具有涵养水源、净化水质、蓄洪防旱、护岸减灾、调节气候、提供生物栖息地等重要生态功能，也是沿海地区经济和社会发展的主要依托和重要载体。加强滨海湿地的管理与保护，维护滨海湿地生物多样性及生态系统完整性，是海洋生态文明建设的重要内容，是实现海洋经济可持续发展的重要保障，也是海洋行政主管部门推动海洋法治建设的重要措施手段。2016 年，国家海洋局发布了《关于加强滨海湿地管理与保护工作的指导意见》，提出各级海洋部门要严格按照《中华人民共和国海洋环境保护法》《中华人民共和国海域使用管理法》《中华人民共和国海岛保护法》《防治海洋工程建设项目污染损害海洋环境管理条例》等规定，充分发挥和利用海洋部门工作优势，履行滨海湿地管理职责，切实加强滨海湿地管理与保护。

滨海湿地的管理与保护要本着生态优先、自然恢复为主的原则，全面提升中国滨海湿地管理、保护能力和水平，健全滨海湿地空间规划体系，明确滨海湿地的生产、生活、生态空间开发管制界限，落实用途管制、海洋功能区划和海洋生态红线制度，以生态系统管理理念加强滨海湿地保护与管理工作。其中主要任务包括：加强重要自然滨海湿地保护、开展受损滨海湿地生态系统恢复修复、严格滨海湿地开发利用管理和加强滨海湿地调查监测。

至 2022 年，中国累计实施"蓝色海湾"、海岸带保护修复等各类工程项目 143 个，整治修复岸线 1500 千米、滨海湿地 3 万公顷、海堤生态化建设 72 千米。

5. 海洋生态保护红线制度基本建立

"红线"概念起源于城市规划，是指不可逾越的边界或者禁止进入的范围，红线具有法律强制效力。海洋作为蓝色国土，是生态文明建设的重要阵地，也是实施生态保护红线管理的重要内容。

2011 年 10 月，《国务院关于加强环境保护重点工作的意见》首次提出："在重要生态功能区、陆地和海洋生态环境敏感区、脆弱区等区域划定生态红线。"之后，《中共中央关于全面深化改革若干重大问题的决定》再次强调，要以"生态保护红线"等措施来完善中国生态环境保护管理体制，建立更为系统和完整的生态文明体系。2016 年 11 月，修订的《中华人民共和国海洋环境保护法》正式将海洋生态保护红线制度纳入海洋环境保护基本法，海洋生态保护红线制度在法律层面正式得到确立。

海洋生态红线制度，作为维护海洋生态安全的重要创新制度，与传统的海洋保护区制度相比，进一步提高了海洋生态管理的综合性，管控对象和范围也有所扩大。海洋生态红线的目的是控制海洋资源开发利用规模，保护海洋生态系统健康，扭转生态环境恶化趋势，维持海洋生态系统功能的完整性和连通性。截至 2022 年，已有近 30% 的近岸海域和 37% 的大陆岸线被纳入中国生态保护红线管控范围。

（六）海洋防灾减灾能力明显提升

中国幅员辽阔，海岸线曲折漫长，岛屿众多。海洋灾害多种多样且发生频率高，极易造成巨大损失。海洋预报减灾工作不仅是国家防灾减灾救灾体系的重要组成部分，也是保障海洋经济持续平稳发展、促进海洋生态文明建设和保护人民生命财产安全的重要基础性工作。自《中共中央 国务院关于推进防灾减灾救灾体制机制改革的意见》出台以来，自然资源部积极落实，在健全预报减灾体制、完善风险防范体系以及海洋预报业务能力和服务水平方面显著提升。

（1）初步建立了由岸基观测系统与离岸观测系统组成的海洋观测业务系统，海洋观测类型和手段包括海洋站、测点、雷达站、移动应急观测平台、浮标、志愿船、标准海洋断面调查、卫星、水下观测等。

（2）目前已经形成国家—海区—省级三级海洋预报体系，部分地级市海洋预报台也具备了基本满足当地需要的海洋灾害预警报业务能力，海洋预报服务方式由单一要素预报警报向目标综合型预报综合保障转变，服务范围由近海近岸向全球、深远海及重要海洋通道拓展，服务领域由物理海洋学向环境海洋学及生态海洋学拓展。

（3）海洋灾害风险防范能力逐步提升，制作了一批不同尺度海洋灾害风险评估和区划图，完成首批国家级海洋减灾综合示范区建设，全面重新核定中国沿海重点岸段的警戒潮位。

（4）灾害应急水平和数据服务能力不断加强。针对台风风暴潮、海冰、浒苔绿潮等灾害，及时启动应急响应，积极做好灾害防御和应急处置等工作，形成工作合力。

（七）全国海洋主体功能区划日趋完善

海洋是中国战略资源的重要基地。提高海洋资源的开发能力、发展海洋经济、保护海洋生态环境、维护国家海洋权益，对于推进海洋生态文明具有极其重要的意义。海洋主体功能区划是全国主体功能区划的重要组成部分，在海洋优化开发与利用过程中扮演着重要角色。

海洋主体功能区划不同于海洋功能区划。海洋功能区划是指，根据海洋的区位条件、自然环境、自然资源，并考虑海洋开发利用现状和社会经济发展需求，按照海洋功能标准，将海域划分为不同类型的海洋功能区，在不同的功能区内实行不同的环境质量要求，用以控制和引导海域的使用方向、保护和改善海洋生态环境、促进海洋资源的可持续利用。海洋功能区划是从某一具体海域的实际情况出发，指导该海域具体的海洋开发活动，具有区域性和微观性；海洋主体功能区划则是从国家发展的全局出发，从属于国家战略层面的区划工作，具有整体性和宏观性。

中国的海洋自然状况复杂多变，拥有漫长的海岸线及众多海岛，囊括大部分海洋生态系统，蕴含丰富的生物资源与油气资源，但同时也受到多种类型海洋灾害的影响。当下是建设海洋强国的重要时期，随着用海规模的逐渐扩大和用海强度的不断提高，保障海洋空间安全面临着多重问题和严峻挑战，例如海岸线开发不平衡、环境污染问题突出、生态系统受损、资源供给不足等。海洋主体功能区划是国家对海洋发展的宏观调控，是对海洋空间开发格局的战略性安排，有利于提高海洋功能区划的科学性。

2015年，国务院印发《全国海洋主体功能区规划》。海洋主体功能区划本着陆海统筹、尊重自然、优化结构和集约开发的基本原则，将海洋空间划分为优化开发区域、重点开发区域、限制开发区域和禁止开发区域四个区域，实现海洋的可持续开发利用，构建陆海协调、人海和谐的海洋空间开发格局。

随后，沿海各省、自治区、直辖市陆续出台了地方性海洋主体功能区规划，根据海洋环境资源的承载能力、已有的开发密度和发展潜力，统筹考虑相邻陆域地区的人口分布、海洋产业结构和布局、海洋技术利用程度等，对管辖海域进行了主体功能区的划分。2017年，浙江省海洋与渔业局、浙江省发展和改革委员会联合印发《浙江省海洋主体功能区规划》，规划范围为浙江省所辖及依法管理的海域和无居民海岛；天津市人民政府印发《天津市海洋主体功能区规划》，规划范围为天津市依法管理的海域及海岛共计2146平方千米；辽宁省人民政府印发《辽宁省海洋主体功能区规划》，规划范围划定以国务院批复的辽宁省海洋功能区划为依据，面积41300.75平方千米（含589个无居民海岛）；广东省海洋与渔业厅、广东省发展和改革委员会联合印发《广东省海洋主体功能区规划》，规划范围包括广东省内水和领海以及东沙群岛附近海域和无居民海岛，规划面积64700平方千米；山东省人民政府印发《山东省海洋主体功能区规划》，规划范围为《山东省海洋功能区划（2010—2020年）》所规定的山东省管理海域范围，即向陆至山东省人民政府批准的海岸线，向海在南黄海至领海外部界线，在渤海和北黄海至离岸约12海里的海域，海域总面积47300平方千米，海岸线总长3345千米；2018年3月，《河北省海洋主体功能区规划》发布，对河北省管辖海域（海岸线向海一侧12海里以内海域）进行统一规划；广西壮族自治区人民政府印发《广西壮族自治区海洋主体功能区规划》，规划范围为依法管理的近岸海域和涠洲岛—斜阳岛周边海域，以及 629 个无居民海岛，规划海域面积约 7000 平方千米；江苏省海洋与渔业局、江苏省发展改革委联合印发《江苏省海洋主体功能区规划》，规划范围涉及江苏省 15 个沿海县级行政区，禁止开发区域面积达 1976.7 平方千米。

海洋主体功能区规划的实施离不开政策保障。规划内容按照海洋主体功能分区实施差别化政策，完善海洋主体功能区政策支持体系，采用指导性、支持性和约束性政策并行的方式，形成适用于海洋主体功能定位于发展方向的利益导向机制，加强部门和地区间的协调，确保政策有效落实。除政策支持之外，规划的实施与绩效评价也在指导下进行。

（八）海洋生态保护补偿机制和海洋生态环境损害赔偿制度趋于健全

生态保护补偿，国际上通常称之为生态系统服务付费（Payments for Ecosystem Services 或 Payments for Environmental Services，PES），是一种激励机制，让生态系统服务的提供者愿意提供那些具有外部性或者公共物品属性的生态系统服务。海洋生态保护补偿，是指各级政府在履行海洋生态保护责任中，结合经济社会发展实际需要，依据所辖区域的海洋生态环境保护情况，对海洋生态系统、海洋生物资源等进行保护或修复的补偿性投入。

生态环境损害赔偿中的生态环境损害是责任方的过错行为引起的。这些过错行为可以是有意的，如违法使用海域的行为，也可以是无意的，如污染事故。针对海洋方面，海洋生态环境损害赔偿是指未经批准的利用海洋的人类活动对海洋环境与生态系统造成了损害，损害的责任方对自然进行的补偿。海洋生态环境损害赔偿是责任方对其违法、过错、过失行为承担的一种法律责任，意在恢复到合法行为所应有的状态。海洋生态环境损害赔偿以生态修复为主、货币赔偿为辅，一般通过司法途径解决。

中国海洋生态保护补偿机制和海洋生态环境损害赔偿制度的研究与构建起步较晚。2013 年，党的十八届三中全会明确提出对造成生态环境损害的责任者严格实行赔偿制度。生态环境损害赔偿制度于 2015 年首次提出。

2015 年中共中央、国务院印发《生态文明体制改革总体方案》，提出"严格实行生态环境损害赔偿制度。强化生产者环境保护法律责任，大幅度提高违法成本。健全环境损害赔偿方面的法律制度、评估方法和实施机制，对违反环保法律法规的，依法严惩重罚；对造成生态环境损害的，以损害程度等因素依法确定赔偿额度；对造成严重后果的，依法追究刑事责任"。同年，中共中央办公厅、国务院办公厅印发《生态环境损害赔偿制度改革试点方案》，在吉林等 7 个省市部署开展改革试点，取得明显成效。2016 年，国务院办公厅发布了《国务院办公厅关于健全生态保护补偿机制的意见》，提出实施生态保护补偿是调动各方积极性、保护好生态环境的重要手段，是生态文明建设的基本内容。2017 年，中共中央办公厅、国务院办公厅印发了《生态环境损害赔偿制度改革方案》，进一步明确生态环境损害赔偿范围、责任主体、索赔主体、损害赔偿解决途径等，形成相应的鉴定评估管理和技术体系、资金保障和运行机制，逐步建立生态环境损害的修复和赔偿制度，加快推进生态文明建设。

二、沿海各省市海洋生态文明建设成效

党的十八大以来，中国将海洋生态文明建设摆在至关重要的地位，在国家层面出台多项政策推动全国海洋生态文明建设，在多方面取得长足进展。同时，沿海各省级行政区划也在加快各省市推进海洋生态文明建设的步伐。

（一）辽宁省

辽宁省作为东北部沿海大省，在集约发展海洋经济的同时，必须合理开发、利用和保护海洋，重视海洋生态系统健康，推动海洋生态文明建设。辽宁省海洋资源丰富、海洋经济潜力巨大，是推动经济健康持续发展的重要引擎，而海洋经济发展的关键在于推进海洋生态文明建设。为应对海洋生态文明建设中出现的问题，更好地发展海洋经济，辽宁省全面开展海洋保护区的生态环境修复，加强能力建设，严格实施海洋生态红线管控制度。

1. 全面开展海洋保护区的生态环境修复

辽宁省为保护好海洋生态资源，减轻海洋生态环境压力，先后建立了 5 处国家级海洋自然保护区和 1 处省级海洋自然保护区。2017 年出台的《辽宁省海洋主体功能区规划》将国家级和省级海洋自然保护区划定为禁止开发区域，共划定面积 4663.46 平方千米。2011—2016 年，辽宁省投入 6000 万元资金用于海洋生态修复工程。

2015 年，辽宁省海洋与渔业厅在全国率先出台了《辽宁省海洋生态文明建设行动计划（2016—2020 年）》，勾画了全省海洋生态文明建设路线图和时间表。该行动计划明确了"十三五"时期海洋生态文明建设的重大项目和工程。在开展治理修复方面，辽宁省将在锦州湾、青堆子湾、大连湾等 7 个海湾开展"蓝色海湾"环境综合整治修复工程；在辽河、大小凌河、大辽河等入海口地区种植芦苇、柽柳，在盘锦、兴城、锦州等地种植赤碱蓬，全面开展滨海湿地修复工程；在大连大长山岛黄金海岸、笔架山风景处西岸线滩、营口月亮湖等地开展"银色海滩"岸滩整治工程；在大连海洋岛、长山群岛、丹东大鹿岛、兴城觉华岛等海岛开展整治修复四大工程行动。该行动计划指出，要力争通过 5 年的努力，使海洋生态文明制度体系基本建立健全，海洋生态环境质量明显改善，海域海水环境质量一、二类海水水质面积比例达 75% 左右，整治和修复海岸线 200 千米，大陆自然岸线得到有效修复，新增保护海洋重要渔业水域 10 万公顷；滨海湿地恢复面积不少于 1000 公顷，建成 4 个国家级海洋生态文明示范区，海洋保护区面积达到省辖海域 12% 以上，海洋生态空间布局更趋合理。

2020 年 4 月，辽宁省率先印发《全国海洋生态环境保护"十四五"规划暨辽宁省海洋生态环境保护"十四五"规划编制工作方案》和《辽宁省海洋生态环境保护"十四五"规划编制技术大纲》，明确了"十四五"规划编制的时间表、路线图，提出了规划编制的整体指导思想和基本原则。

在政策和资金的大力支持下，辽宁省海洋生态修复取得了丰富成果。2021 年 2 月，辽宁渤海综合治理攻坚战 14 个海洋生态修复项目全部完成验收。14 个项目共计修复滨海湿地面积 2844.28 公顷、整治修复岸线长度 47.33 千米，完成率分别为 149.7%、157.8%。2021 年 7 月，辽河流域山水林田湖草沙一体化保护和修复工程项目、营口市海洋生态保护修复项目通过国家竞争立项评审，项目计划总投资 57.38 亿元，其中争取中央专项资金 23 亿元。

2. 加强能力建设

在能力建设方面，辽宁省重点实施海洋环境监测基础能力建设、海域海岛动态监控体系建设、海洋生态环境在线监测、海洋保护区建设能力提升四大体系建设，开展海洋生态专项调查、海洋污染状况、海域现状调查与评价和海岛统计调查四大调查，推进大连旅顺口区、盘锦市等国家级海洋生态文明建设示范区建设，在大连湾、丹东东港海域、营口白沙湾实施入海污染物总量控制示范工程，完成圆岛、獐岛、大鹿岛生态实验基地建设三大创建活动。

3. 严格海洋生态红线管控

在海洋生态红线管控方面，辽宁省人民政府印发《关于在黄海实施海洋生态红线制度意见的通知》，决定自 2017 年至 2020 年在黄海海域实施生态红线制度，对黄海实施分类管控，强化海洋生态环境保护，此举标志着辽宁省海洋生态红线制度全面建立。黄海生态红线区的主要任务是，实施生态红线区的分区分类管控和生态红线区生态保护与整治修复，建立生态红线区监测评价体系，加强生态红线区综合执法，提升应急能力，落实海洋生态红线保护主体责任，探索海洋生态红线区管理投入机制。通过划定生态红线区，辽宁省将确保到 2020 年，黄海近岸海域水质优良（一、二类）比例控制在 95% 左右，确保全省近岸海域水质优良比例达到 82%。

（二）河北省

河北省地处华北平原，东临渤海、内环京津，是中国渤海地区重要的沿海省份。近年来，河北省立足新发展阶段，贯彻新发展理念，深入落实生态文明建设的总体要求，在海洋生态文明建设方面取得良好成效。

1. 建立健全海洋生态文明制度体系

2015 年，河北省出台《关于加快推进生态文明建设的实施意见》，提出要实施海岸海域整治修复工程，建设海岸生态廊道，推进滨海湿地退养还滩，恢复海岸自然属性；采用人工清淤治污、增殖放流和海藻场自持繁育等手段，恢复海湾及入海河口海域生物多样性。2016 年，为贯彻落实《中共中央　国务院关于印发〈生态文明体制改革总体方案〉的通知》精神，加快推进全省生态文明体制改革和制度体系建设，河北省印发《河北省生态文明体制改革实施方案》，要求各地各部门结合实际组织实施，树立"六个理念"、遵循"六个原则"，到 2020 年基本确立生态文明制度体系。2018 年，河北省秦皇岛市出台《"湾长制"试点工作方案》，建立覆盖全市的"湾长制"综合监管体系，对全市海岸线和滩涂湿地进行踏查测量、登记造册，开展海岸沙滩环境卫生和渔船渔港专项整治行动，全面推进海洋生态文明建设。2022 年 2 月，河北省出台《河北省海洋生态环境保护"十四五"规划》，提出"十四五"时期海洋生态环境保护的主要目标是：环境质量持续稳定改善，生态保护修复取得实效，公众亲海品质显著提升，生态环境风险有效管控，监管治理能力全面加强。2022 年 6 月，河北省出台《河北省海洋资源管理三年行动计划》，计划从 2022 年至 2024 年，加强规划引领、强化资源监管、推进生态修复、打击违法用海、提升管理能力，力求通过三年行动，确保重大项目用海实现应保尽保，整治修复海岸线长度不低于 21 千米，整治修复滨海湿地面积不低于 2900 公顷，海洋综合管理能力显著增强，推动全省海洋经济高质量发展。

2. 海洋生态环境保护取得良好成效

2021 年，河北省坚持以海洋生态环境突出问题为导向，以海洋生态环境质量改善为核心，持续推进近岸海域综合治理，取得良好成效。2021 年河北省海洋生态环境状况整体稳定，海水环境质量总体较好，全省入海河流入海断面水质全部达到考核要求，直排海污染源达标率为100%。河北省有序推进入海排污口排查整治工作，截至 2022 年 4 月底，排查出的 4269 个入海排污口中，已治理完成 2415 个，治理完成率达到56.57%。

3. 开展滨海湿地和海岸线修复工作

按照《渤海综合治理攻坚战行动计划》要求，河北省渤海综合治理生态修复任务指标是，到 2020 年底，完成 800 公顷滨海湿地和 14 千米岸线岸滩修复任务。在滨海湿地综合整治修复中，河北以滦河口、北戴河口、滦南湿地、黄骅湿地以及所辖渤海湾海域为重点，按照"一湾一策，一口一策"要求，积极开展"退养还湿"清理、植被厚植修复、栖息生境养护和保障能力建设等修复整治工程；在岸线岸滩整治修复中，河北坚持问题导向、因地制宜，准确识别生态损害原因，科学制定保护修复措施，坚持保护优先、自然恢复，秉持尊重自然、顺应自然理念，最大程度恢复生态系统功能。截至 2020 年底，河北省共修复滨海湿地 1243.35 公顷，修复岸线 17.32 千米，超额完成滨海湿地岸线岸滩整治修复目标任务。

（三）天津市

天津市东临渤海湾，沿海地区为冲积、海积平原，地势平坦，气候为暖温带半湿润大陆与海洋过渡型季风气候。天津市管辖海域面积约 3000 平方千米，海岸线长约 153 千米，主要为大陆岸线。天津是环渤海区域的重要中心区域，也是中国北方最重要的出海港口。

2013 年 9 月，国家发展改革委批复实施《天津海洋经济科学发展示范区规划》，指出要立足天津海洋经济发展的综合优势，服务国家整体发展战略需要，合理确定天津海洋经济科学发展示范区的战略定位。同时，率先提出"建成海洋强市"的发展目标。2021 年 6 月，天津市人民政府办公厅印发《天津市海洋经济发展"十四五"规划》，提出到 2025 年，实现"海洋经济高质量发展水平显著提升，海洋产业结构和布局更趋合理，海洋科技创新能力进一步提升，海洋绿色低碳发展取得显著成效，海洋经济开放合作深度拓展，现代海洋城市建设迈上新台阶"的规划目标。

近几年来，天津市通过完善海洋生态环境修复法律法规体系、开展滨海湿地和海岸线修复工作、强化海洋治理能力，为天津市海洋经济发展提供动力和保障，推动天津市海洋生态文明建设稳步发展。

1. 完善海洋生态环境修复法律法规体系

2019 年 4 月，天津市规划和自然资源局编制印发了《天津市"蓝色海湾"整治修复规划（海岸线保护与利用规划）（2019—2035）》，将海岸线分类管理、分段实施保护与修复，明确具体单位责任，明确保护修复标准，并提出"到 2020 年，整治修复岸线不少于 4 千米，整治修复滨海湿地 400 公顷；到 2025 年，整治修复岸线不少于 24.5 千米，自然岸线不低于 18.63 千米，海洋生态保护红线区占管理海域面积的比例保持在 10% 以上；到 2035 年，整治修复滨海湿地 2600 公顷，实施退养还滩（湿）、逐步恢复部分海域的海湾纳潮量和湾内海洋动力环境，使海洋生态系统得到进一步加强"的规划目标。2021 年 6 月，天津市财政局、天津市规划和自然资源局印发了《天津市中央海洋生态保护修复资金管理办法实施细则》，以加强中央海洋生态保护修复资金管理，提高资金使用效益，加强海洋生态保护修复。此外，天津市正加快推动《天津市滨海新区海岸带保护与利用管理条例》的立法工作。

2. 开展滨海湿地和海岸线修复工作

为落实《天津市"蓝色海湾"整治修复规划（海岸线保护与利用规划）（2019—2035）》的明确任务，天津市开展了涉及中新生态城和临港区域的四项滨海湿地和岸线修复项目。截至 2020 年底，天津东部沿海岸线 1.8 千米岸线生态修复工程，已经完成了岸线防护主体；三项滨海湿地修复任务已全部完成，共整治修复湿地 528 公顷。

3. 强化海洋治理能力

为加强海洋生态环境敏感区保护工作，不断完善海洋管理制度，创新海洋综合管理模式,2014 年天津市发布《天津市海洋生态红线区报告》,划定海洋生态红线区包括 219.79 平方千米海域和 18.63 千米岸线,明确了自然岸线保有率指标、红线区面积控制指标、水质达标控制指标、入海污染物减排指标等控制指标;修订了《天津市海洋环境保护条例》《天津古海岸与湿地国家级自然保护区管理办法》,出台了《天津市海洋听证工作规则》等十几项规范性文件;严格围填海管控,加强海洋执法监察,海域岸线资源从规模开发向集约利用转变,完成自然岸线保有量不低于 18 千米的目标;深化海洋管理体制机制改革,坚持陆海统筹,重组建立市规划和自然资源局,进一步提升海洋治理能力和水平。

(四)山东省

山东省作为中国的重要沿海省份,地理区位优势明显,海洋资源丰富。为推动海洋生态文明建设,山东省近几年在制度、创新、修复、监测等方面不断升级,将海洋生态文明建设放在发展海洋的突出位置。海洋生态文明建设的进程使山东省的海洋保护区体系日趋完善,海洋生物资源修复力度不断加大,各种环境污染控制和治理取得新进展,全省海洋环境质量稳步改善,海洋环保和生态建设工作完成度高,为经济建设和沿海居民生活提供了服务保障。

1. 建立健全海洋生态文明建设制度

为切实推动海洋生态文明建设,山东省建立和制定了一系列制度和管理办法。首先,山东省实施《山东省打好渤海区域环境综合治理攻坚战作战方案》,全面实行"湾长制",初步构建了省、市、县三级湾长组织体系;率先开展海洋生态文明示范区创建。山东省于 2013 年完成了渤海红线区划定,于 2016 年完成了黄海红线区划定,至此共划定海洋生态红线区总面积 9669.26 平方千米,占全省管辖海域总面积的 20.44%,实现了重要海洋生态脆弱区、敏感区生态红线全覆盖。截至 2020 年 9 月，山东省共划定海洋生态红线区 233 个。同时，按照"审批海域、环评先行"原则，山东省严守海洋生态红线，对于不符合海洋功能区划、海洋环境保护规划和海洋生态红线区管控要求的用海项目，严格执行"一票否决"制度。

其次，制定发布《山东省海洋生态补偿管理办法》。2010 年，山东省发布了《山东省海洋生态损害赔偿费和损失补偿费管理暂行办法》。2016 年，山东省出台了《山东省海洋生态补偿管理办法》，对海洋生态保护补偿和海洋生态损失补偿做了全面规定，在中国较早建立完善了海洋生态补偿制度。截至 2017 年底，山东省共征收海洋生态损失补偿费 10.41 亿元。按照"取之于海、用之于海"的原则，山东省将征收的全部资金投入受损海洋生态环境的整治和修复中，为整治修复海洋生态环境提供了资金保障。

再次，山东省将海洋环保重要指标纳入全省经济社会发展综合考核体系。2017 年，山东省将海洋污染责任事故、海水水质状况、违法违规案件及海洋生态红线制度执行等指标作为扣分项，纳入全省经济社会发展综合考核体系，总分数 30 分。这进一步明确了责任主体，压实了党委、政府海洋生态环境保护责任。

2021 年 10 月，山东省印发《山东省"十四五"海洋生态环境保护规划》，确定了海洋环境质量、海洋生态质量、亲海环境品质三大类 8 项主要指标，以及包含精准治污、保护修复、风险防控、系统治理、应对气候变化、深化陆海统筹在内的六方面 19 项重点任务。

2. 不断创新和突破海洋环境保护工作

山东省在海洋生态文明建设方面能取得显著成效，与海洋环境保护工作的创新和突破密不可分。首先,山东省借力高端智库,为海洋环保把脉会诊。为了促进国家层面理论研究和制度建设与地方海洋生态文明建设实践相结合,山东省按照"一市一行""一市一策"的思路,从2016年开始,在省级以上海洋生态文明示范市,组织开展海洋生态文明专家行活动,邀请高端智库专家以走、看、问、答等形式为地方海洋生态文明建设会诊把脉,形成专家意见,提出有针对性的解决方案,形成推进海洋生态文明建设可操作、有效管用的制度成果。其次,山东省坚持湾河共治,为海洋环保"保驾护航"。山东省开创性地在青岛市实行"湾长制"试点,同时,健全"河长制"和"湾长制"衔接机制,推动形成"海陆统筹、河海共治"的格局,确立"治湾先治河、治河先治污"的模式。此外,山东省优化空间布局,为海洋环保"未雨绸缪"。山东省出台了《山东省海洋主体功能区规划》,科学划定四类开发区域,合理布局生产、生活、生态三大功能空间,探索集中集约用海方式,克服纠正岸线的碎片化、顺岸式、粗放利用,最大限度减轻对岸线和海域资源的占用。

3. 加强生态保护修复,提升海洋生态文明建设水平

多年来,山东省一直高度重视海洋生态保护修复工作,重点开展了三方面工作。首先,充分发挥示范带动作用。山东省制定出台《关于实施全省海洋保护区分类管理的意见》,确定了"分类管理、提档升级"的管理思路,有效规范了保护区管理。积极开展国家级海洋生态文明示范区创建工作,全省已创建国家级海洋生态文明示范区5个、省级海洋生态文明示范区10个、全国生态保护与建设示范区1个,较好地发挥了区域示范带动作用。其次,切实加大整治修复力度。山东省积极实施海洋环境保护重大工程。2013—2017年,共在全省实施海洋生态环境保护工程项目350多个。在环渤海四市实施了生物种群恢复、重要岸线岸滩整

治修复、滨海湿地修复等六类 60 个项目，积极推进"蓝色海湾"和"南红北柳"工程，将日照、威海、青岛、烟台纳入全国"蓝色海湾"工程重点扶持。再次，积极开展水生资源养护。近年来，山东全省累计修复岸线 247 千米、海域 2300 多公顷，建设沿海防护林工程 7.6 万亩，近岸海域优良水质面积比例达到 89% 以上。重大项目的实施提升了海洋环境保护能力，山东省生态效益和社会效益日益突显。

4. 完善监测观测体系，精准服务海洋生态文明建设

近年来，山东省在健全组织机构、加强能力建设和坚持资源共享三个方面，不断加强海洋环境监测体系和海洋预报减灾体系建设。首先，健全组织机构。2015 年 6 月，山东省召开全省会议，对加强"两大体系建设"进行了部署。目前，海洋环境监测体系建设日趋完善，全省形成了以省海洋环境监测中心为代表、沿海 7 市环境监测机构为骨干、县级监测机构为依托的三级海洋环境监测业务体系，海洋环境监测机构达 37 个。海洋预报减灾体系从无到有，初步建成了省、市和重点县三级预报减灾业务体系，全省海洋预报减灾机构达 21 个。其次，加强能力建设。2014 年以来，山东省加强了各级监测机构能力建设。目前，全省海洋环境监测技术人员达 300 多名，实验室总面积达 1.6 万平方米，省级海洋环境监测经费每年稳定在 1500 万元左右。结合省级预警报能力升级改造项目，2016 年以来，全省建设形成了以浮标和观测站为主的海洋观测网。截至 2019 年，3 个海洋牧场已经开始开展精细化预报保障试点，5 个沿海市已经实现在电视台每天播报海洋预报节目。再次，坚持资源共享。山东省在体系建设中坚持统筹兼顾，整合辖区各方资源，防止重复建设。2017 年 5 月，山东省海洋与渔业厅与国家海洋局北海分局共同签署了《共享海洋观测资料框架协议》，实现了山东省与北海分局海洋观测

资料的共享共用。2017 年 9 月，山东省海洋资源与环境研究院与中科院烟台海岸带研究所签订了《海洋环境实时在线监测数据共享合作机制框架协议》，建立了自动监测数据共享机制。截至 2019 年，山东全省海域内共有实时在线监测站 47 个。以上举措使山东省的海洋环境监测评价、海洋预报减灾保障能力不断提升，为精准服务海洋生态文明建设奠定了坚实基础。

（五）江苏省

江苏省地处中国大陆东部沿海地区中部，长江、淮河下游，东濒黄海，北接山东，西连安徽，东南与上海、浙江接壤，是长江三角洲地区的重要组成部分。江苏省拥有 954 千米海岸线，拥有亚洲最大的海岸滩涂湿地，生态禀赋优越。同时，江苏沿海地区正处于城镇化、工业化高速发展时期，保护与开发的矛盾也相对集中。江苏省在推动沿海地区高质量发展的过程中，也将海洋生态文明建设摆在更加重要的战略地位。2021 年 8 月，江苏省印发《江苏省"十四五"海洋经济发展规划》，提出打造全域一体海洋经济空间布局，到 2025 年，实现海洋环境保护成效显著提高的发展目标。江苏省"十四五"规划同时将建设人海和谐的海洋生态文明格局作为五项重点任务之一，提出要"促进海洋经济绿色发展，加强海域、滩涂、湿地等自然资源综合保护利用，推进海洋产业生态化、生态产业化进程，建设生态海岸带。加强海洋生态保护修复，防控海洋生态环境风险，提高海洋预报预警能力"。2022 年 3 月，江苏省印发《江苏省"十四五"海洋生态环境保护规划》，明确到 2025 年，初步实现海洋环境质量持续改善、海洋生态破坏趋势得到有效遏制、海洋生态产品价值明显提升、海洋生态环境治理能力现代化的目标；同时要求，江苏近岸海域水质优良比例达到 65%，主要入海河流国控断面水质优良比例达到 87% 左右，新增整治修复滨海湿地面积不少于 1400 公顷。近年来，江苏省加强海洋环境保护，推进近岸海域污染防治工作，严守海洋生态保护红线，积极实施海洋生态修复工程，在海洋生态文明建设方面取得良好进展。

1. 扎实推进近岸海域污染防治工作

2015 年以来，江苏省相继印发《关于开展入海排污口、重污染入海河流排查和做好环境综合整治的通知》《关于加强近岸海域污染防治工作的意见》《关于开展规范入海排污口设置及重污染入海河流环境综合整治工作的通知》《江苏省"十三五"近岸海域水污染防治规划》《全省 2020 年入海排污口监测溯源整治工作方案》《江苏省入海排污口溯源整治技术指南（试行）》《江苏省近岸海域污染物削减和水质提升三年行动方案》等，对近岸海域污染防治工作进行部署，加强入海排污口整治，加强环境监管，严厉打击违法排污行为。同时，强化入海河流整治，在对连云港市"湾长制"试点工作经验深入总结的基础上，印发《江苏省设区市湾（滩）长制工作评估考核办法（试行）》和《江苏省 2020 年度"湾（滩）长制"工作要点》，全面推广实施"湾长制"，建立了湾（滩）长制日常督察通报和问题整治销号制度；加大入海河流整治力度，制定实施《江苏省主要入海河流消除劣 V 类整治方案》，实行"一河一策"，分类治理；加大近岸海域环境监测力度，建设入海河流在线监测系统，完善主要入海河流水质监测网络，定期对入海河口、重点排污口进行联合监测。

2. 严守海洋生态保护红线

2018 年，江苏省印发《江苏省国家级生态保护红线规划》，划定海洋生态保护红线面积 9676.07 平方千米，约占全省管辖海域面积的 28%；划定大陆自然岸线 335.63 千米，约占全省岸线的 38%；划定海岛自然岸线

49.69 千米，约占全省海岛岸线的 35%。2020 年，印发《江苏省生态空间管控区域规划》，确定了 15 大类共 811 块陆域生态空间保护区域，总面积 2.3 万平方千米。

2020 年 6 月，江苏省完成生态保护红线评估工作，并对生态保护红线进行了优化调整，成为全国第一批实现红线成果封库的省份。

3. 大力实施海洋生态修复工程

江苏省通过加强湿地保护、推进"美丽海湾"建设、加强岸线整治和修复、加强生态防护林建设，大力推进海洋生态保护修复工作。2016 年以来，江苏省相继印发《江苏省湿地保护条例》《江苏省湿地保护修复制度实施方案》《江苏省湿地名录管理办法（暂行）》，不断扩大滨海湿地保护面积。截至 2019 年底，近岸海域已建立国际重要湿地 2 处、省级以上湿地公园 2 处、湿地保护小区 28 处，南通、连云港、盐城自然湿地保护率分别达 49.2%、53.9%、58.4%。

2019 年，江苏省启动海岸线修测工作，印发《江苏省海岸线修测工作方案》《江苏省海岸线修测实施方案》，开展岸线修复工作。截至 2020 年，盐城市完成海岸线整治修复 121.3 千米，南通市完成海岸线整治修复 43.36 千米，连云港市完成海岸线整治修复 76.1 千米。

2020 年，江苏省争取中央海洋生态保护专项资金 8110 万元，支持连云港开展"蓝色海湾"整治，支持启东市开展海岸带保护修复工程项目。截至目前，连云港市秦山岛整治修复及保护项目实现了海岛岛体和海岛岸线的稳定，有效保护了海岛生物多样性，恢复了海岛的良好自然生态；连云港市连岛整治修复及保护项目通过山体边坡修复、海岛岸线整治等工程的实施，有效改善了多年来海岛长期无序开发的不良状态，最大限度地保护了海岛自然地貌，改善了人为和自然因素造成的海岛沙滩资源破坏、局部山体滑坡等环境问题；灌云县劳役代偿替代性生态修复项目以劳役代偿、增殖放流的"替代性修复"方式对非法捕获野生蟾蜍案件进行生态修复；启东市海岸生态修复项目已在江海澜湾旅游度假区东侧，对16千米海堤进行加固及生态化综合整治恢复，已完成6千米海堤生态化建设。

2021年11月，江苏省南通市和盐城市两个海洋生态保护修复项目成功入围2022年中央财政支持海洋生态保护修复项目，各获中央财政补助资金3亿元。其中，盐城市海岸带生态保护修复项目位于世界自然遗产中国黄（渤）海候鸟栖息地（第一期）和盐城湿地珍禽国家级自然保护区内，计划总投资4.31亿元，包含射阳海岸带生态保护修复子项目和东台川水湾海岸带生态保护修复2个子项目；南通市海洋生态保护修复项目位于启东市沿海中部区域，计划总投资5.28亿元，项目拟结合当地生态环境状况，通过采取岸线岸滩修复、河口海湾生态修复、外来入侵物种防治、退养还海等生态保护修复措施，增加生物多样性，恢复滨海湿地生态系统，增强湿地生态系统碳汇能力，提升海岸带生态系统结构完整性和功能稳定性，提高抵御海洋灾害的能力。

此外，江苏省深入推进沿海生态防护林体系建设，着力构建千里海疆生态屏障。2019年以来，沿海三市完成成片造林37万亩。2020年，沿海三市共新增造林15.6万亩，完成绿美村庄建设155个。

（六）上海市

上海市地处长江入海口，海洋资源丰富，海洋经济已成为上海市经济发展新的增长点。"十三五"以来，上海市着力推动海洋生态文明建设，加强海洋资源保护和集约节约利用，出台《上海市加强滨海湿地保护严格管控围填海实施方案》，修订《上海市海域使用金征收管理办法》；

严格实施海岸线分类保护，实现大陆自然岸线保有率不低于12%的约束性指标；严格审批项目用海，推进不动产登记和海域管理工作有序衔接；持续开展海洋基础调查和专项调查，完成围填海现状调查。

2021年12月，上海市印发《上海市海洋"十四五"规划》，将切实保护和利用海洋资源、加强海洋生态文明建设作为"十四五"期间的重要前进方向，并将科学有效管控海洋资源、不断提高海洋生态空间品质作为规划目标。

2022年3月，上海市海洋局对上海临港滨海海洋生态保护修复项目做出批复，计划投资5.3亿元用于上海市浦东新区东南临港岸段堤前中高滩保护与修复、港湾凹地生境修复、侵蚀海滩保护修复、潮间带生物多样性恢复工作，以及警戒潮位现场标志物等科普管护设施配套，并开展修复期全过程的海岸带生态环境跟踪监测工作。

（七）浙江省

发展海洋经济是浙江经济发展新的增长点，是解决浙江陆地人口增长、资源短缺、环境恶化三大难题的新举措。在海洋经济发展的时代背景下，浙江省的海洋生态环境问题既具有全国共性，同时又带有明显的地域性特征，主要表现为近岸海域水质较差、海平面上升、海洋环境和渔业生态环境安全形势严峻等。在此形势下，浙江海洋经济发展对海洋生态环境保护构成重大挑战。为切实解决浙江的海洋生态环境问题，浙江省制定了一系列规章制度和相关规划，并付诸浙江省的海洋生态文明建设实践。

2010年6月，为深入推进生态文明建设，保障群众健康和生态环境安全，促进全省经济社会持续健康发展，浙江省颁布实施了《中共浙江省委关于推进生态文明建设的决定》，初步建立了以海洋资源环境承载力为基础，以自然规律为准则，以可持续发展为目标的海洋开发、利用、保护等理念和活动方式，推动实现人与海洋的和谐相处。

2011 年 1 月，浙江省人民政府办公厅发布了《关于加快构建环境安全保障体系的意见》，着力构建六大体系，包括：环境监测监控保障体系、环保基础设施工程体系、生态保护和修复工程体系、环境执法与应急保障体系、环境信息保障体系、环境科技支撑体系，并将环境安全保障工作纳入目标责任考核内容。

2011 年 12 月，浙江省发改委联合浙江省海洋与渔业局，共同发布了《浙江省海洋事业发展"十二五"规划》。该规划中的海洋事业"是指为保障海洋资源可持续利用、维护海洋生态系统平衡和促进海洋经济稳定发展，而进行的海洋综合管理与公共服务活动，涵盖海洋资源、环境、生态、文化和安全等方面"。按照该规划，浙江全省海洋事业发展将遵循可持续发展的基本原则，按照国家生态文明建设要求，深入实施海洋功能区划、海洋环境等各类涉海区划和规划，强化以生态系统为基础的海洋区域管理，规范海洋资源利用秩序，创新资源节约和环境友好发展模式，加大海洋生态文明建设和环境保护力度，确保海洋资源开发利用与资源环境承载力相适应，实现海洋可持续发展。

2021 年 6 月，浙江省发改委联合省自然资源厅举行的《浙江省海洋经济发展"十四五"规划》新闻通气会指出，浙江省围绕海洋强省建设制定了五大目标——海洋经济实力稳居第一方阵、海洋创新能力跻身全国前列、海洋港口服务水平达到全球一流、双循环战略枢纽率先形成、海洋生态文明建设成为标杆。该规划明确提出，浙江省将构建"一环、一城、四带、多联"的陆海统筹海洋经济发展新格局；优化海洋空间资源保护利用，加快实现蓝色国土空间治理现代化；甬舟联动建设海洋中心城市；内陆首次加入海洋经济规划，创新"全省域"发展海洋经济。

同年，浙江省印发《浙江省海洋生态环境保护"十四五"规划》，确定了近岸海域水质优良（一、二类）比例稳中有升、大陆自然岸线保有率不低于35%、海岛自然岸线保有率不低于78%、海洋生态保护红线面积占管理海域面积比例只升不降的主要目标，以及促进海洋生产生活方式绿色转型，推进"美丽海湾"保护与建设，完善海洋生态环境管理制度、提升管理能力三大总体战略。

此外，浙江省国家级的战略规划——《浙江海洋经济发展示范区规划》在海洋生态文明建设中起到了至关重要的作用，体现了浙江对海洋生态文明的重视。该规划的基本原则之一是"生态优先、持续发展"，具体要求是"注重保护和开发并举，坚持海洋经济发展与海洋生态环境保护相统一，海洋资源开发利用与资源环境承载力相适应，把海洋生态文明建设放到突出位置，促进人与自然和谐，实现海洋经济可持续发展"。

浙江省在海洋经济强省建设工作中，优化了海洋管理体制，通过加强海洋综合管理，严格依法管理海洋。与山东省相似，浙江省全面实施了海洋功能区划、海域使用权属和海域有偿使用制度，完善了海洋经济统计制度，强化海上联合执法管理，确保海洋法律法规的贯彻实施。目前，浙江省已经建立了基本覆盖浙江海域典型生态系统、海洋功能区、污染源及生态灾害多发区的生态环境监控与预警体系，海洋环境保护与生态修复技术得到广泛应用，典型海域生态系统的生态健康指数逐步提高。

（八）福建省

福建省是中国东南沿海重要省份，海域面积13.6万平方千米。福建省现有大陆海岸线共计3991.32千米（含厦门岛），其中自然岸线

1737.91 千米，占福建省海岸线总量的 43.54%。作为海洋大省，2012 年福建全省海洋生产总值达 5220 亿元，居全国第 5 位，对 GDP 贡献率达到 26.5%，高于全国平均水平；2019 年，福建省海洋生产总值达 1.2 万亿元，约占全省 GDP 的 28.4%。福建省已形成海洋渔业、海洋交通运输与仓储、滨海旅游、船舶修造、海洋工程建筑五大主导海洋产业；海洋新兴产业发展迅速，海洋服务业持续壮大，产业竞争力不断增加，现代海洋产业体系建设已初具规模。福建省沿海设区市和平潭综合实验区十分重视海洋生态文明保护工作，全省海洋生态文明建设工作取得显著成效。

1. 海洋生态环境稳步提升

2010 年 11 月，福建省人民政府出台《关于进一步加强我省近岸海域海洋环境保护的实施意见》；2011 年，福建省人民政府颁布实施《福建省海洋环境保护规划（2011—2020）》和《福建省近岸海域环境功能区划（2011—2020）》；2016 年 4 月，福建省第十二届人民代表大会常务委员会第二十二次会议通过《关于修改〈福建省海洋环境保护条例〉等三部地方性法规的决定》，并据此对 2002 年出台的《福建省海洋环境保护条例》进行了修正。

福建省生态环境厅的近岸海域水质监测结果显示，2020 年 1—12 月，福建全省近岸海域 234 个监测点位中，一、二类水质比例为 76.5%，同比上升 9.4 个百分点。其中，35 个国考监测点位的一、二类水质比例为 82.9%，优于国家 72% 的考核目标。沿海 6 个设区市近岸海域一、二类水质比例依次为：莆田 95.7%、泉州 91.7%、福州 88.0%、漳州 76.0%、厦门 66.7%、宁德 51.9%。

2022 年 3 月，福建省印发《福建省"十四五"海洋生态环境保护规划》，要求以海洋生态环境质量持续改善为核心，以"美丽海湾"保护与建设为统领，按照"贯通陆海污染防治和生态保护"的总体要求，协调推进沿海地区经济高质量发展和生态环境高水平保护。该规划同时确定了到 2025 年的目标：近岸海域优良水质（一、二类）面积不低于 86%，营造红树林 675 公顷，修复现有红树林 550 公顷，滨海湿地恢复修复面积达到 2000 公顷，大陆自然岸线保有率不低于 37%，整治修复亲海岸滩不少于 50 千米。

2. 围填海管控力度加大

20 世纪 50 年代至 80 年代初，在"以粮为纲"方针的号召下，福建省加大了对滨海湿地和近岸海域的开发力度。但围填海在促进海洋经济发展的同时，也破坏了海洋生态环境。根据保护环境与发展经济之间关系的动态，在国家相关法规政策指导下，福建省的围填海政策在不同时期也做出了相应调整。

1996 年，福建省出台《福建省沿海滩涂围垦办法》，提出滩涂围垦应当全面规划、统筹兼顾、因地制宜、择优开发、综合利用、讲求效益。

2002 年，《福建省沿海滩涂围垦投资建设若干规定》和《福建省海洋环境保护条例》相继出台，《福建省沿海滩涂围垦投资建设若干规定》指出，沿海滩涂围垦必须符合福建省海洋功能区划、土地利用总体规划、近岸海域环境功能区划和沿海滩涂围垦规划；《福建省海洋环境保护条例》第十六条指出，不得使用有毒有害的固体废弃物填海、围海；从事填海工程的，应当采取先围后填的方式。

2006 年，福建省印发《福建省海域使用管理条例》。2010 年至 2016 年间，福建省第十一届人民代表大会常务委员会第十七次会议、第二十九次会议和第十二届人民代表大会第二十二次会议分别对该条例进行了修改。修改后的第九条规定了围填海项目的审批部门；第二十九条规定,"填海项目工程竣工后形成的土地,属于国家所有";第三十四条规定,"对未经批准擅自进行围海、填海等改变海域自然属性活动的,沿海县级以上地方人民政府海洋行政主管部门或者海洋监察机构应当责令其停止违法活动";第三十七条对擅自改变用海类型和海域用途的处罚做出了规定。

2007年,福建省人民政府办公厅印发《福建省海域使用金征收配套管理办法》,指出:"填海造地用于农业耕种的按填海造地用海征收标准的3%一次性计征,所缴纳的海域使用金在上缴中央财政后的地方留成部分,经批准后由各级财政全额返还项目业主;填海后改变农业耕种用途的,按填海造地用海征收标准补交海域使用金。"

2011年,福建省相继印发《福建省海洋环境保护规划(2011—2020年)》和《福建省海洋功能区划(2011—2020年)》。其中,《福建省海洋环境保护规划(2011—2020年)》将规划海域划分为重点保护区、控制性保护利用区和开发监督区三个级别。

2012年,《福建省海洋与渔业厅关于进一步规范项目用海审批工作的通知》出台;2017年,《福建省海岸带保护与利用管理条例》印发;2018年,《关于废止〈福建省人民政府关于科学有序做好填海造陆工作的若干意见〉的决定》印发;2019年,《关于印发〈福建省加强滨海湿地保护严格管控围填海实施方案〉的通知》出台。

3. 海洋生态文明示范区建设成效显著

2013年,福建省厦门市、晋江市、东山县获批成为首批国家级海洋生态文明建设示范区。

(1)厦门市

厦门是中国东南沿海一座著名的国际港口旅游风景城市,拥有海域

390平方千米，海岸线234千米，大小岛屿31个；港口深水岸线31.7千米；海洋生物近2000种，包括中华白海豚、文昌鱼、中国鲎等海洋珍稀物种及红树林生态系统。近十多年来，厦门十分注重海洋生态文明建设，不断探索海洋生态文明建设的独特模式。

厦门的地理位置十分特殊，与台湾隔海相望。近十多年来，厦门市在海洋生态文明建设的过程中，始终坚持整体性、系统性原则，着重从海洋生态规划、海洋生态经济、海洋生态治理和海洋生态文化等方面入手，逐步打造出初具雏形的海洋生态文明格局。厦门市海洋生态文明建设的具体举措主要有四点。

第一，规划先行、生态优先，全面体现海洋生态文明要求。制定海洋生态城市建设规划，需要以超前的理念为指导，以科学的理论为依据，多方求证，全面考虑，才能确保设计出具有高水准和前瞻性的海洋生态文明建设蓝图。近年来，厦门市在海洋生态文明建设过程中，尤其注重发挥规划的先行指导作用，用可持续发展的眼光、超前的生态意识和科学的态度统揽规划工作。

第二，立法保障，确保海洋生态文明建设有法可依、依法管理。海洋生态经济是市场经济，而市场经济必然是法治经济。因此，厦门市加强了海洋生态经济立法，用法律法规、政策、行业标准来规范濒海企业行为和社会经济活动。同时，加强海洋生态管理法治化建设也是厦门市海洋生态文明建设的重要内容。

第三，科技支撑，确保海洋生态文明建设科学推进。厦门市是国内海洋科学的发祥地，是国内海洋科技力量最集中的两个城市之一，拥有厦门大学、国家海洋局第三海洋研究所、集美大学、福建海洋所及福建水产所等一批涉及海洋科学的科研机构，拥有一批富有实力的海洋科学家。为加强海洋生态建设，厦门市专门成立了市海洋专家组，为海洋规划、海域开发建设和生态环境保护等方面工作提供咨询和论证，为市政府和有关管理部门决策提供科学依据。

第四，弘扬海洋生态文化，形成全民参与的浓厚氛围。海洋生态意识文明是厦门海洋生态文明建设的一大特色。海洋生态意识是否深入人心，海洋生态伦理是否获得社会广泛认同，海洋生态文化是否形成，是衡量海洋生态文明程度的重要标尺。为推动海洋生态文化的观念深入人心，厦门充分利用大众传媒和网络等多种媒体，全方位、多角度对厦门海洋生态保护与建设进行动态报道。近年来，厦门市活跃着厦门蔚蓝社、厦门绿野协会、厦门市绿拾字协会、白鹭保护协会等一批海洋环保志愿者组织，他们组织开展海洋环保宣传、监督海洋环境执法、参与政策建议、倡导绿色生活方式，成为厦门市海洋环保事业的有生力量。

厦门市落实绿水青山就是金山银山的理念，深入实施生态市战略，不断深化生态文明体制改革，大力推进国家生态文明试验区建设，加快推动绿色、低碳发展，努力促进人与自然和谐共生。厦门先后荣获了联合国人居奖、国际花园城市、国家环保模范城市、国家森林城市、国家级生态市等多项荣誉。在中国社科院财经战略研究院与联合国人居署共同发布的《全球城市竞争力报告2017—2018》中，厦门入围可持续竞争力全球城市百强，在大陆城市中位列第七，充分反映出厦门市生态环境保护成效显著。

（2）晋江市

晋江市位于福建省东南沿海，位于泉州市东南部、晋江下游南岸，三面临海。晋江市东北连泉州湾，东与泉州石狮市接壤，东南濒临台湾海峡，南与金门岛隔海相望，西与南安市交界，北和鲤城区相邻。2013

年2月，晋江市被国家海洋局批准为首批国家级海洋生态文明建设示范区。

2013年，晋江市编制出台《晋江市海岸带保护与利用规划（2012—2030年）》，成为全国首个县级海岸带保护利用规划。2014年，晋江市启动海洋生态红线划定工作，将重要海洋生态功能区、生态环境敏感区划定为重点管控区域，并实施最严格的海洋资源分类管控制度。为扶持海洋渔业经济发展，晋江市先后制定出台《关于加快发展海洋经济、建设海洋经济强市的实施意见》《关于支持和促进海洋经济发展的九条措施》《晋江市蓝色经济发展专项规划》等一系列政策。

在大力发展经济的同时，晋江市充分利用海洋区位优势及丰富的海洋空间、生物、矿产资源等有利条件，不断加快海洋产业结构调整，完善海洋资源保护机制，着力推动海洋经济科学发展、跨越发展。

2021年6月，晋江市政府与厦门海洋环境监测中心站签订了共建晋江市海洋综合管理示范区协议，本着"统筹规划、协调发展，整体规划、分步实施，整合资源、协同共享"基本原则，在建立海域监管系统、强化空间规划管控、构建防灾减灾体系、建设海域执法平台等方面，打造晋江市海洋综合管理示范区，实现海洋资源的高效利用、整体保护、系统修复和综合治理，保障晋江海洋生态文明建设和海洋生态安全，实现高水平管海护海。

（3）东山县

东山县是全国第六大、福建第二大海岛，海域面积达1800平方千米，海岸线长达141千米，具有丰富的海洋生物资源、滨海旅游资源和优质海砂资源，素有"东海绿洲""东方夏威夷"之美誉。东山县先后获评全国首批海洋生态文明示范区、全国防沙治沙综合示范区、国家级海洋牧场示范区、国家生态县，全国十大美丽海岛评选第一，连续五年蝉联"全国深呼吸小城100佳"等荣誉，被作为33个全国生态保护和建设典型示范区之一向全国推广。

自2013年获批海洋生态文明示范区以来，东山县坚决守护好海岸、海湾、海岛、海滩、海水"五海"资源，聚焦海洋资源环境突出问题，大力推进海洋生态综合整治，努力改善海洋生态环境质量，严格管控围填海，节约利用海洋资源，全面提升海洋生态文明建设水平。

东山县率先在全省划定海洋生态保护红线，划设高潮位内侧200米限建区。截至2020年，东山县全县划定生态保护红线1199.74平方千米，其中陆域生态保护40.9平方千米、海域生态保护1157.84平方千米。同时，东山县积极开展海岸带保护修复工作，推进总投资1.25亿元的八尺门贯通工程，安排1.15亿元实施乌礁湾等海岸带保护修复工程。在海湾保护方面，东山县大力整治养殖乱象，规划海水养殖基地，推进规范化养殖试点。为推进海岛保护，东山县突破了停滞13年的马銮湾养殖清退工作，共清退省级东山珊瑚保护区头屿片区周边海域的非法养殖网箱15801.5格、筏式吊养306.8亩，清退总面积达到47.3公顷。

（九）广东省

广东省处在中国改革开放的前沿地带，经济发展迅速，但也面临着资源环境日趋严峻的困境。为突破发展瓶颈，广东省积极探索新型发展之路，创建了一批国家级生态县（市、区）、国家级生态工业示范园。目前广东省生态文明建设工作已取得一定的成效，对其他地区开展生态文明建设具有很好的借鉴作用。

1. 湿地及红树林面积不断扩大

生态环境中任何一个环境系统被严重破坏，都会对地球环境产生一定的影响。所以广东省加大对于湿地的保护政策，建立健全湿地保护体系，对于破坏湿地保护区的企业和公司加大惩罚力度，把省内的湿地大范围地保护起来，并出台相应法律将生态管理纳入管理系统。广东是湿地大省，湿地总面积为175.34万公顷，占全省面积的9.76%，是全国湿地类型最丰富的省份之一。自2012年实施新一轮绿化广东大行动以来，广东省实施了一系列湿地保护与恢复工程，2012年至2018年间，广东省新增湿地公园168个，湿地公园总数达到241个；2021年1月，国家林业和草原局正式公布2020年国家湿地公园试点验收结果，广东麻涌华阳湖国家湿地公园、广东罗定金银湖国家湿地公园、广东翁源滃江源国家湿地公园、广东深圳华侨城国家湿地公园通过验收，正式成为国家级湿地公园，使广东省国家湿地公园数量增加到27个。

由于红树林具有调节自然气候、加大空气中湿度的功能，广东省委、省政府加强了对于红树林的保护。经过有效保护，红树林在广东省最东边沿海到最西边沿海均有分布，而且种类繁多。2020年6月，国家林业和草原局、国家公园管理局公布的数据显示，广东省红树林总面积约1.4万公顷，为全国第一，占全国红树林总面积的56.9%。

2. 建立多元主体共治机制

广东省积极树立共治理念意识，主动将政府、公众及社会组织等多元主体通过优势互补等方式组织在一起，创设新型参与、主体多元化的共同治理实践思路。2009年，广东省在顺德区开展政府改革试点工作，通过合并政府机构划削政府权力，并将部分权力转交社会组织，同时扩大民间参政议政的渠道，推动建立自上而下的监督体制，建立起政府与社会协同治理的雏形。此外，广东省还在其他地方展开类似工作，如中山市建立起"群众评议团"，通过参加环境监督检查、公开评议和明察暗访等活动参与共治。互联网技术的应用促进了治理手段的智能化和精准化。同时，广东省还建立起有利于推进治理的工作机制：第一，完善信息公开制度，保持公众和企业、政府之间获得的信息来源和信息质量的一致性，使决策方案最终能够加入民意反馈。第二，建立起平等的对话平台，使政府、公众及社会组织通过协商对话的方式，以平等、包容的态度讨论双方关切的问题，尽最大可能保障公众的权益，为各方的合作提供便利的条件。第三，为保障合作各方的利益，保障多元化主体共治顺利实现，广东省建立起一套利益协调机制，通过统一规划，实行利益补偿，让各方的利益最大化，为共治机制打下稳固的地基。

3. 建立政绩评价机制

广东省是中国首个将生态环境治理作为行政区内领导政绩考评标准的省份。自 1991 年起，广东省政府就对各区生态保护和环境整治活动下达了一系列具体实施措施和环保目标，并在 1997 年将此工作的完成结果正式纳入环境绩效考核，在 2001 年下半年相继颁布多条有关县域负责人通过绩效考评的达标准则。在随后的 2003 年至 2006 年，环境绩效考评的评价标准随着时代的变化不断更新，摒弃原有的定性分析，转变为量化评价，在评定过程中，主要的考核指标来自环境质量、污染指数、建设现状、环境管控四大领域，占比最高的两类指标都是来自环境质量检测成果和污染程度领域，而针对水污染治理和改进成果的评价就占据所有治污成果的 15% 左右。广东省政府相关部门出台的文件中指出，对生态建设业绩不达标的处以全省警告，连续三年未通过考核，该区域内主要领导人和环境治理相关人员三年内不得升任更高职位工作。2008 年，广东省统计局按照中共广东省委十届二次全会的指示，根据广东省现状，将考核指标体系确立为"经济、社会、人、生态"四大板块。不同于前期简单的分配效用，这套考核指标体系摒弃以国民生产总值恒定最终效用的准则，同时添加"人"和"生态"这一新型的分类指标，是科学发展观中的以人为本和人与自然和谐相处的良性生态经济建设体系。此外，针对发达地区和欠发达地区的差异，指标体系的核算也不尽相同，体现分类指导、区别对待的原则。基于广东省扎实的经济基础，以及后期经历多次试点方案的培养，广东省具有系统的理论体系和出色的发展经验，从生态环境的成果考评出发，形成了一套完善的项目负责人考评体系。

（十）广西壮族自治区

近年来，广西壮族自治区对海洋的重视程度日趋提升，精心谋划海洋生态文明建设，通过重视海洋调查、加速海洋立法进程、加大海洋保护力度，不断推进海洋生态文明建设。

1. 重视海洋调查

海洋生态是广西最宝贵的资源优势，也是广西增强未来竞争力、实现可持续发展的重要支撑。2014年，广西开展海域海籍基础调查，成为全国首个开展海域海籍全域全覆盖基础调查工作的省（区）。2017年，广西海域使用确权调查、公共用海调查、其他现状地类调查、岸线专项调查和海域海籍基础调查数据库建设等全面完成。广西全面查清了用海方式、海域使用类型，以及公共用海、沿海滩涂、养殖池塘、红树林、河口水域、现状填海等各类用海的数量、权属、分布和利用状况。通过海洋调查，广西对海洋海域海籍现状有了清晰的认识，为政府宏观决策和海洋生态文明建设提供了科学的依据。2017年12月，广西壮族自治区人民政府批复了《广西海洋生态红线划定方案》，广西划定海洋生态红线区面积占全部管理海域总面积的60.12%，所占比例在大陆沿海省（区）中最高。该方案明确规定：至2020年，广西大陆自然岸线（滩）保有率不低于35%，海岛自然岸线保有率不低于85%，海洋生态红线区面积占管辖海域面积的比例不低于35%。

2. 加速海洋立法进程

广西明确始终将法治建设放在重要地位，海洋生态文明法规、制度建设是保护海洋生态环境、建设海洋生态文明的重要基础。只有加强海洋立法，才能治源强基。2014年2月1日，广西首部涉海法规《广西壮族自治区海洋环境保护条例》正式施行，填补了广西海洋地方性法规的空白，实现"零"的突破；2015—2016年，广西颁布实施了《广西壮族自治区海域使用管理条例》；2017年2月，广西第三部海洋地方性法规《广西壮族自治区无居民海岛保护条例》正式颁布实施，标志着广西在全国率先完成海洋环境保护、海域使用管理、海岛保护三大海洋法律的地方性法规立法工作，在较短时间内完善了海洋地方性法规。

伴随着立法工作的推进，涉海规划及制度建设也在不断完善。2013年初，广西印发实施《广西壮族自治区海洋功能区划（2011—2020年）》，成为国内首批获国务院批复实施的区划之一；2012年，广西印发通过系统挖掘、整理，编制完成的中国首个省（区）级海洋文化发展规划纲要——《广西海洋事业发展规划纲要（2011—2015年）》；2016年，广西出台《广西壮族自治区海洋局围填海管理办法（暂行）》《广西壮族自治区海洋局自然岸线管控实施办法（试行）》等重要涉海法规。

2018年4月，广西壮族自治区人民政府编制印发了《广西壮族自治区海洋主体功能区规划》，规划海域面积约7000平方千米。其中，优化开发区域海域面积占40.3%，重点开发区域海域面积占17.7%，限制开发区域海域面积占35%，禁止开发区域海域面积占7%。《广西壮族自治区海洋主体功能区规划》明确规定，要坚持"面上保护、点上开发"的原则，到 2020 年，全区海洋开发强度控制在 1.6%，围填海规模实行总量控制；海域综合利用程度加大，海洋水产品总量和海水养殖单产水平稳步提升，单位岸线和海域面积所创造的生产总值大幅度提高；主要排海污染物持续减少，一、二类水质面积占比不低于 91%；禁止开发区域占管理海域面积比重达到 8%，禁止开发区域内海岛个数为 64 个，大陆自然岸线保有率不低于 35%。一批涉海规划的实施，为广西依法管海、科学用海、生态用海创造了有利条件。

2019 年 12 月，广西出台全国首个发展向海经济政策文件——《关于加快发展向海经济推动海洋强区建设的意见》；2020 年 9 月，全区向海经济发展推进会议召开，同时，广西壮族自治区政府办公厅印发了《广西加快发展向海经济推动海洋强区建设三年行动计划（2020—2022 年）》；2021 年，经自治区政府同意，《广西海洋经济发展"十四五"规划》正式出台，明确了"十四五"时期广西海洋经济发展的指导思想、目标任务和重大举措，规划范围包括北海、钦州、防城港三市，并延伸到南宁、玉林市相关陆域地区；2022 年 2 月，广西印发《广西壮族自治区海洋生态环境保护高质量发展"十四五"规划》，明确到 2025 年的总体目标：广西重点海湾生态环境质量持续改善，海洋生态退化趋势得到遏制，典型海洋生态系统健康，自然保护区生态服务功能稳定性提升，海洋环境风险得到有效防控，近岸海域环境综合监管、预警监测和应急能力显著增强，公众对亲海空间满意度提升。

3. 加大海洋保护力度

红树林是广西沿海分布的一种特殊的海洋生态系统。截至 2021 年 11 月，广西有红树林面积 9330.34 公顷，位居全国第二。北海山口国家级红树林生态自然保护区被评为"中国十大魅力湿地"；围绕红树林的保护和生态修复，防城港北仑河口保护区被国家海洋局指定为全国海洋示范性自然保护区；茅尾海、涠洲岛先后获批成为国家级海洋公园；北海市也成为广西首个国家级海洋生态文明建设示范区。

广西实施了严格的海洋生态环境保护制度和措施，促进海洋和渔业产业从规模速度型向质量效率型转变，推动向海经济走绿色、低碳、高效、循环发展之路。2020 年度广西海洋环境质量报告显示，2020 年广西近岸海域"十三五"22 个国家考核点位水质级别为"优"，优良点位比例（第一、二类海水综合，下同）为 95.5%，与上年相比上升 4.6 个百分点，优于国家考核目标（≥ 90.9%）要求。"十三五"布设的 44 个点位中优良点位比例为 88.6%，与上年相比，水质级别由"一般"上升为"良好"，优良水质比例上升 9.1 个百分点；首次消除劣四类水质，劣四类水质比例同比下降 9.1 个百分点。"十四五"40 个国控点位水质级别为"优"，优良点位比例为 92.5%，以面积法进行统计，"十四五"国控点位优良水质面积比例为 95.5%。由此可见，广西海洋生态文明建设取得了显著成效。

（十一）海南省

海南省管辖领海面积广大，拥有得天独厚的生态优势，但海南目前只能说是海洋资源大省，而不是海洋经济大省，更不是海洋综合实力强省。一方面，海南海洋经济总量小，用海规模小，海洋开发投入少，海洋生产科技含量低，海洋资源开发利用程度不高，海洋产业结构比较初级；另一方面，这也为海南海洋生态文明建设、高起点高质量发展海洋经济留下了广阔空间，提供了后发赶超的机会。

2015 年以来，海南省就生态保护总体格局、海洋生态保护红线、海岸带保护利用、生态保护补偿、休闲渔业和海洋新兴产业发展等相继出台了相关文件和规定，逐步建立健全海洋生态文明制度体系。2021 年 6

月，海南省印发《海南省海洋经济发展"十四五"规划》，提出要统筹海陆生态环境保护与治理，探索海洋经济绿色发展新模式，集约高效利用海洋资源，严守海洋生态保护红线，维护海洋生态安全，打造国家级海洋生态文明建设示范区。2022年1月，海南省印发《海南省"十四五"海洋生态环境保护规划》，明确"十四五"时期海洋生态环境保护的主要目标为：海洋环境质量持续稳定改善，海洋生态保护修复取得实效，公众亲海需求得到满足，海洋生态环境治理能力不断提升。

自2012年起，海南省致力于建设国家级海洋生态文明示范区和海洋强省。经过十多年的努力，海南省的海洋生态环境逐年改善，海洋生态治理与保护逐渐完善，海洋生态文明示范区和海洋经济发展示范区建设也取得了成效。

1. 海洋生态环境持续改善

根据《2020年海南省海洋生态环境状况公报》，2020年，海南省海洋生态环境质量总体保持优良。全省近岸海域优良（一、二类）水质面积比例为99.88%，优良水质点位比例为95.6%，其中一类水质点位比例为85.2%，同比上升2.2个百分点。与2019年相比，未达到所述海洋功能区环境保护要求的港湾数由6个（海口湾、清澜港、石梅湾、马村港、博鳌港、龙栖湾）减少为4个（清澜港、博鳌港、后水湾、马村港）。2020年，全省近岸海域呈富营养化状态的海域面积为15.8平方千米，同比减少108.8平方千米。全省近岸海域沉积物质量为一类的点位比例为100%，同比上升2.6个百分点，铜鼓岭近岸海域沉积物质量受砷影响减弱，由二类好转为一类。

西沙群岛珊瑚礁生态系统处于健康状态，监测海域共鉴定出造礁石珊瑚12科36属92种，造礁石珊瑚平均覆盖度为23.5%，同比上升10.5

个百分点，其中甘泉岛海域造礁石珊瑚的平均覆盖度较高；造礁石珊瑚平均补充量为5.33个/平方米，同比增加56.3%，监测海域造礁石珊瑚补充量均较高。

全省入海河流水质总体良好。国家重点海水浴场水质优良比例为100%。主要滨海旅游区、重点工业园区、海水养殖区环境质量均满足海洋功能区环境保护要求，昌江核电厂周边海域环境放射性核素活度浓度处于本底水平。

2. 海洋生态治理与保护持续完善

1991年，海南省人民代表会议常务委员会第十八次会议通过《海南省自然保护区条例》，加强自然保护区的建设和管理，保护自然环境和自然资源，维护生态平衡；2014年，海南省第五届人民代表大会常务委员会第十次会议对该条例进行修订；2018年，海南省第六届人民代表大会常务委员会第七次会议通过《关于修改〈海南省自然保护区条例〉等两件地方性法规的决定》，并进行修正。2016年，海南省出台《海南省人民政府关于划定海南省生态保护红线的通告》，依据海南省生态资源特征和环境保护要求，划定陆域生态红线和近岸海域生态红线。

截至2020年，海南省共建有海洋自然保护区17处，总面积约2475606.1公顷；省级海洋特别保护区1处，面积约2320公顷；国家级海洋公园2处，总面积约7142.01公顷；海洋湿地公园1处，面积约507.05公顷。

海南省共划定近岸海岸生态保护红线总面积8316.6平方千米，占海南岛近岸海域的35.1%。其中，Ⅰ类红线区总面积343.3平方千米，占近岸海域面积的1.5%，主要包括海洋自然保护区的核心区和缓冲区、领海基点保护范围等；Ⅱ类红线区总面积约7973.3平方千米，占近岸海域面积的 33.6%，主要包括海洋自然保护区的实验区、海洋特别保护区、省级海洋功能区划海洋保护区域、海岸带控制区（向海侧）、珊瑚礁主要分布区、海草床主要分布区、红树林主要分布区、部分潟湖、重要入海河口、自然景观与历史文化遗迹、重要岸线与邻近海域、重要渔业水域、海洋功能区划中的增养殖区、保持自然生态空间属性的生态保留区等。

2019 年，海南省全面启动全省海岸线修测工作，全面查清 2008 年和 2016 年以来海岸线的主要变化，准确掌握海岸线的位置、长度、类型及开发利用现状等基本情况；以现行国家标准规定的多年平均大潮高潮线为依据，对全省海岸线和有居民海岛海岸线进行修测，包括海南岛本岛、海南岛周边有居民海岛、三沙市有居民海岛。此次修测在 2016 年海岸线修测成果的基础上，对海岸线的开发利用情况、生态修复状况等进行细化调查，为全省陆海统筹发展提供重要依据，为海岸带区域精细化管理提供基础资料。

3. 海洋生态文明示范区和海洋经济发展示范区建设取得成效

2012 年，海南省海洋工作会议上提出，海南要建成国家级海洋生态文明示范区。2017 年，海南省印发《2017 年度海南省生态文明建设工作要点》，指出要加强海洋生态文明建设，积极推动国家级海洋生态文明示范区和国家海洋经济发展示范区建设。2019 年，中共中央办公厅、国务院办公厅印发《国家生态文明试验区（海南）实施方案》，提出要加强海洋环境资源保护、建立陆海统筹的环境治理机制，开展海洋生态系统碳汇试点，推动形成陆海统筹保护发展新格局。2021 年，《海南省海洋经济发展"十四五"规划》提出，力争打造国家级海洋生态文明建设示范区。

海南省三亚市和三沙市已于 2015 年获评国家级海洋生态文明示范

区，海口市于 2017 年入围国家海洋经济创新发展示范城市，陵水县于 2018 年获批国家海洋经济发展示范区。此外，海南省已建成国家级海洋牧场示范区 1 个（三亚蜈支洲岛海洋牧场），有在建待建海洋牧场 6 个（海口东海岸海洋牧场、临高头洋湾海洋牧场、文昌冯家湾海洋牧场、儋州俄蔓海洋牧场、万宁洲仔岛海洋牧场、三亚崖州湾海洋牧场）。

三、小结

中国海洋生态文明建设自起步以来，进行了多方探索，取得了显著成效。中国从国家层面上确立了海洋生态文明建设的地位，将其与宏观规划相结合，积极提升其在海洋生态文明示范区选划、海洋主体功能区规划等方面的引领作用，并在围填海管控、海洋生态保护与修复、海洋防灾减灾能力建设等方面取得重要进展。11 个沿海省（自治区、直辖市）也积极响应，创新实践，针对各省市具体情况，印发相应政策方案，大力推进当地海洋生态文明建设，在海洋环境改善、海洋生态修复、海洋生态文明示范区建设等方面均取得良好成效。

06

第六章

提升中国海洋生态文明
建设水平的对策建议

党的十八大以来，中国海洋生态文明建设取得重大进展，不仅从国家层面确立了海洋生态文明建设的地位，更在围填海管控、海洋生态文明示范区建设、海洋环境保护与修复、海洋防灾减灾等多方面取得显著成效。立足于"十四五"的开端，从党的二十大"人与自然和谐共生"的理念出发，展望中国海洋生态文明建设的前景，可从管理机制、空间利用、陆海统筹等多方面对海洋生态文明建设进行优化，提升中国海洋生态文明建设水平。

一、完善法治体系，优化管理机制

1. 完成立法工作

健全的海洋相关法律法规是海洋生态文明建设的重要保障。中国的海洋法律法规与政策规划体系已经初步建立，如已出台的《中华人民共和国海洋环境保护法》《中华人民共和国海域使用管理法》《中华人民共和国海岛保护法》等，但是仍需要更细致具体的法规及制度来协助规范海洋生态文明建设。除此之外，需制定具有较强操作性的海洋环境管理和保护的细则，加强无居民海岛及周边海域开发与保护管理、海岸带管理等地方性海洋法规和规章的立法工作，完善近岸海域资源环境管理的法规体系。要科学编制规划，各沿海地区海洋发展规划应与各种涉海行业规划衔接，协调海陆统筹发展，发挥规划的主导作用，根据海洋功能区划合理布局海洋产业、临港工业，形成沿海经济新的增长带，并把加快沿海经济带建设与近岸海域资源和环境保护统一起来，协调发展。同时，建议政府组织开展新一轮的海岸带和近岸海域生态环境大调查，并尽快制定海岸带资源环境保护及海岛开发利用等规划。

2. 完善执法行为

首先，加强对海洋执法人员的培训，包括海洋理论知识培训、海上执法技能培训、职业道德培训和海洋法律法规培训等，整体提升海洋执法人员的素质。其次，海洋执法人员要严格按照海洋法律法规要求执行海洋管理。针对海上违法、违规行为，要加大监察力度，尤其是对海洋污染、非法捕捞等行为从严、从重处理；同时，要保护涉海群体合法的用海权益，并为他们提供良好、安全的海洋环境。

3. 完善协调管理机制

海洋具有整体性和流动性的自然属性，这种特点使得海洋管理主体具有多元化的特征，因此海洋环境保护和海洋的开发需要建立统一协调管理机制，实现跨部门、跨区域的协同管理。一是充分发挥海洋管理部门的组织协调作用，明确小组各成员单位在海洋管理中的权限和责任；制定海洋开发与保护相关规划；讨论决定重大海洋管理事务；下设海洋管理办公室，对各单位执行情况进行通报和监督。二是建立责任人制度。根据规划和细则的要求，当各成员单位在期限内未完成预期目标或者在其管理期间发生重大海洋污染、海洋生产安全等事故时，追究责任人责任，促使管理人员严格履行职责，提高海洋管理效能。

二、海洋空间的科学利用及优化开发

中国的海洋空间广袤而复杂，对于海洋空间科学的利用及优化开发是海洋生态文明建设中重要的指标。坚持陆海统筹是中国治理海洋的必经之路，要着重关注对陆源污染物的管控和入海口海水水质的监测，协调处理好不同区域不同部门间的关系，完善陆海统筹合作机制，达到陆海管理紧密结合，同时防治，共同发展。在陆域，应大力发展绿色经济，调整产业结构，有效减少陆源污染。近年来，部分地区的垃圾分类制度、汽车尾气排放管控举措值得推广。在近岸海域，需加强与陆地监测的合作共享，及时准确地分析水质污染的迁移趋势，提供具体的污染防治建议。陆域实行的垃圾分类和尾气排放标准也需要在近岸海域施行。此外，还需要制定详细的海洋捕捞法规，严格规定禁渔期，加大对渔业捕捞的监管审查力度，保护海洋珍稀物种。

实行海洋功能区划可以有效优化海洋空间开发。当前中国海洋空间开发失衡，各地区发展不协调导致了生态环境的持续恶化，因此中国的海洋生态文明建设必须全面实施海洋功能区划。具体应严格落实海洋功能区划开发保护方向和用途管制要求，逐渐形成完善的海洋功能区划体系，实现海陆规划的有效衔接，着重保护及管控海洋生态的敏感脆弱区，限制对生态有负面影响的开发活动，推动海洋空间的开发达到理想的状态。

人类对于海洋资源的利用已经有上千年的历史，从最早期的近海捕鱼、晒海盐、海上运输，到现如今的海洋油气资源开发、潮汐发电站、沿海工程等，可见人类的发展离不开海洋。全面促进海洋资源的合理使用是海洋生态文明建设指标体系中的重要组成部分。提高海洋资源的利用效率、完善海洋资源的有偿使用制度、注重海洋环境生态补偿、减少使用过程中的负面影响等都是促进合理使用海洋资源的基本原则。要努力提高自然岸线保有率，提高围填海利用率，减少围填海对海岸带生态的影响，努力实现近海渔业捕捞零增长，转型以海洋第二、第三产业为主的海洋经济新格局，提高海洋保护区面积的比例，发展海水淡化、潮汐发电、深海采矿等尖端技术。

三、陆海统筹，修复与保护海洋生态系统

海洋的环境及资源是中国以海兴国、以海富国、以海强国的基础元素，因此对海洋生态系统和海洋资源环境的保护就显得至关重要。由于海岸带是与人类发展关系密切的地理单元，且生物多样性丰富而敏感，所以海岸带保护是海洋环境保护工作的重中之重。要健全海洋生态环境监测管理制度，加强对海岸带污染源的溯源及监控，做到入海河流和排污口的水质达标，通过海陆环境保护的衔接，建成陆地到海洋保护及污染治理的一体化管理体系。

1. 陆源上防治海洋污染

要有效保护海洋生态环境尤其是近岸海域环境，必须从陆源上控制污染，严格控制入海污染物排放总量。针对工业污水排放，应严格执行

排污标准，淘汰部分高耗能、高污染的企业；对于生活污水、垃圾，政府应完善处理设施，实现入海废水水质达标；同时，要加强对市政排污口、工业排污口和排污河入海水质的监测工作。政府应该联合沿海城市政府、环保部门共同治理，对于未完成达标任务的政府部门和企业实行问责制，严厉打击各种违法排放行为。

2. 海上流动污染源的整治

海洋管理部门应对各地海域内行驶的船舶加强防污检查，排查船舶污染隐患，对于有污染隐患的船舶令其限期整改；同时设置海上倾废区和污水处理站，严格控制废弃物倾倒入海，解决船舶油污和垃圾问题；合理布局海水养殖业，科学确定海水养殖量，清理整顿违规养殖场地和设施，推广使用低残留、低污染的养殖饲料和用药，控制养殖污染；继续完善海上环境监测体系，利用信息技术，提高监测体系的信息化建设水平，提高日常管理和应急处理能力。

3. 保护与修复海洋生态

海洋管理部门要严格控制围填海的规模，加大海岸带生态系统的保护力度；继续开展人工鱼礁建设，加大海洋生物人工增殖放流力度，维持海洋生物资源的可持续性和多样性；建立海洋珍稀、濒危生物专业保护项目。南海区域因其优越的自然条件拥有众多珍稀生物资源，但目前对其保护力度还不够，应建立专项保护，同步落实监测、研究和保护工作。

四、宣传引导海洋意识，增强海洋生态文明理念

何兆雄在《试论海洋意识》一文中提出"海洋意识指人类在与海洋构成的生态环境中，对本身的生存和发展采取的方法及途径的认识"。① 在

---

① 何兆雄. 试论海洋意识[J]. 学术论坛, 1998(2): 73-76.

人类社会的发展中，海洋意识要帮助人们建立与海洋相关的世界观与价值观，树立人与海洋和谐共存、可持续发展的思想。

首先，加强对社会公众的海洋生态教育。一是政府可以举办专题讲座、论坛、展览会等海洋主题活动，开展形式多样的科普宣传活动，广泛传播海洋生态环境保护的政策法规和相关知识，增强公众的蓝色国土意识；此外，政府可以联合社区、学校等举办海洋垃圾清洁和海洋清淤活动，使公民亲身投入海洋保护活动，在具体的实践活动中增强公民保护海洋的意识。二是政府应当大力建设海洋文化宣传基础设施，例如建设水族馆、海洋博物馆、海洋公园等，通过寓教于乐的方式，增强公众对海洋的关注度。第三，政府应大力发挥网络、电视、广播等大众传媒的作用，宣传海洋生态基础教育、海洋环境保护知识和海洋管理法律法规，树立全民生态道德观。

其次，重视学校海洋教育。学校教育是培育海洋生态道德观的重要途径之一。学校通过学科知识传授的方式，系统地向学生传播海洋自然科学、海洋生态保护等知识，引导青少年从小了解海洋、熟悉海洋、关注海洋。高等院校不仅要培养大学生的海洋意识，而且要大力发展海洋产业、海洋医药、海洋保护等深层次涉海研究学科，培养涉海人才。

最后，建立海洋环境信息公开平台，健全监督和举报制度。政府通过建立海洋环境信息公开平台，方便公众及时、准确地了解海洋法规、海洋政策和海洋执法进展，并针对政府监督不力、企业偷排污染物、违规海洋捕捞等行为进行举报。这有利于社会各界提高对海洋生态环境保护的关注和支持，引导公众参与海洋事业的管理，在全社会形成保护海洋、人人有责的良好氛围。

五、优化海洋产业结构，提高海洋产业贡献

目前中国的海洋产业结构尚未达到理想状态，所以要增强海陆结合的宏观调控，实现海洋产业结构的优化和升级，提高海洋产业对社会的贡献。

首先，应强化传统优势海洋产业。第一，发展现代渔业，切实加大传统养殖业供给侧结构性改革力度，大力发展高优水产养殖基地，建设海洋牧场，利用人工育苗或驯化等高新技术发展海水养殖和深水网箱养殖；在水产品加工上，实现从规模优势向产业优势的转变，培育龙头企业，打造知名品牌，同时根据水产品加工业发展的需要，进一步完善运输、包装等产业的发展；发展休闲渔业，例如海洋休闲垂钓、渔家乐等，建设休闲渔业示范区，形成集旅游观光、餐饮和科普教育于一体的新型渔业模式。第二，优化船舶生产结构，根据海洋运输、旅游、深海勘测和军事等不同的需求，把握世界市场发展趋势，制造不同类型的特种船舶，形成规模化、特色化生产；提升船舶设计制造能力和配套设备自主开发能力，重点开发节能、高效的集装箱运输船。第三，提升海洋交通运输专业化能力。海洋运输业具有运输量大、费用低的特点，绝大多数的进出口货物均由海洋运输完成。海洋运输以港口为依托，应积极推进港口建设。

其次，要培育壮大海洋新兴产业。第一，海洋生物医药业。政府应当重点扶植海洋生物医药业的发展，例如加强财政补贴、政策支持等，同时提升海洋生物医药业方面的自主创新能力。第二，大力发展海水利用业。在海水淡化方面，引进反渗透等先进技术，建设海水淡化厂，用于工业用水和生活用水；在海水冷却方面，引进直流和循环冷却技术，用于高耗水产业中。第三，积极推进风电等海洋新能源项目。积极寻求

与高校、科研院所合作，并积极引进国外海洋新能源开发技术和人才，大力开发海上风能、波浪能、潮汐能等新能源。

最后，要大力促进海洋服务业的发展。第一，加快港口物流业发展。以港口建设和临港产业为基础，建设现代物流园区，根据市场需求提升码头作业的专业化、规模化水平，实现码头作业高效率开展。第二，在滨海旅游业方面，政府应制定旅游资源开发规划，进一步拓展滨海旅游项目，发展具有本土特色的旅游风景区，避免各地旅游产业发展的同质化，同时应完善餐饮、住宿、交通等相关配套行业。

六、开展国际合作，共同保护资源环境

海洋流动性、广阔性的特征决定了海洋环境的治理和保护需要区域的共同合作。以广东省区域内的南海为例，它涉及越南、菲律宾、马来西亚、新加坡等多个国家，只有各个国家展开合作才能真正解决环境问题。此外，与发达沿海国家相比，中国在海洋开发和管理上的经验较为缺乏，积极参与国际合作，学习先进经验和技术，有助于提升中国海洋事业的发展水平。

1. 加强区域合作

与周边沿海国家展开合作，约定并限制包括陆源污染物在内的未达标物质的排放；建立区域统一的海洋环境监测网络；设立相关海洋环境监督和保护委员会，监督各国执行情况；召开不定期会谈，加强各国之间的交流与探讨。通过各种措施，督促各国积极治理海洋污染，维护区域海洋的健康。

2. 建立资源开发多边合作机制

中国海域渔业、矿产、能源资源都非常丰富，开展多边合作有利于开拓共赢局面。合作应当成为各国共识。南海矿产资源和能源的开发多

为深海开采，开发难度高且容易发生海上溢油事故，建立多边合作机制可以实现开采技术、溢油污染处理等方面的合作，实现共赢。

3. 技术合作

政府应积极寻求与沿海国家海洋环境研究机构、高等院校等开展技术合作。根据海洋开发和管理的技术要求，技术合作包括企业清洁生产技术、循环经济技术、污染物治理技术、污染总量和容量测算技术等；海洋环境监测技术例如 GIS、RS 等先进技术在海洋环境监测中的应用。

七、小结

当前中国仍处于"十四五"的关键阶段，海洋生态文明建设是中国实现海洋强国的关键步骤。党的二十大报告中也再次强调要"发展海洋经济，保护海洋生态环境，加快建设海洋强国"。在中国已建立海洋生态文明体制基础框架、取得多方实践成果的基础上，完善法治体系，优化管理机制，科学利用海洋资源，修复保护海洋生态系统，增强海洋生态文明理念，优化海洋产业结构，参与国际合作，将助力中国在海洋生态文明建设进程中迈出新步伐，取得新进展。

参考文献

著作:

[1] Steven C. Roach, Martin Griffiths, Terry O'Callaghan. International Relations: The Key Concepts (2nd Edition)[M]. Routledge (2nd edition December 22, 2007), pp. 280–282.

[2] 黄晖. 中国珊瑚礁状况报告 2010—2019[M]. 北京: 海洋出版社, 2021.

[3] 许涤新. 生态经济学 [M]. 杭州: 浙江人民出版社, 1987.

[4] 张宏生. 海洋功能区划概要 [M]. 北京: 海洋出版社, 2003.

[5] 朱坚真. 中国海洋经济发展重大问题研究 [M]. 北京: 海洋出版社, 2015: 37–38.

期刊/论文:

[6] 曹寅白, 韩瑞光. 京津冀协同发展中的水安全保障[J]. 中国水利, 2015 (01): 5–6.

[7] 曾江宁, 陈全震, 黄伟, 等. 中国海洋生态保护制度的转型发展——从海洋保护区走向海洋生态红线区 [J]. 生态学报, 2016, 36(01): 1–10.

[8] 陈增奇, 金均, 陈奕. 中国滨海湿地现状及其保护意义 [J]. 环境污染与防治, 2006(12): 930–933.

[9] 狄乾斌, 何德成, 乔莹莹. 海洋生态文明研究进展及其评价体系探究 [J]. 海洋通报, 2018, 37(06): 615–624.

[10] 付春华. 政府引导人角色在生态文明建设中的必要性 [J]. 学理论,

2014(13): 10-11.

[11]　高雪梅, 孙祥山. 海洋生态文明建设中高校海洋意识培养与教育策略[J]. 高等农业教育, 2016,(6): 13-17.

[12]　高宇, 赵峰, 庄平, 等. 长江口滨海湿地的保护利用与发展[J]. 科学, 2015, 67(4): 39-42.

[13]　龚虹波. 海洋环境治理研究综述[J]. 浙江社会科学, 2018(01): 102.

[14]　谷树忠, 胡咏君, 周洪. 生态文明建设的科学内涵与基本路径[J]. 资源科学, 2013, 35(1): 2-13.

[15]　顾世显. 浅议海洋生态意识[J]. 海洋环境科学, 1988(04): 1-5.

[16]　郭见昌. 中国海洋生态文明建设路径探究——基于综合视角[J]. 当代经济, 2017(07): 90-91.

[17]　何兆雄. 试论海洋意识[J]. 学术论坛, 1998(2): 73-76.

[18]　贺鉴, 王雪. 全球海洋治理进程中的联合国: 作用、困境与出路[J]. 国际问题研究, 2020(03): 92-106.

[19]　胡斌, 陈妍. 论海洋生态红线制度对中国海洋生态安全保障法律制度的发展[J]. 中国海商法研究, 2018, 29(04): 94-101.

[20]　郇庆治, 陈艺文. 海洋生态文明及其建设——以国家级海洋生态文明建设示范区为例[J]. 南京工业大学学报(社会科学版), 2021, 20(01): 11-22, 111.

[21]　黄勤, 曾元, 江琴. 中国推进生态文明建设的研究进展[J]. 中国人口资源与环境, 2015(2): 110-120.

[22]　贾军, 张芳喜, 沈娟. 生态自然观与当代全球性生态危机反思[J]. 系统科学学报, 2008(01): 78-81.

[23]　贾宇, 张小奕. 毛泽东、邓小平和习近平的海洋战略思想初探[J]. 边界与海洋研究, 2018(3): 15.

[24]　兰宗宝, 韦莉萍, 陆宇明. 生态文明理念下乡村旅游可持续发展的策略研究[J]. 广东农业科学, 2011(1): 223-225.

[25]　雷茵茹, 崔丽娟, 李伟. 气候变化对中国滨海湿地的影响及对策[J]. 湿地科学与管理, 2016, 12(2): 59-62.

[26] 李继龙, 王国伟. 国外渔业资源增殖放流状况及其对中国的启示 [J]. 中国渔业经济, 2009(3): 111−123.

[27] 李岚. 国外典型案例对横琴新区海洋生态文明示范区建设的启示 [J]. 科技创新与应用, 2014(7): 296−297.

[28] 李柳强. 中国红树林湿地重金属污染研究 [D]. 厦门: 厦门大学, 2008.

[29] 李森, 范航清, 邱广龙, 等. 海草床恢复研究进展 [J]. 生态学报, 2010, 30: 2443−2453.

[30] 李双建, 杨潇, 王金坑. 海洋生态保护红线制度框架设计研究 [J]. 海洋环境科学, 2016, 35(02): 306−310.

[31] 刘家沂. 构建海洋生态文明的战略思考 [J]. 今日中国论坛, 2007(12): 44−46.

[32] 刘洋, 裴兆斌, 姜义颖. 辽宁省海洋生态文明建设中的供给侧改革路径研究 [J]. 海洋经济, 2016, 6(06): 3−9.

[33] 柳荻, 胡振通, 靳乐山. 生态保护补偿的分析框架研究综述 [J]. 生态学报, 2018, 38(02): 380−392.

[34] 卢晓强, 胡飞龙, 徐海根, 郑新庆. 中国海洋生物多样性现状、问题与对策 [J]. 世界环境, 2016,(S1):19−21.

[35] 鹿红, 王丹. 中国海洋生态文明建设的实践困境与推进对策 [J]. 中州学刊, 2017(06): 75−79.

[36] 鹿红. 中国海洋生态文明建设研究 [D]. 大连: 大连海事大学, 2018.

[37] 庞中英. 在全球层次治理海洋问题——关于全球海洋治理的理论与实践 [J]. 社会科学, 2018(09): 3−11.

[38] 邱广龙, 林幸助, 李宗善, 等. 海草生态系统的固碳机理及贡献 [J]. 应用生态学报, 2014, 5: 1825−1832.

[39] 全永波. 全球海洋生态环境多层级治理: 现实困境与未来走向 [J]. 政法论丛, 2019(3): 153−154.

[40] 沈满洪. 生态补偿机制建设的八大趋势 [J]. 中国环境管理, 2017, 9(03): 24−26, 45.

[41] 宋宁而, 李云洁. 中国海洋生态文明区建设的社会学思考——基于

山东半岛海洋生态区的建设[J]. 浙江海洋学院学报(人文科学版), 2012(5): 16–23.

[42]   宋志文, 夏文香, 曹军. 海洋石油污染物的微生物降解与生物修复[J]. 生态学杂志, 2004(03): 99–102.

[43]   孙瑞杰, 李双建. 全球海洋生态环境保护态势及对中国的借鉴[J]. 海洋开发与管理, 2013(11): 49–50.

[44]   陶涛, 郭栋. 中国开征生态税的思考[J]. 生态经济, 2000(3): 35–37.

[45]   汪松. 中外生态文明建设比较研究[J]. 黄河科技大学学报, 2017(2): 99–103.

[46]   王丹, 鹿红. 论中国海洋生态文明建设的理论基础和现实诉求[J]. 理论月刊, 2015(01): 26–29.

[47]   王华. 中国海洋预报减灾事业发展综述[J]. 海洋开发与管理, 2017, 34(10): 3–5.

[48]   王景昊. 中国海洋生态环境的基本现状与对策分析[J]. 中国高新技术企业, 2017(01): 87–88.

[49]   王明婷, 公维洁, 韩玉, 等. 我国珊瑚礁生态系统研究现状及发展趋势[J]. 绿色科技, 2019(8): 13–15.

[50]   王倩, 郭佩芳. 海洋主体功能区划与海洋功能区划关系研究[J]. 海洋湖沼通报, 2009, 4(04):188–192.

[51]   王绍青, 张荣华. 政府在生态文明建设中的角色担当[J]. 人民论坛, 2017(12): 63–65.

[52]   吴瑞, 王道儒. 海南省海草床现状和生态系统修复与重建[J]. 海洋开发与管理, 2013, 30(6): 69–72.

[53]   吴士存. 全球海洋治理的未来及中国的选择[J]. 亚太安全与海洋研究, 2020(05): 1–22, 133.

[54]   吴钟解, 陈石泉, 陈敏, 等. 海南岛造礁石珊瑚资源初步调查与分析[J]. 海洋湖沼通报, 2013(2): 44–50.

[55]   吴钟解, 李成攀, 陈敏, 等. 大洲岛国家级自然保护区海洋资源调查及其管理保护机制探讨[J]. 海洋开发与管理, 2012, 29: 97–100.

[56] 徐春. 对生态文明概念的理论阐释[J]. 北京大学学报(哲学社会科学版), 2010(01): 61-63.

[57] 许妍, 梁斌, 洛昊, 等. 关于加强海洋生态文明制度体系建设的研究[J]. 海洋经济, 2017, 7(06): 3-10, 26.

[58] 许妍, 梁斌, 兰冬东, 等. 中国海洋生态文明建设重大问题探讨[J]. 海洋开发与管理, 2016(8): 26-30.

[59] 杨红生. 中国海洋牧场建设回顾与展望[J]. 水产学报, 2016(07): 1133-1140.

[60] 杨金洲. 论马克思的自然观及其当代意义[J]. 中南民族大学学报(人文社会科学版), 2008(02): 110-112.

[61] 杨英姿, 李丹丹. 海洋生态文明建设在海南的实践逻辑[J]. 福建师范大学学报(哲学社会科学版), 2020(03): 49-59, 169.

[62] 姚少慧, 孙志高. 福建省围填海管控的政策演进、存在的问题和优化建议[J]. 湿地科学, 2021, 19(03): 387-393.

[63] 张继平, 黄嘉星, 郑建明. 基于利益视角下东北亚海洋环境区域合作治理问题研究[J]. 上海行政学院学报, 2018(5): 93.

[64] 张萌, 满萌, 于志军. 生态文明与生态文明建设浅谈[J]. 科教导刊(上旬刊), 2020(19): 165-166.

[65] 张晓. 海洋保护区与国家海洋发展战略[J]. 南京工业大学学报(社会科学版), 2017, 16(01): 100-105.

[66] 张一. 海洋生态文明示范区建设研究综述[J]. 中国海洋社会学研究, 2015(3): 194-209.

[67] 张振冬, 邵魁双, 杨正先. 西沙珊瑚礁生态承载状况评价研究[J]. 海洋环境科学, 2018(4): 487-492.

[68] 张志卫, 刘志军, 刘建辉. 我国海洋生态保护修复的关键问题和攻坚方向[J]. 海洋开发与管理, 2018, 35(10): 26-30.

[69] 郑苗壮, 刘岩. 关于建立海洋生态文明制度体系的若干思考[J]. 环境与可持续发展, 2016(05): 76-80.

[70] 郑宁来. 海洋塑料垃圾2050年零排放很难[J]. 合成技术及应用, 2019,

34(03): 22.

[71] 周红英, 姚雪梅, 黎李, 等. 海南岛周边海域造礁石珊瑚的群落结构及其分布 [J]. 生物多样性, 2017, 25(10): 1123−1130.

[72] 周震峰. 基于 MFA 的区域物质代谢研究——以青岛市城阳区为例 [D]. 青岛, 中国海洋大学, 2006.

[73] 朱雄, 曲金良. 中国海洋生态文明建设内涵与现状研究 [J]. 山东行政学院学报, 2017(03): 84−89.

会议论文集:

[74] Björn Hettne, Professor, University of Gothenburg, Sweden, Globalization, The New Regionalism and East Asia. Globalism and Regionalism[C]// Edited by Toshiro Tanaka and Takashi Inoguchi, Selected Papers Delivered at the United Nations University Global Seminar 1996 Shonan Session, 2−6 September 1996, Hayama, Japan.

[75] 马彩华, 赵志远, 游奎. 略论海洋生态文明建设与公众参与 [C]// 中国软科学研究会. 第六届软科学国际研讨会论文集. 中国软科学研究会, 2010: 6.

[76] 乔延龙, 于华, 王万峰. 天津市海洋生态文明建设创新路径研究 [C]// 中国海洋学会、三亚市政府. 中国海洋学会 2019 海洋学术 (国际) 双年会论文集. 中国海洋学会、三亚市政府: 中国海洋学会, 2019: 7.

[77] 马兆俐, 刘海廷. 国外建设海洋生态文明法制保障的经验与启示 [C]. 第十二届沈阳科学学术年会论文集 (经管社科), 2015−09−16.